建筑工程施工与项目管理

主 编 丁义海 王育平 薛 楠

东北大学出版社
·沈 阳·

ⓒ 丁义海　王育平　薛　楠　2025

图书在版编目（CIP）数据

建筑工程施工与项目管理 / 丁义海，王育平，薛楠主编． -- 沈阳：东北大学出版社，2025.6. -- ISBN 978-7-5517-3875-0

Ⅰ．TU7

中国国家版本馆 CIP 数据核字第 2025AG0286 号

出 版 者：东北大学出版社
　　　　　地址：沈阳市和平区文化路三号巷 11 号
　　　　　邮编：110819
　　　　　电话：024-83683655（总编室）
　　　　　　　　024-83687331（营销部）
　　　　　网址：http://press.neu.edu.cn
印 刷 者：沈阳文彩印务有限公司
发 行 者：东北大学出版社
幅面尺寸：170 mm × 240 mm
印　　张：16.5
字　　数：314 千字
出版时间：2025 年 6 月第 1 版
印刷时间：2025 年 6 月第 1 次印刷
策划编辑：刘桉彤
责任编辑：邱　静
责任校对：刘桉彤
封面设计：潘正一
责任出版：魏　巍

ISBN 978-7-5517-3875-0　　　　　　　　　　　　　定　价：89.00 元

前　言

建筑行业持续朝规模化、集约化方向迈进，工程建设场景日趋多元，项目管理维度不断延展，传统建筑工程管理模式在效率提升、多方协同及精细化管理等方面面临新的挑战。如何高效地管理施工过程和整个项目生命周期，成为行业面临的重要课题。施工管理与项目管理是确保工程成功的两大核心要素。在施工组织设计、进度统筹、质量管控、安全风险防控、成本动态监测等关键方面，须将理论与实践紧密衔接，探索系统性、智能化管理创新路径，推动行业转型升级，成为当前工程管理领域的重要研究方向。

近年来，以智能建造、BIM技术、大数据分析为代表的信息化技术迅猛发展，为建筑工程管理注入了新的活力。通过数字化手段，工程管理从传统的"经验驱动"向"数据驱动"转变，实现了全生命周期信息的集成与共享，推动了管理流程的优化和决策效率的提升。在此背景下，本书立足于建筑工程管理的核心需求，结合智能建造技术的最新成果，系统梳理了从项目策划到竣工验收的全过程管理要点，旨在为读者提供一套理论与实践深度融合的解决方案。

施工管理是建筑项目执行阶段的核心任务，主要涉及施工现场的组织、协调和控制，要求项目经理和管理团队在施工过程中对资源、时间、成本和质量进行精确把控。施工管理的目标是确保工程按时、按质、按预算完成。在这一过程中，施工进度、资源配置、质量控制、安全管理和成本控制是最为重要的环节。项目管理的核心目标是平衡时间、成本和质量三个要素，确保项目达到预期目标。

本书共分十章，各章内容既独立成篇又相互关联，具体框架如下：

第一章系统阐释建筑工程管理的基本概念、发展脉络、行业特征及核心参与主体，并梳理项目生命周期与标准化建设程序（由丁义海编写，共3万字）；第二章围绕施工组织设计的关键环节，解析组织架构搭建、工序逻辑优化、资源动态配置及施工平面布置等核心内容（由丁义海编写，共3.5万字）；第三章内容包含从计划编制原理、内容构成到实施控制方法，构建科学高效的施工进度管理体系（由丁义海编写，共2.8万字）；第四章立足质量验收标准与过程控制规范，搭建覆盖施工准备、实施到验收的全流程质量管理框架（由王育平编写3.8万字）；第五章从安全风险分类、防控技术到应急预案设计，内容涉及建立"预防—控制—响应"一体化安全管理机制（由丁义海编写，共2.9万字）；第六章基于可持续发展理念，阐明绿色施工评价体系与文明施工实施路径，推动工程建设与生态保护协同发展（由薛楠编写，共2.5万字）；第七章整合项目管理信息系统、智能化文档与数据分析技术，系统阐述智能建造技术的理论框架与实践应用（由王育平编写，共2.4万字）；第八章贯通成本预测、成本计划编制、过程控制与核算分析，构建全周期成本精细化管控链条（由王育平编写，共2.8万字）；第九章以合同法律框架为基础，解析风险防控、变更索赔及争议解决的系统性管理策略（由薛楠编写，共3.5万字）；第十章聚焦决策、设计、招投标至竣工各阶段，阐述工程造价构成要素与动态控制方法（由王育平编写，共4.2万字）。

本书共31.4万字，丁义海编写12.2万字、王育平编写13.2万字，薛楠编写6万字。在编写过程中参考了众多图书，在此向其作者表示衷心感谢。由于编者水平有限，书中难免存在疏漏与不足之处，敬请读者与同行们批评指正！

编者

2025年3月

目　录

第1章　建筑工程管理概述 ···································· 001
1.1　建筑工程管理的基本概念 ································ 001
1.2　建筑工程管理的重要性及背景 ···························· 006
1.3　建筑工程管理的历史沿革 ································ 010
1.4　建筑工程管理的行业特点与参与主体 ······················ 021
1.5　建筑工程项目的生命周期和建设程序 ······················ 024

第2章　建筑工程施工组织设计 ································ 028
2.1　施工组织设计基础 ······································ 028
2.2　组织管理 ·· 033
2.3　施工顺序 ·· 041
2.4　施工资源配置规划 ······································ 051
2.5　施工平面布置 ·· 061

第3章　施工进度管理 ·· 068
3.1　施工进度计划的科学编制 ································ 068
3.2　施工进度计划内容 ······································ 077
3.3　施工进度的有效控制方法 ································ 085

第 4 章 施工质量管理 092

4.1 施工质量管理概述 092
4.2 施工质量验收的标准与规范 097
4.3 施工质量过程控制 107
4.4 施工质量验收管理 113

第 5 章 施工安全与应急管理 124

5.1 建筑工程安全管理概述 124
5.2 建筑工程安全管理分类 126
5.3 施工安全控制 139
5.4 建筑施工安全事故 143
5.5 建筑工程项目应急管理 144

第 6 章 绿色文明施工管理 148

6.1 绿色工程概述 148
6.2 文明施工概述 150
6.3 绿色文明施工管理内容 151
6.4 实现绿色文明施工的途径 154

第 7 章 智能建造信息管理 158

7.1 智能建造信息管理概述 158
7.2 建筑工程项目报告系统 160
7.3 建筑工程项目管理信息系统 162
7.4 建筑工程项目文档管理 164
7.5 建筑工程项目管理的智能化 167
7.6 智能建造项目案例——成达万高速铁路工程指挥部轨枕厂建设项目 169

第8章　建筑工程项目成本管理 ·········· 178
8.1　建筑工程项目成本计划的系统性编制 ·········· 178
8.2　施工阶段成本管理的任务与具体措施 ·········· 188
8.3　建筑工程项目成本预测 ·········· 191
8.4　建筑工程项目成本控制 ·········· 194
8.5　建筑工程项目成本核算体系 ·········· 198

第9章　建筑工程项目合同管理 ·········· 201
9.1　合同的概念及分类 ·········· 201
9.2　合同法律框架及其适用规则 ·········· 203
9.3　工程合同的变更机制与索赔管理 ·········· 209
9.4　工程合同风险识别 ·········· 216
9.5　工程合同争议的解决机制 ·········· 220

第10章　建筑工程项目造价管理 ·········· 227
10.1　建筑工程造价管理的基础理论与概述 ·········· 227
10.2　工程造价构成要素及计算依据 ·········· 230
10.3　决策和设计阶段的工程造价管理 ·········· 234
10.4　招标投标阶段的工程造价管理 ·········· 241
10.5　施工与竣工阶段的工程造价管理 ·········· 244

参考文献 ·········· 254

第1章 建筑工程管理概述

1.1 建筑工程管理的基本概念

就像繁忙的十字路口需要交通规则、信号提示和交警指挥才能维持秩序、确保安全一样,建筑工程管理在工程实施中发挥着类似的作用。工程管理者通过合理运用管理方法,对工程项目进行决策、规划、组织和协调,确保工程按预期顺利推进。

1.1.1 管理的概念

管理是人类集体劳动的产物,与社会活动密不可分。无论是原始部落还是现代社会,无论是企业、军队、学校还是政府机构、科研单位,管理都是不可或缺的。管理的概念、内容、理论和方法随着社会的发展不断演变,其重要性日益突出,以至于在当代社会,管理与科学技术共同成为推动社会进步的重要支柱。

倘若缺失了管理的桥梁作用,科学技术便宛如空中楼阁。若要将科学技术转化为生产力,就必须运用科学知识体系(如系统论、信息论、控制论)进行管理,这既是一种社会活动,又是一个以人为核心的过程,受到社会心理、价值观念、社会制度及社会结构的影响。

管理作为一门科学,与社会生产力的发展紧密相连。管理理论和方法是在长期的实践中不断总结和深化的,并推动了社会生产力的进步。科学管理的奠基者弗雷德里克·温斯洛·泰勒,被誉为"科学管理之父"。他发现许多企业的管理方式缺乏科学依据,导致生产效率低下。因此,他进行了大量实验和研究(如搬运生铁试验、铲具试验、金属切削试验等),从而确立了科学管理的基本原则。这些研究使管理从经验性探索上升为一门科学。

泰勒的科学管理理论开启了西方古典管理理论发展的新阶段。同一时期,法国管理学家亨利·法约尔提出了"一般管理学说",并且率先对"经营"和"管理"的概念予以区分。他清晰地阐述了管理的五大职能,即计划、组织、指挥、协调以及控制。法约尔的理论对管理学的发展产生了深远影响,并奠定了管理过程学派的基础,被视为管理学史上的重要里程碑。

由此可见,管理并非脱离实际的理论空谈,而是在实践中总结出的客观规律。管理不仅是一门科学,也是一门艺术,它不能提供一成不变的标准答案,而是需要管理者结合理论知识和具体情况,灵活应对问题,最终实现组织目标。

1.1.2 建筑工程的概念

建筑工程是指在既定的建筑周期内,处于限定的资金总额约束下,需实现预期规模、符合预定质量标准的一次性任务。例如,建造一家医院、一所学校、一栋住宅楼等均属于建筑工程范畴。"一定的建设周期"具体指的是,建筑工程从立项开始,历经施工安装阶段,直至竣工,再到保修期结束,整个工程建设所耗费的时长。它存在限定性,在这一时间段内,工程建设所面临的自然条件和技术条件会受到地点与时间的制约。"限定的资金总额"意味着投入到建筑工程中的资金并非毫无限制,它需要在实现预期规模和达到综合预定质量标准的基础上,将建筑工程的投资管控在既定的计划额度内。"一次性任务"表明建筑工程呈现出显著的独特性,它与现代工业工程那种大批量重复性生产过程截然不同。即使是较为通用的民用住宅工程,也会由于建设地点的差异、施工生产条件的变化以及材料和设备供应情况的不同,而展现出相互间的区别,呈现出极强的一次性特征。

日常生活中一提到"工程",人们很容易联想到土木建筑工程,但这对工程的理解较片面,存在一定的误解,因为工程的概念是一个比较宽泛的范畴。然而,这种片面认识的形成也是具有一定历史背景的,是可以理解的。我国工程管理的思想方法、制度理念,最初正是在两大建筑工程领域(特别是土木建筑)的实践中,通过吸收国外经验、结合自身教训,经历了试点摸索再到全面推广才逐渐完善的。下面以土木建设工程为例介绍我国的建筑工程分类。

1.1.2.1 按投资再生产的性质划分

基于投资再生产的性质,工程可划分为基本建筑工程与更新改造工程两大主要类别。其中,基本建筑工程包含新建、改建、扩建和迁建四种类型;更新改造工程涵盖技术改造工程、技术引进工程以及设备更新工程。

(1)新建工程。指从无到有全新开展建设的工程,也就是在初始阶段不存在任何固定资产，完全依靠新投资来建设的工程。依照国家相关规定，若建设项目原本的基础规模较小，在经过扩建之后，新增加的固定资产价值超出原固定资产价值的三倍，这种情况同样能够被视作新建工程。

（2）改建工程。指对原有基础设施进行改造的工程，以提升功能或适应新的生产需求。

（3）扩建工程。指企业或事业单位在现有基础上进行扩建的工程。例如，在原有场地或其他地点建设主要生产车间、独立生产线或分厂，以扩大原产品的生产能力或增加新产品的生产能力。

（4）迁建工程。指企业或事业单位因调整生产布局，将原有设施迁移至新地点进行建设的工程，无论建设规模是否扩大，均属于迁建工程。

（5）技术改造项目。指企业运用先进的技术、工艺、设备以及管理手段，为实现提升产品质量、扩充生产能力或优化劳动条件等目标而开展的改造工程。

（6）技术引进工程。指从国外引进专利技术和先进设备，并结合国内投资进行建设的工程。

（7）设备更新工程。指通过采用先进设备、技术改造、重组或装配优化现有设备，以提升生产效率和技术水平的工程。

1.1.2.2 按建筑工程内部系统的构成划分

建筑工程内部系统是由单项工程、单位工程、分部工程和分项工程等子系统构成。一个建设项目通常由多个单项工程组合而成。单项工程在施工条件上往往具备相对独立性，所以一般会单独开展施工及组织竣工验收工作。单项工程能够体现建筑工程的主要建设内容，是形成新增生产能力和实现工程效益的基础。一个单项工程可由多个单位工程组成，常见的主要包括建筑工程和设备安装工程这两类。进一步细分，一个单位工程又可分为多个分部工程，如建筑设备安装工程能够细分为建筑采暖工程、燃气工程、建筑电气安装工程等。分项工程是建筑工程质量体系的"细胞级"单元。技术层面：规定具体工艺标准（如钢筋搭接长度）；管理层面：实现精细化管控（按分项分工、验收、追责）；系统层面：支撑上层子系统（分部或单位工程）的功能实现，是工程交付的核心基础。

（1）单项工程。单项工程指的是拥有独立设计文件，在建成之后能够独立发挥生产能力或产生经济效益的工程。对于生产性建筑工程而言，其单项工程一般是指能够独立进行生产的车间，其中包含厂房的建筑工程、设备的安装工程以及相关的设备购置等；而在非生产性建筑工程里，单项工程往往指的是住宅楼、教学楼、图书馆、办公楼等。

单项工程的施工通常具有独立性，需单独组织施工和验收，其体现建筑工程的主要内容，是新增生产能力或提升效益的基础。

（2）单位工程。单位工程是单项工程的组成部分，虽具备独立的设计图纸和施工条件，但无法单独形成生产能力或经济效益。多个单位工程需协同建成，才能实现整体功能。例如，民用建筑的单位工程需与室外相关工程共同构成单项工程，方可投入使用。

（3）分部工程。在单位工程内部，根据工程部位、设备类别、设备型号、使用材料和工种的不同，可进一步划分为多个分部工程。例如，工业与民用建筑工程可划分为基础工程、主体工程、楼面与地面工程、装修工程和屋面工程等。建筑安装工程依据《建筑工程施工质量验收统一标准》（GB 50300—2013）划分成以下十个分部工程：地基与基础、主体结构、建筑装饰装修、屋面、建筑给排水及供暖、建筑电气、智能建筑、通风与空调、电梯以及建筑节能工程。

（4）分项工程。分部工程能够进一步细分成分项工程，其划分依据为施工方式、所用材料、规格大小、配合比例以及计量单位的差异。土建工程里的分项工程一般依照工种来区分，如模板工程、混凝土工程、钢筋工程、砌筑工程等；而安装工程的分项工程则按照用途、类别及系统特性加以划分。分项工程作为施工活动的基础单元，对工程质量有着直接影响。

1.1.3 建筑工程管理的概念

建筑工程管理是在工程的全生命周期内，利用科学的组织方式和系统化的管理方法，对工程的决策、规划、施工、验收及运营等阶段进行有效管控，以确保工程顺利推进，实现预期目标。其核心任务是围绕工程的质量、进度和投资展开，确保工程的经济效益和社会价值。

1.1.3.1 建筑工程管理的具体职能

管理职能指的是管理行为由哪些相互关联的要素构成，也就是说，若要实现管理目标、提升管理效益，具体需从哪些方面着力。基于工程管理理论以及我国实际状况而言，建设工程管理的具体职能主要涵盖如下几个方面：

（1）决策职能。在工程策划阶段，管理者需要进行全面的调查研究，结合社会需求、技术条件和经济可行性进行科学分析，最终制订合理的决策方案。科学合理的决策是确保工程成功的关键。

（2）计划职能。管理者需要制订详细的工程实施计划，包括施工进度、资源调配、成本控制等多个方面。合理的计划使工程顺利进行，确保各项任务能够高效推进。

（3）组织职能。通过优化资源配置，建立科学合理的组织体系，确保各参与方协同合作，提高整体施工效率，包括对人力、物资、设备等资源的合理分配，以最大化利用工程资源。

（4）控制职能。在工程实施过程中，管理者需要对进度、质量、成本等关键要素进行实时监测，并采取必要的调整措施，以确保工程按照计划目标推进。控制管理的有效性直接关系工程的最终成功。

（5）协调职能。在建设过程中，需要处理和协调业主、承包商、设计单位、政府监管机构等多个相关方之间的关系，避免冲突，促进各方合作，以保障工程的顺利实施。

1.1.3.2 建筑工程管理的任务

建筑工程管理在工程建设过程中具有至关重要的作用，其主要任务包括以下几个方面：

（1）合同管理。建筑工程合同是明确各方责任、权利和义务的具有法律效力的文件，管理者需确保合同的合理订立与严格履行，以规避潜在风险，保障工程顺利推进。

（2）组织协调。在工程实施过程中，涉及多个单位和部门，管理者需有效协调各方关系，合理安排施工顺序，优化资源配置，确保工程高效进行。

（3）目标控制。建筑工程管理的核心任务之一是对质量、工期和成本进行严格控制。通过制定科学合理的规划，采用先进的管理方法，确保工程实现既定目标。

（4）风险管理。工程建设过程中可能面临诸多不确定性（如技术风险、市场波动、政策变化等），管理者需提前识别潜在风险，制定应对措施，降低风险对工程的影响。

（5）信息管理。在工程建设的各个环节，准确、及时地传递信息至关重要。管理者需建立高效的信息管理体系，确保信息畅通，提升决策的科学性。

（6）环境保护。随着可持续发展理念的推广，建筑工程管理需更加关注环境影响。在工程策划和实施过程中，管理者应严格遵循环保法规，采取有效措施减少施工对环境的不良影响。

1.2 建筑工程管理的重要性及背景

1.2.1 建筑工程管理的重要性

1.2.1.1 建筑工程管理关系到我国全面建设社会主义现代化国家

在全国建设社会主义现代化国家的征程中，全国各地势必会开展建设工程。这些工程的决策是否具备科学性、设计是否合理得当、质量是否符合标准、施工效率是否够高，以及最终能否取得预期成效，均直接关系工程的成败。

这些工程是全面建成小康社会的重要物质基础，高效的建筑工程管理是确保这些工程顺利实施的关键。因此，必须高度重视工程管理，不断提升管理水平，以保障建设目标的实现。

1.2.1.2 建筑工程管理关系到我国新型工业化道路的实现

面对我国日益严峻的资源环境约束，实现工业化必须走资源节约型、环境友好型的发展路径，并且充分施展我国的人力资源长处。在此进程中，将有众多企业开展扩建、改建工程。另外，建筑行业自身就属于资源消耗量大、对环境影响较为明显的行业，所以必须充分运用先进的工程管理手段，强化施工过程的管控，从而保证资源利用最大化、将环境影响降至最低，与此同时保障工程质量与经济效益。

可以说，强化建筑工程管理是我国顺利实现新型工业化的重要前提。

1.2.1.3 建筑工程管理关系到我国经济的持续、快速、稳定发展

建筑工程管理涉及多个产业领域，并与房地产业、建筑业、交通运输业等行业紧密相连，创造了巨大的经济价值。自2007年以来，建筑工程管理相关行业的总产值始终占国内生产总值的60%以上，其中建筑业的总产值从2012年的137217.9亿元人民币增长至2021年的293079亿元人民币，实现翻倍增长。随后2022年到2024年全国建筑业总产值分别为311979.84亿元、315912亿元和326501.11亿元，这三年总和为954392.95亿元。可见，建筑行业对国民经济的稳定增长具有举足轻重的作用。如果没有完善的建筑工程管理体系，这些相关产业的产值将受到严重影响，国民经济的持续发展也将面临挑战。因此，强化建筑工程管理是确保我国经济稳定增长的重要保障。

1.2.2 建筑工程管理的背景

全球经济的迅猛发展以及我国经济建设的全面推进，推动了各类生产性与非生产性基础设施建设的繁荣发展。近年来，我国建筑工程项目的数量持续增长，类型也愈发多样，大规模、高技术、结构复杂的建筑工程项目不断涌现，不但对建筑工程管理的需求大幅提升，还对复合型工程管理人才提出了更高要求。

在当前的历史机遇下，建筑工程项目管理已被推向新时代的前沿。

近年来，我国国民经济一直保持稳步增长的态势。众所周知，我国的经济增长在很大程度上依赖固定资产投资，固定资产投资的增长必然带动建筑工程项目的增加。2014 年至 2019 年间，我国固定资产投资增速保持在 5% 以上，2014 年投资额达 397520 亿元人民币，2019 年增长至 560880 亿元人民币，年均复合增长率达 7.13%。尽管 2020 年受全球经济环境影响，投资增速有所放缓，但自 2021 年起，增长态势逐步恢复。未来建筑工程管理的重要性将进一步凸显。

我国加入世界贸易组织后，国外大型承包商凭借其资本、技术、管理、人才及服务优势，逐步进入我国工程建设市场。同时，根据最惠国待遇原则和国民待遇原则，我国工程企业获得了更多参与国际市场的机会，在全球市场中享有平等竞争权利。随着贸易自由化的推进，工程企业的国际化进程加快，对外承包工程的审批程序逐步简化，越来越多的中国企业参与海外工程承包。因此，无论从国内行业发展还是从"走出去"战略的角度来看，建筑工程管理的专业化、国际化发展已成为迫切需求。

1.2.2.1 城市化进程的加快为建筑工程管理提供了更广阔的舞台

自 2011 年以来，我国城市化进程明显加快，截至 2023 年，中国的常住人口城镇化率约为 66.16%，较 2022 年的 65.22% 增长 0.94 个百分点，延续了年均增长近 1 个百分点的趋势。根据中国社会科学院的研究数据，到 2030 年我国城市化率预计将达到 70%，2050 年将进一步提升至 80% 左右，城市化仍具备广阔的发展空间。按照城市化发展 S 形曲线理论，当城市化率处于 30% 至 70% 区间时，通常会历经长期平稳的增长阶段。我国目前正处在这一关键的发展阶段，预估未来 20 年城市化进程依旧会快速推进。

城市化的加速推进必然伴随着大规模的基础设施建设，诸如住宅、商铺、学校、医院等配套设施的建设需求量也会持续攀升。此外，即便在那些城市化程度已然很高的区域，同样有大量基础设施有待优化与升级。所以，城市化进程加快不但促使建筑工程需求量不断增长,还为建筑工程管理开辟了更为广阔的发展空间。

1.2.2.2 大型工程项目的不断涌现为建设工程管理的发展开拓了更为广阔的前景

随着我国综合国力与战略工程能力的协同跃升,三峡水利枢纽、青藏铁路、南水北调、西气东输等"国之重器"相继落地,通过能源动脉重构(如西电东送)、交通网络贯通(如高原冻土铁路)、生态跨域统筹(如长江-黄河流域调水)等系统性功能,重塑了区域经济布局、激活国民经济高质量发展动能,以超高压输电、边疆战略通道保障等技术创新,深度耦合国防安全、科技攻坚(如盾构机国产化)与生态治理范式革新,这些成为大国多维能力跃升的立体标杆。在此进程中,高效精准的建筑工程管理既是超级工程落地的核心引擎,也是面向"双碳"目标与新基建战略的前沿阵地——未来能源基地、数字水利系统、智慧交通网络等重大项目的持续涌现,要求管理学科向智能化(BIM/CIM 数字孪生技术)、绿色化(全生命周期碳中和管控)、韧性化(灾害链智能预警)加速迭代,既支撑国内大循环的"硬核"基建需求,也通过技术标准输出(如泛亚铁路)、跨境生态协作(如澜湄水资源管理)等中国方案,为全球可持续发展提供可复制的系统性解题框架。

1.2.2.3 建筑业与房地产业的蓬勃发展为建筑工程管理提供了有力支撑

自 1978 年以来,我国建筑市场规模持续扩大,建筑业总产值快速增长,其增加值占国内生产总值的比例从 3.8% 上升至约 7%,成为推动经济增长的重要力量。2013 年以来,建筑业增加值年均增长率保持在 10% 以上,对 GDP 的贡献率约为 7%。与此同时,房地产业在"十一五"期间实现了高速发展,开发投资占固定资产总投资的比例达到 20%,年均增长率保持在 15% 以上。虽然"十二五"期间房地产投资增速有所放缓,在"十四五"转型攻坚期,建筑业仍需发挥支柱作用,但已从"规模驱动"转向"科技赋能 + 绿色低碳"双引擎驱动。建筑工程管理通过融合智能建造技术、碳核算体系和全周期监管,正成为实现资源安全、环境可控、经济可持续的核心保障,支撑中国式现代化基建体系构建。

1.2.3 建筑工程管理人才现状

随着我国经济的快速发展和固定资产投资规模的不断扩大,建筑业与房地产业的持续稳定增长带动了对建筑工程管理人才的旺盛需求。在就业市场上,建筑工程管理人才无论是在就业率还是薪资水平方面，都位居各行业前列。随着我国经济的持续健康发展，市场对建设管理人才的需求量将进一步提升。然而，由于高校每年培养的相关专业毕业生数量有限，在较长一段时间内，建筑工程管理人才仍将面临较大的供需缺口。

从近些年的就业态势来看，工程管理专业全国本科毕业生在管理类专业里一直维持着较高的就业率。在当下竞争愈发激烈的就业大环境中，此专业依旧具备优良的就业前景。自2011年起，工程管理专业全国本科毕业生平均就业率常年稳定在95%左右，比全国本科毕业生平均就业率高出3至4个百分点。

2017年，全国本科毕业生平均就业率为91.8%，管理学类专业全国本科毕业生平均就业率为93.6%，而工程管理专业全国本科毕业生就业率更是高达95.9%，在全国本科专业毕业生就业率排名中名列前茅。

工程管理领域的专业人才在国内外均备受瞩目。以美国为例，投身工程管理工作的初级人员，其年薪通常在4.5万至5.5万美元；中级人员年薪能达到6.5万至8.5万美元；至于高级工程管理人员，年薪更是在11万至30万美元。在我国，工程管理人才于企业内的重要性愈发显著，尤其是项目经理的关键作用更加突出，薪资水平稳步上升。

根据项目管理协会（PMI）2023年发布的《薪酬力——项目管理薪酬调查报告（第13版）》可知，中国项目经理的年收入中位数已攀升至32.8万元人民币，若计入绩效奖金、股权激励及专项补贴等福利，综合年收入可达38万至40万元人民币。近三年间，受"新基建"投资扩张与数字化升级驱动，89%的受访项目经理实现了薪资增长，其中52%的涨幅集中在10%~20%（明显高于2018年的5%~15%），尤其在新能源工程（如光伏电站EPC管理）、智能建造（BIM/CIM技术统筹）等领域，头部企业项目经理薪酬溢价达45%，凸显专业化与高技术附加值的市场定价逻辑。这一增长态势与住建部《2023年建筑业人才供需报告》揭示的1∶5.2岗位缺口比形成强相关——行业爆发性需求推动人才价值加速兑现。

截至2023年，教育部数据显示，全国开设工程管理及相关交叉专业（含智能建造、工程数字化管理）的本科院校已达586所，年招生规模约5.5万人（含本科生4.2万人、硕士生1.3万人），但受跨专业就业（35%流向金融、IT）、升学深造（18%）及对口岗位区域错配（中西部缺口占比超60%）等因素影响，实际进入工程管理领域的毕业生仅每年2.1万人，行业实际转化率不足40%。这一矛盾在住建部《2023年建筑业人才发展蓝皮书》中被进一步量化——当前工程管理岗位年需求约11.7万人，但人才供给仅能满足18%，供需缺口比例扩大至 1 ∶ 5.6。值得注意的是，新兴领域（如双碳工程管理、智能运维等方向）因高校课程滞后于产业实践，企业端需额外投入 8~12 个月培训方能胜任，进一步加剧结构性人才短缺。

综上所述，建筑工程管理专业无论是在过去、现在还是未来，都是社会高度认可的热门专业。建筑工程管理人才不仅是我国社会主义现代化建设的重要推动者，也是新时代工程行业的核心力量。面对市场需求的持续增长，建筑工程管理人才将在未来扮演更加重要的角色。

1.3 建筑工程管理的历史沿革

建筑工程管理的发展凝聚了劳动人民数千年的智慧，记录并传承了人类的历史与文化，对社会文明的进步起到了极大的推动作用。可以说，我国辉煌的文明史在一定程度上也是一部工程发展史，而工程发展史在某种意义上又是一部建筑工程管理史。总体而言，我国建筑工程管理的发展大致可以分为古代、近代和现代三个阶段。

1.3.1 我国古代建筑工程管理的发展

历史虽然留给了我们许多令人赞叹的奇迹工程，但是由于我国古代劳动人民不注重建筑工程管理过程和方法的记载，所以很少有建筑工程管理方面的著作。

1.3.1.1 我国古代建筑工程一般可划分为民间工程与政府工程两类

鉴于当时生产力水平不高，民间工程规模相对较小，施工流程也较为简易。多数情形下，业主完成设计后，便招募工匠与劳工着手建造。施工期间，材料供应、费用开销以及工程进度皆由业主自行把控。这种施工模式在我国农村地区至今仍颇为常见，比如砖瓦房的建造。与民间工程相比，政府工程（如皇家宫殿、官府建筑等）规模往往更为宏大，结构复杂，对工程质量的要求极为严苛。此外，政府工程的资金主要源于国库拨款，所以在组织实施方面构建了一套独立的管理体系与运作规则。

我国古代政府工程的施工组织体系主要涵盖工官、工匠和民夫三个层级。这种组织管理模式确保了大型工程得以顺利开展，同时为我国古代建筑工程管理奠定了基础，为后世工程管理体系的发展提供了借鉴与参考。

（1）工官。在我国历史上，国家很早就设有建筑工程的管理部门（如将作监、少府监、工部营缮司等），自然也少不了这些部门里的官员。

在殷周时代便设立司空、司工等职位,主要管理官府建造的工程。秦朝设置将作少府,主要管理宫廷和官府的工程建造事务。汉朝开始设置将作大匠,主要掌管宫廷、城墙、皇家陵墓等工程的计划、设计、组织施工、监督以及竣工验收等工作。唐朝除了工部外,还专门设有少府监和将作监,前者主要负责城池的建造,后者主要管理其他土木工程。明朝工部设置营缮司,专门负责朝廷各项工程的建设。清朝工官制度愈发完备。工官具有统筹建筑法令制定、设计规划、工匠招募、材料采买、施工组织以及竣工验收等诸多职能。同时,各州府县皆设有负责营建事务的工房。

(2)工匠。身为专业技术人员,工匠肩负管理与施工双重职责,拥有一定管理职权,然而究其本质,他们仍属劳动者范畴。与工官制度相仿,我国历朝均构建起一套针对工匠的管理体系。早期,工匠被官府通过户籍形式登记造册并固定下来。平日里,多数工匠以居家务农为主要营生,凭借手艺获取收入为辅。一旦官府开展工程建设,便凭借权力将他们征调而来。到了清代,工程的专业化程度得以提升,工匠的分工更为精细,诸如石匠、泥瓦匠、木匠、窑匠等不同工种相继出现。

(3)民夫。官府通常采用征派徭役的手段,将农民或者城市居民调去参与工程建设,民夫在工程里主要承担一些繁重的粗活。当然,历史上亦存在征调囚徒进行工程施工的情况,例如,秦始皇在修筑地下皇陵以及阿房宫之际,就曾征调70多万服刑之人。

(4)古时大型工程的管理形式。在古代生产力极端落后的情况下,每项大型工程往往需要成千上万甚至数十万劳动力参与,如何高效管理和控制如此庞大的施工团队,成为工程成败的关键。为确保工程质量和按期完工,古人通常采取军事化或准军事化的管理模式。面对如此庞大的施工队伍,管理者采取了极其严格的组织制度。据史料记载,长城修筑任务由各军事辖区行政长官(一般是皇帝所派郡守或县令)向朝廷呈报,获批后组织开展施工。任务下达后,朝廷从全国各地征调军队,同时招募民夫前往重点地段修筑。施工时,采用了近似军队编制的管理形式。在长城留存的石筑城墙上,一些区域仍能瞧见清晰的接缝,这显示当时采用的是"区块分工、分段包干"模式。也就是先把某一段修筑任务分给某营、某卫所,接着下达到具体防守据点,最终由各级军卒落实施工。另外,工程管理有着清晰的层级,监督管理人员多为巡抚、巡按、总督、经略、总兵官等高级官员;具体施工组织由千总负责,其下设置把总分工管理。正是这种层级清晰、责任明晰的直线式管理体系,保障了施工组织的严谨性、分工的细致化以及责任的切实落实,进而推动了工程的顺利进行。

1.3.1.2 古代建筑工程的质量管理

在古代，大型工程往往是国家级项目，因此工程质量成为统治者最为关注的问题。为确保工程质量，古人不仅设定了明确的质量标准，还制定了一系列检查与控制质量的工艺流程和管理方法。

《周礼·考工记》中提出了高质量工程的四大条件："天有时，地有气，材有美，工有巧。"即需要适宜的气候条件、良好的地理环境、优质的材料以及精湛的工艺。这一理念与现代工程质量管理的五大要素——材料、设备、工艺、环境、人员基本一致。此外，《周礼·考工记》还详细记载了多种器物的制作工艺，包括金属制品、木制品、皮革制品、陶器、绘画、雕刻等，甚至涉及城池建设的规划标准，如壕沟、仓储、城墙、房屋的施工要求等。到了明朝，为加强工程质量管理，隆庆年间开始推行"物勒工名"制度，即在长城墙体及构件上刻上建造责任人的姓名，以明确施工责任。

在宋代，建筑标准进一步完善，宋徽宗时期的将作少监李诫编修了《营造法式》。这部著作首次系统地总结了中国古代建筑体系的技术要点，并对建筑用料、施工规范、质量标准等作出了明确规定，极大地促进了当时建筑行业的发展。

1.3.1.3 古代建筑工程的进度控制

在中国古代，统治者常常兴建大规模的土木工程。然而，由于当时生产力水平有限，工程往往需要耗费大量时间和人力。因此，如何科学地规划和管理施工进度，成为确保工程顺利推进的关键。

回顾历史，古人通过多种技术创新，提高了施工效率。例如，在修筑长城时，由于工期紧迫，建造者必须采取多种方式加快进度。在崎岖陡峭的地形上，工人们排成长队，采用接力传递的方式将建筑材料运送至施工现场；在寒冷的冬季，工匠们利用泼水结冰的方法，借助冰面的低摩擦力搬运巨石，以减少人力消耗；在深谷地带，工匠们则采用"飞筐走索"技术，即利用两侧拉紧的绳索，将建筑材料装入筐中滑行运输，大大提高了施工效率。这些巧妙的施工方法，使得大型工程得以在相对有限的时间内顺利完成，也体现了古人在工程进度管理方面的智慧。这些经验虽然源自古代，但在现代工程管理中仍具有一定的借鉴价值。

1.3.2 我国近代建筑工程管理的发展

鸦片战争过后，随着各通商口岸相继开放，诸多西方工程管理理念传入我国，使我国传统工程管理发生了颠覆性变革。其中，工程承包、工程招投标制度等的引入最为显著。

1.3.2.1 工程承包的发展历程

17世纪至18世纪，西方工程承包企业崭露头角，逐步登上历史舞台。那时，项目发包通常由业主主导，业主在完成发包流程后，随即与工程承包商签订合同。在整个工程环节中，承包商将主要精力聚焦于施工操作，而建筑师则肩负起规划蓝图、开展设计工作、监督施工进程的重任，还需周旋于业主与承包商之间，化解可能出现的各类矛盾纠纷。

鸦片战争的爆发成为传统工匠制度由盛转衰的转折点，传统工匠制度大厦将倾，逐步走向瓦解，而资本主义经营模式趁势而起，填补了市场空白。众多建筑工匠敏锐捕捉到时代变化，毅然抛弃传统的作坊式经营模式，投身于营造厂（即工程承包企业）的创办浪潮。

1880年，来自川沙的泥水匠杨斯盛，凭借自身魄力与远见，在上海开办了"杨瑞泰"营造厂，这也是上海首家由中国人创立的营造厂。这类营造厂属于私人企业，其经营模式在不同发展阶段呈现出明显差异。早期，包工不包料是主流经营形式，而到了后期，包工包料模式占据主导地位。营造厂日常固定员工数量较少，一旦成功中标项目并与业主签订合同，便依据不同工种特性，经由大包商、中包商层层转包至小包商，最终由小包工头临时招募工人，组建施工队伍，完成工程建设任务。

需要指出的是，营造厂的开办并非易事，背后有着严谨规范的法律流程与完善的担保机制。首先，营造厂需接受工部局严苛的资质审核，只有顺利通过审核的营造厂，才有资格前往工商管理部门办理登记注册手续。营造厂依照标准被清晰划分为甲、乙、丙、丁四个等级，如同现代企业一般，在资本金数额上有明确要求，对营造厂代表人的资历、学历等也有着详细规定，并且在经营范围以及可承接工程的规模大小等方面，均设置了相应限制条件。

1893年，由杨斯盛承建的江海关二期大楼顺利竣工。这栋大楼无论是建筑规模还是样式新颖程度，在当时西式建筑中都首屈一指。同一时期，国内其他企业家创办的营造厂，诸如顾兰记、江裕记、张裕泰、赵鑫泰等，也在市场中站稳脚跟，不断发展壮大，逐步形成一定规模。

步入20世纪初期，工程承包方式迎来重大变革，朝着多元化路径迅猛发展。一方面，专业分工愈发精细，投资咨询、工程监理、招标代理、造价咨询等新兴专业领域如雨后春笋般纷纷涌现；另一方面，工程管理领域呈现出综合化发展趋势，工程总承包、项目管理承包等创新模式开始登上历史舞台，为行业发展注入新活力。

1.3.2.2 工程招投标的发展

随着租界的设立，工程招投标这一模式顺势传入我国。1864年，西方某家营造厂在承建法国领事馆时，率先将工程招投标模式引入国内。一直到1891年江海关二期工程开展时，人们对这种新兴方式还未能完全适应。当时的招标现场颇为冷清，仅有"杨瑞泰"营造厂这一家参与投标。

然而，形势在后续几年发生了显著变化。1903年的德华银行、1904年的爱丽苑、1906年的德国总会与汇中饭店，以及1916年的天祥洋行大楼等工程项目，均由本地营造厂成功中标并负责承建。在20世纪二三十年代，于上海落成的33幢10层以上建筑的主体结构，无一例外，全部由中国营造商承包建造。由此可见，中国营造行业在这一时期得到了长足发展，逐渐在市场中占据重要地位。

早在20世纪初期，工程招投标程序便已相当完备。从招标公告的发布，到招标文件与合同内容条款的拟订，再到评标方式的确定、投标评审流程的执行，以及合同签订环节和履约保证金的缴纳等方面，都与现今的工程招投标操作基本相符。这表明当时的工程招投标体系已初步成型，为行业规范发展奠定了基础。

以1925年南京中山陵（一期工程）的招标为例，总建筑师吕彦直基于工程特殊性（需融合中西建筑技艺且工期紧迫），向"孙中山葬事筹备处"提出承建方遴选标准：资本不低于15万两白银且具有大型石作工程经验。经对沪宁两地七家营造厂资质审查，吕彦直认为姚新记虽资本仅20万两白银（低于其他厂商的50万两白银），但其曾承建上海天后宫等中式建筑，工艺水准契合陵墓设计要求。

根据《孙中山葬事筹备处会议记录》（1925年12月3日），招标原定于12月20日截止。截至18日，姚新记仍未递交标书。因有效投标需至少3家，筹备处（非吕彦直个人）决定延期至12月31日，并通过《申报》刊登公告（非直接通知厂商）。最终，姚新记于12月28日以44.3万两白银报价投标，余洪记、陈记分别以48.3万两、52万两白银位列第二、三位。

在1926年1月13日第16次筹备会议上，吕彦直从技术角度指出：余洪记的标书未明确石材防潮工艺；姚新记则承诺采用福建花岗岩榫卯结构并附详细施工图。筹委会采纳建议，授权吕彦直与姚新记谈判，最终签订合同，合同要点包括：工程总价锁定44.3万两白银，分四期支付；工期限720天，逾期每日罚银200两白银；吕彦直保留对施工偏差的强制修正权。这一案例不仅展现了当时工程招投标过程的严谨性，也凸显了建筑师在项目承建方选择中发挥的关键作用。

1.3.3 我国现代建筑工程管理的发展

由于社会经济发展一度相对滞后，我国工程管理思想的演进步伐落后于发达国家。不过，鉴于工程管理在社会各个层面的广泛存在及其对社会发展的关键推动作用，这一时期我国在工程管理领域依然取得了不少突破与成果。钱学森，这位被誉为"中国导弹之父"的杰出科学家，在1954年主持导弹、火箭以及卫星的研制工作与管理实践时，对工程实践中频繁运用的设计原则和管理方法进行梳理整合，提炼出共性内容，进而将其升华成科学理论，最终出版了专著《工程控制论》。

20世纪50年代，我国借鉴当时苏联的工程管理经验，引入了施工组织计划与设计技术。以如今的眼光审视，那时的施工组织计划与设计包含业主层面的工程建设项目实施计划和组织（即建设项目施工组织总设计），以及承包商一方的工程施工项目计划和组织。具体涵盖施工项目的组织结构搭建、工期计划制订与优化、技术方案拟订、质量保障措施规划、劳动力设备材料的调配计划、后勤保障方案设计、施工现场的平面布局规划等多方面内容。

20世纪60年代，华罗庚教授极具前瞻性，将网络计划方法引入国内，并将其命名为"统筹法"。此后，统筹法如同星星之火，在纺织、冶金、建筑工程等多个领域迅猛推广开来。网络计划技术的引入，仿佛给我国工程施工组织设计里的工期计划、资源计划以及优化工作注入了全新活力，极大地充实了其内容，为这些工作提供了现代化的手段和方法。在现代项目管理方法的研究和应用领域，统筹法的推广有效缩短了我国与国际先进水平的差距，推动我国工程行业朝着现代化快速前行。

进入20世纪70年代，我国在重大项目工程管理实践中积极探索，引入"全寿命管理"理念。这一理念如同投入湖面的石子，引发一系列连锁反应，由此衍生出全寿命费用管理、一体化后勤管理、决策点控制等一系列实用方法。在上海宝钢工程、秦山核电站等大型工程项目建设期间，这些系统的工程管理方法相继得到运用，有力保证了工程建设项目目标的顺利实现，凸显出先进管理理念的强大作用。

从20世纪80年代起，我国工程管理领域开启大规模改革，对工程管理体制实施了一系列改革措施。在建筑工程领域，引入工程项目管理相关制度，为工程行业的规范化、现代化发展增添新动力，促使我国工程管理水平跃上新台阶，开启了工程行业发展的全新篇章。

改革主要体现在以下方面：

（1）在投资领域推行建筑工程投资项目业主全过程责任制，改变了以前建设单位负责工程建设，建成后交付运营单位使用的模式。

（2）我国从1988年起开始推行建筑工程监理制度。

（3）在我国施工企业中全面推行项目管理，实施项目经理责任制。

（4）推行工程招投标制度和工程合同管理制度。

（5）20世纪80年代起，工程项目领域迎来创新浪潮，多种全新的融资模式、管理模式、合同形式以及组织形式纷纷涌现。1984年，借助世界银行贷款开展的鲁布革水电站项目（见图1.1），在国内率先引入国际竞争性招标方式。项目团队凭借科学合理的项目管理策略，成功缩短了工期，大幅降低了工程造价，取得了极为突出的经济效益，堪称我国项目管理在建筑工程领域成功实践的典型代表。

自鲁布革水电站项目取得显著成效后，国内众多大中型工程项目纷纷效仿，相继推行项目管理体制改革。在这一过程中，逐步建立起项目资本金制、项目法人责任制、合同承包制以及建设监理制等一系列完备的制度。通过这些制度的实施，工程项目的资金保障、责任主体、承发包关系以及监督管理等方面都得到了规范。

至此，工程管理思想在我国工程领域的应用范围不断拓展，从建筑施工延伸至能源开发、基础设施建设等诸多行业。其在优化资源配置、保障工程质量、控制成本与工期等方面发挥了关键作用，为我国工程建设行业的蓬勃发展注入强劲动力，推动行业持续迈向新的发展高度，在国民经济建设中扮演着愈发重要的角色。

图1.1　鲁布革水电站

自20世纪90年代起,随着新型工业化进程的稳步推进,工程管理在社会经济发展中的地位愈发关键,作用也大幅增强,受到全社会的高度关注,取得了长足进步。现代工程管理广泛吸收并融合了系统论、信息论、控制论以及行为科学等现代管理理论,促使其基础理论体系更为健全与完善。与此同时,预测技术、决策技术、数学分析方法、数理统计方法、模糊数学、线性规划、网络技术、图论、排队论等现代管理方法持续发展并得到有效应用,为攻克工程管理中各类复杂难题提供了更为得力的手段与工具,推动工程管理的技术方法朝着科学化与现代化方向大步迈进。计算机的普及应用,以及现代图文处理技术、多媒体和互联网的广泛运用,极大地提升了工程管理工作的质量与效率。

我国在诸多重大工程项目实践中积极探索,如三峡水利枢纽工程、青藏铁路、国家游泳中心(水立方)、国家体育场(鸟巢)、上海世博园项目、港珠澳大桥、南水北调工程等。通过不断创新工程项目管理的技术手段与方法,工程管理的应用领域得以拓展,在重大工程项目建设中的地位也显著提升。

以举世瞩目的三峡水利枢纽工程(见图1.2)为例,其建设工期长达15年,动态总投资超2000亿元。自1994年开工以来,一方面,工程团队接连攻克了175 m直立高边坡开挖的边坡稳定、大坝高强度混凝土浇筑、截流和深水围堰施工等一系列技术难题;另一方面,三峡工程建设致使

图1.2 三峡水利枢纽工程

13个城市、县城全部或部分被淹没,动态移民量超110万人。如此大规模的搬迁与重建工作,面临大量工程技术、生态环境、文物保护以及社会经济问题。因而,三峡水利枢纽工程的建设全程,无疑是工程管理全方位、高强度应用的过程。我国工程专家经过十多年的不懈努力,在借鉴西方发达国家先进管理理念、方法和模型的基础上,紧密结合三峡工程建设实际,成功研发出在国际工程项目管理领域处于领先地位、拥有自主知识产权的"三峡工程管理信息系统(TGPMS)"和"电厂运行管理信息系统(EPMS)"。TGPMS系统投入使用后,实现了跨部门、跨地域的全方位规范化管理,在工程建设进度把控、质量保障、

图 1.3 青藏铁路

安全监管以及总投资控制等方面发挥了重要作用。

再看全世界海拔最高的铁路——青藏铁路（见图1.3），全长1956 km，海拔在4000 m以上的路段就有960 km，总投资330亿元。在工程建设期间，面临着穿越世界上最复杂冻土区等诸多棘手的技术难题。建设团队大胆创新，开创了在极不稳定冻土区的高含冰量地质条件下"以桥代路"修筑路基的先例，巧妙地解决了难题，有力确保了工程质量与进度。不仅如此，在青藏铁路修建过程中，对生态环境和野生动物保护给予了极高重视，环保投资超过12亿元，还精心为野生动物迁徙设计了专属路线，将工程建设对生态环境的破坏降至最低，这充分彰显了我国工程管理中的柔性化管理理念。青藏铁路的顺利通车以及所收获的良好社会效应，清晰地表明我国在复杂地理地形条件下，工程建设和工程管理工作已达到相当高的水准，为世界同类工程提供了宝贵借鉴。

作为北京奥运会最重要的标志性建筑——鸟巢（见图1.4），总投资人民币27亿元，建筑面积258000 m^2。它的建筑顶面呈现马鞍形，长轴为332.3 m，短轴为296.4 m，最高点高度为68.5 m，最低点高度为42.8 m，鸟巢是世界上最大的钢结构体育馆。

图 1.4 鸟巢

鸟巢展现出大跨度的曲线架构，存在大量曲线箱型结构。从设计阶段到安装流程，每一步都充满了极大挑战，整个施工进程自始至终都依靠科技的有力支撑。其采用了当时最为先进的建筑科学技术，在施工阶段总共遇到30多项科研难题，尤其是钢结构部分的难题，在全球范围内都极为独特。我国的科研人员以及建筑工程管理人员通过持续不断的努力，不但逐个突破了一道道技术关卡，还在很大程度上降低了建设成本。

港珠澳大桥（见图1.5），是中国境内一座连接香港、广东珠海以及澳门的桥隧工程。它坐落于中国广东省珠江口的伶仃洋海域，是珠江三角洲地区环线高速公路南环段的构成部分。该项目于2009年12月15日正式开启建设工作，于2017年7月7日主体工程全线贯通，2018年2月6日完成主体工程的验收工作，同年10月24日上午9时正式投入运营。港珠澳大桥始于香港国际机场周边的香港口岸人工岛，向西横跨南海伶仃洋海域，连接珠海和澳门人工岛，终止于珠海洪湾立交。桥隧的总长度为55 km，其中主桥长度为29.6 km，香港口岸至珠澳口岸的长度为41.6 km；桥面为双向六车道的高速公路，设计行车速度为每小时100 km；工程项目的总投资金额高达1269亿元。港珠澳大桥凭借其极为庞大的建筑规模、史无前例的施工难度以及处于顶尖水平的建造技术，在全球范围内享有极高的声誉。

图1.5　港珠澳大桥

港珠澳大桥的交通工程无疑是一项极为繁复的系统性项目，它主要涵盖收费、通信、监控、照明、消防供电、给排水、防雷等十二大子系统。这项工程展现出规模庞大、工期紧凑、技术创新性强、实践经验不足、工序错综复杂、专业涉及面宽泛、质量标准严苛、难点接连不断等显著特性。作为全球已建成的最长跨海大桥，港珠澳大桥在道路设计规划、预估使用期限，以及防撞、防震、抗洪、抗风等方面，均制定了远超一般水平的高标准。在项目实施进程中，凭借创新举措顺利完成了外海造岛、沉管对接、塔索吊装、隧道挖掘等关键工程建设工作。

针对如此复杂的工程项目管理，不仅要透彻掌握并熟练运用现有的工程项目管理方法与技术手段，还需在技术应用策略、管理方案制订等方面开展集中性的创新尝试与探索。在港珠澳大桥建设期间，陆续开展了超过300项课题研究，发表论文数量超过500篇（其中科技类论文235篇），出版专业著作18部，编制标准和指南达30项，取得软件著作权11项；创新项目数量逾1000个，创立施工工法40多种，形成63份技术标准，获得600多项专利（国内授权专利53项）；成功攻克了人工岛快速成岛、深埋沉管结构设计、隧道复合基础等十多项世界级技术难题，带动了20个基地及生产线的建设，成功构建起具备中国自主知识产权的核心技术体系，打造出中国跨海通道建设的工业化技术体系。

随着工程建设规模迅速扩大以及建造难度持续增加，工程管理行业所面临的实际状况，连同实践过程中诸多亟待解决的现实问题，推动着工程管理学术研究不断向更深层次发展。中国工程院，作为我国极具权威性的科研机构，于2000年成立了工程管理学部，这一行动成为国内学术界认可工程管理学科地位的重要标志。2007年4月，中国首届工程管理论坛在广州成功举行。该论坛围绕我国工程管理的发展状况与关键问题展开研讨，交流了前沿的工程管理理念与成功经验，对工程管理行业未来的发展趋势进行了深入探讨。该论坛的成功举办，有力地促进了我国工程管理行业的发展与学科建设。

在国家社会经济持续发展，尤其是新型工业化进程加速的大背景下，工程管理在基础理论和技术方法方面均实现了全面发展。一方面，系统工程、科学管理、运筹学、价值工程、信息技术、关键路径法等一系列理论与方法相继出现，并广泛应用于工程实践，逐渐成为管理科学的核心理论与方法。另一方面，现代科学技术的飞速发展以及社会经济领域对工程管理行业的强烈需求，为工程管理的持续完善与拓展提供了广阔空间，注入了全新活力，促使工程管理理论与技术体系不断健全与优化，推动工程管理逐步成为在社会经济发展中占据重要地位、发挥关键作用的科学领域。

1.4 建筑工程管理的行业特点与参与主体

1.4.1 建筑工程管理的行业特点

建筑工程管理的工作性质决定了其具有综合性、系统性、公正性、复杂性、严谨性、可持续性和规范化、信息化、职业化等行业特点。

(1) 综合性。建筑工程管理行业极具综合性。在具体建筑工程项目管理实践中，需解决的问题常横跨多门学科与多个技术领域，要依靠多种专业知识与工程技术协同处理。鉴于此行业综合性强，工程管理机构务必重视机构设置、人力资源配置及员工培训等方面。工程管理从业者在具备较高专业素养的基础上，应积极学习，持续拓宽知识领域、提升知识水平，以适应不断变化的工作需求。

(2) 系统性。建筑工程管理服务贯穿工程项目决策至建设全过程。需依据项目具体状况与要求，提供实现项目最终目标的思路、策略、方案及措施等。管理工作系统性强，要求从业者具备系统理念与思维，把握整体目标任务，注重全过程协调及各局部间内在联系。

项目决策阶段，涉及因素繁杂但构成完整系统。只有充分了解系统中每个因素，运用系统思维综合分析，才能准确判断项目立项的必要性、合理性、效益性与投资价值，实现客观、准确、科学决策。

项目建设过程中，管理工作同样是完整系统工程。管理者旨在为业主把控项目进度、质量与费用。为此，需制订详尽统筹计划，合理安排设计、采购、施工等环节工作，注重环节间合理交叉，落实质量控制要点，合理分配人工及其他费用，使管理过程成为有机整体。

(3) 公正性。公正性是建筑工程管理行业关键特性，是管理者基本且重要的职业道德准则。建筑工程管理者行为需独立于工程承包商、设备制造商与材料供应商，管理活动中不能有商业偏向，要保持独立判断，不受承包商和供应商干扰，客观公正地挑选合格承包商及信誉佳、产品质量优的制造商与供应商，为工程项目提供可靠产品与公正服务。

(4) 复杂性。建筑工程管理工作复杂。工程通常由多个部分组成，涉及多个组织，需运用多学科知识解决问题。工程存在诸多未知因素，且因素间联系不确定。这就要求有着不同经历、来自不同组织的人员在特定组织内有机协作，在多种约束条件下达成预期目标，其复杂性远超一般生产运作管理。

（5）严谨性。建筑工程管理目标精准、效果可验证。无论是青藏铁路、三峡水利枢纽工程、南水北调等大型工程，还是住宅楼、足球场等小型工程，管理目标都能精确衡量。可借助横道图、网络图、S形曲线等技术验证进度目标，判断工序进展及对工期影响，通过调整关键工作时长精准控制项目工期。

利用质量控制图、因果分析图、直方图等方法精确度量与控制质量目标。国家制定严格质量管理与技术规范，设立专门质量监督机构。通过工程量清单计价精确衡量投资目标，对比实际支出与计划投资，借助计算机辅助，投资控制更便捷，效果更显著。

（6）可持续性。可持续性是在建筑工程管理中，通过系统性、全生命周期的管理手段，平衡环境、经济与社会效益，确保工程在建造、运营及拆除阶段均符合资源永续利用、生态保护和代际公平性的要求。其实质是让工程不仅满足当下需求，更不损害未来发展的根基。

可精确度量的管理目标使工程项目管理效果可验证，如项目是否按时完工、成本是否超预算、有无质量缺陷、是否发生安全事故、生产效率与项目收益状况如何等。因其务实性、精确性及结果可验证性，工程管理专业人员需像外科医生一样，既有扎实的专业基础，又有丰富的实践经验，只有灵活运用技术手段，才能高效工作。

（7）规范化。建筑工程管理技术要求高且复杂，为适应社会化大生产与精准目标需求，技术手段和方法需标准化、规范化。这体现在诸多方面，如专业术语、符号定义与标识，管理流程各环节程序与标准，工程费用、计量测定及结算方法，信息流程、数据格式、文档系统、信息表达形式与工程文件标准化，招投标文件、合同文本标准化等。实现建筑工程管理全过程制度化、规范化、程序化是现代工程管理发展必然趋势。为提升建筑工程项目管理水平，推动其科学化、规范化、制度化与国际化，住房和城乡建设部编写了《建设工程项目管理规范》(GB/T 50326—2017)。该规范适用于各类建设工程相关方项目管理，明确企业各层级员工职责与工作关系，规范管理行为，制定考核评价标准。

（8）信息化。随着知识经济时代来临，建筑工程管理信息化从探索、试点走向广泛应用。计算机和软件成为重要管理手段，其管理水平与效率提升很大程度依赖信息技术发展与工程管理软件研发速度。目前，经济发达国家工程管理公司已普遍运用计算机网络技术，探索工程管理数字化、网络化与虚拟化。国内工程管理者也大量使用工程管理软件进行工程造价等专项管理，相关实用软件研发不断推进。信息技术快速发展将进一步提升工程管理效率与水平。

（9）职业化。工程建设涉及面广、技术要求高、责任重大，工程管理从业者需具备良好知识结构、全面基础理论知识、较高专业技术水平与较强组织协调能力。为保证从业者素质，工程管理行业应建立完善的执业资格考试制度。

1.4.2 建筑工程管理的参与主体

一个建筑工程项目从策划到建成投产，通常要有多方参与。

（1）建筑工程项目投资者。建筑工程项目的投资者，即采用如直接资金投入、股票认购等多样化途径，为建筑工程项目的运营者提供资金的单位或者个人。投资者的构成颇为多元，涵盖政府部门、各类社会组织、个体投资人、银行等金融机构以及广大股东群体等。他们最关心项目能否成功落地并获取利润回报。虽说投资者的关键职责聚焦于投资与融资环节，管理重心多置于项目起始筹备阶段，主要凭借项目评估这一关键手段来辅助决策，但想要切实获得预期的投资效益，投资者实际上需要对建筑工程项目从起始规划直至完结的整个生命周期，展开全方位、不间断地监测把控与管理运作。

（2）建筑工程项目业主(或项目法人)。在多数情况下,排除自行开展投资、开发以及运营的项目，建筑工程项目的业主通常指的是最终接收并经营建设项目成果的一方。而建筑工程项目法人，则是肩负起对建筑工程项目从前期构思策划、资金筹备募集、建筑过程推进、建成后生产运营管理、债务偿还处理，一直到资产保值增值等全流程责任的企事业单位,或其他形式的经济实体组织。业主与项目法人紧密关联，在项目进程中扮演着极为关键的角色，把控着项目整体走向。

（3）建筑工程项目咨询方。建筑工程项目咨询方囊括工程设计公司、工程监理公司、工程项目管理公司，以及其他为业主或者项目法人提供专业工程技术支持与管理服务的企业类型。其中，工程设计公司与业主签订设计合同，依照合同要求完成对应的设计任务，为项目的建设蓝图提供专业设计方案；工程监理公司受业主委托，与之签订监理合同，以专业的视角为业主在工程建设过程中提供全方位的监理服务，确保工程施工符合相关标准与要求；工程项目管理公司同样与业主签订项目管理合同，为业主提供涵盖项目各个环节的管理咨询服务，助力业主高效管理项目。咨询各方主要围绕业主需求展开工作，为项目的顺利推进助力。

（4）建设工程承包方和设备制造方。这类主体包含承担建筑工程项目具体施工任务以及负责相关设备制造工作的各类公司与企业。它们严格依据承发包合同所明确的条款约定，全力以赴完成各自对应的建筑施工以及设备制造任务，是将项目从设计蓝图转化为实际成果的直接实施者。在项目建设中，承包方和设备制造方接受业主以及监理方的监督管理,与各方协同合作,保障项目按计划推进。

(5)政府机构。工程所在区域的地方政府机构,主要包含政府的规划管理部门、计划管理部门、建设管理部门、环境管理部门等。这些不同职能部门,分别从各自专业领域出发,针对建筑工程的项目立项审批、建筑工程质量监管、建筑工程对周边环境影响评估等方面,开展严格的监督与管理工作。政府在建筑工程项目中,重点着眼于项目所能产生的社会效益以及环境效益,期望借助工程项目的建设实施,带动地区经济蓬勃发展、实现社会可持续进步目标、有效解决就业难题以及其他各类社会问题、充实地方财政收入、提升地区整体社会形象。政府通过制定政策、规范、标准等方式,对项目参与各方进行宏观调控与监管,保障项目符合公共利益。

(6)与建筑工程项目有关的其他主体。与建筑工程项目存在关联的其他主体,主要有建筑材料供应商、工程设备租赁公司、保险公司、银行等。这些主体分别与建筑工程项目业主方签订合同,为项目提供如建筑材料供应、工程设备租赁服务、保险保障以及资金支持等。建筑材料供应商为项目提供必要的建筑材料;工程设备租赁公司提供施工所需设备;保险公司为项目建筑过程中的风险提供保障;银行则为项目提供资金融通服务。在整个建筑工程项目参与主体体系中,业主方(项目法人)占据核心主导地位,贯穿建筑工程全过程。业主通过招标等公平竞争方式,精心筛选建筑工程项目的承包人、咨询服务方以及设备材料供应商,并在项目实施阶段,依据合同约定对这些合作方进行全面监督与管理,协调各方关系,确保项目顺利推进。各参与主体围绕业主需求,在政府监管下协同合作,共同推动建筑工程项目的成功实施。

1.5 建筑工程项目的生命周期和建设程序

1.5.1 建筑工程项目的生命周期

建筑工程项目是指需要一定量的投资,在一定的约束条件下(时间、质量、成本等),经过决策、设计、施工等一系列程序,以形成固定资产为明确目标的一次性事业。

建筑工程项目的时间限制和一次性决定了它有确定的开始和结束时间,具有一定的生命周期。建筑工程项目的生命周期是指从项目的构思到整个项目竣工验收交付使用为止所经历的全部时间,它可以分为概念、规划设计、实施和收尾四个阶段。

（1）概念阶段。包括项目前期策划和决策阶段，是从项目的构思到批准立项为止。

（2）规划设计阶段。包括设计准备和设计阶段，是从项目批准立项到现场开工为止。

（3）实施阶段。即施工阶段，是从项目现场开工到工程竣工并通过验收为止。

（4）收尾阶段。是从项目的投入使用开始到进行项目后评价为止。

1.5.2 建筑工程项目的建设程序

建设程序，是指在建筑工程项目从最初的构思酝酿、方案比选，历经评估、决策，再到开展设计、实施施工，直至竣工验收、交付投入使用的完整建筑进程中，各项工作必须严格遵循先后次序以及彼此间的内在联系。它充分体现了建筑工程项目所遵循的技术经济规律，也是工程建筑过程客观规律的外在呈现，更是保障建筑工程项目能够实现科学决策并得以顺利推进的重要基石。

依据我国现行的相关规定，结合建筑工程项目生命周期的特性，政府投资项目的建设程序可划分为以下几个阶段：

（1）编制项目建议书阶段。项目建议书是由计划开展建筑项目的单位向对应的决策部门呈交的，旨在提议建设某一特定项目的文件。在投资决策之前，该建议书通过对拟建筑项目的建筑必要性、建筑条件的现实可行性以及潜在获利可能性，展开宏观层面的初步剖析与大致规划。其核心作用在于推介一个具体项目，为有关决策部门提供项目选项，以便其判断是否开展后续工作。

项目建议书的内容视项目的不同情况有简有繁，一般主要包括以下内容：
①项目提出的背景、项目概况、项目建筑的必要性和依据。
②产品方案、拟建规模和建筑地点的初步设想。
③资源情况、建筑条件与周边协调关系的初步分析。
④投资估算、资金筹措及还贷方案设想。
⑤项目的进度安排。
⑥经济效益、社会效益的初步估计和环境影响的初步评价。

对于政府投资项目来说，项目建议书按要求编制完成后应根据建设规模和投资限额划分分别报送有关部门审批。项目建议书经批准后并不表明项目可以马上建设，还需要展开详细的可行性研究。

根据《国务院关于投资体制改革的决定》（国发〔2004〕20号文），对于企业不使用政府资金建设的项目，一律不再实行投资决策性质的审批，根据项目不同情况实行核准制和备案制，企业不需要编制项目建议书就可以直接编制项目的可行性研究报告。

（2）设计工作阶段。设计工作，是针对拟建项目的具体实施，从技术和经济维度展开的细致规划，它将建设目标与预期水平具象化，为后续组织施工提供关键依据。设计成果直接关联着工程质量以及未来投入使用后的实际效果，在整个工程建设流程中占据极为重要的地位。

一般而言，项目设计会历经两个阶段，也就是初步设计与施工图设计。而对于重大项目，以及那些在技术层面复杂且缺乏成熟设计经验的项目，则需开展三阶段设计，涵盖初步设计、技术设计和施工图设计。

①初步设计。初步设计是依据可行性研究报告的要求所拟订的具体实施规划。其核心目标在于明确在既定地点、限定时间以及投资预算范围内，拟建项目在技术可行性与经济合理性方面的表现。通过对项目各项技术经济要素的设定，编制出项目设计总概算，为项目整体投资把控奠定基础。

②技术设计。技术设计需以初步设计为依托，结合更为详尽的调查研究资料进行编制。其主要作用是进一步攻克初步设计中存在的重大技术难题（如确定建筑结构形式、优化工艺流程、精准选择设备类型并明确其数量等），促使工程建设项目的设计方案更加具体、完善，提升技术经济指标。在这一阶段，需要编制项目的修正设计概算，以便更为精确地反映项目成本。

③施工图设计。施工图设计是按照获批的初步设计和技术设计要求，全面且细致地展现建筑物外观、内部空间布局、结构体系，以及建筑群组合与周边环境协调关系等内容的设计文件。建设行政主管部门会委托相关审查机构，针对施工图进行结构安全性、强制标准遵循情况以及规范执行状况等方面的审查。施工图一旦审查通过并获批，不得随意修改；若确需变动，则必须重新提交审查，待批准后方可实施。在施工图设计阶段，需要编制施工图预算，用以精确核算项目施工成本。

（3）建设准备阶段。初步设计已获批准的项目可列为预备项目。在项目开工建设之前要切实做好各项准备工作，其主要内容包括以下几点：

①征地、拆迁和场地平整。

②完成施工用水、电、道路、通信等的接通工作。

③组织招标择优选定建设监理单位、施工承包单位及设备、材料供应商。

④准备必要的施工图纸。

⑤办理工程质量监督手续和施工许可证，做好施工队伍进场前的准备

工作。

（4）实施阶段。当建设项目获批并正式开工建设，项目随即步入建设施工阶段。此阶段的核心任务，是将设计蓝图转化为实实在在的工程项目实体，从而实现投资决策时所设定的目标。该阶段的主要工作包括：依据建设项目或单项工程的总体布局规划，有序开展施工活动；严格按照工程设计要求、施工合同条款、施工组织设计以及投资预算等，在保障工程质量、工期、成本以及安全等目标得以实现的前提下，推进施工进程；同时，强化环境保护意识，妥善处理好人、建筑以及绿色生态环境三者间的协调关系，以契合可持续发展的要求。待项目达到竣工验收标准后，由施工承包单位将项目移交给建设单位。

对于生产性建设项目而言，在建设实施阶段还需同步开展生产准备工作。这一环节在整个建设程序中至关重要，是连接建设与生产的关键桥梁，也是项目从建设阶段顺利过渡到生产经营阶段的必要前提。在项目即将投产之前，建设单位应当及时组建专门的工作班子或机构，全力做好生产准备工作，以确保项目建成后能够迅速投入生产运营。生产准备工作的具体内容会因项目特性或企业实际情况的不同而有所差异，不过通常涵盖以下几个主要方面：

①组建管理机构、制定管理制度和有关规定。
②招收并培训生产人员，组织生产人员参加设备的安装、调试和工程验收。
③签订原料、材料、燃料、水、电等供应及运输的协议。
④进行工器具、备品、备件等的制造或订货及其他必需的生产准备。

（5）竣工验收阶段。建设项目依据设计文件所规定的内容全部施工完成后，便可组织竣工验收。竣工验收是投资成果转入生产或使用的标志，也是全面考核建设成果、检验设计和工程质量的重要步骤，它对促进建设项目及时投产或使用，发挥投资效益及总结建设经验具有重要作用。

竣工验收工作的主要内容包括：整理技术资料、绘制竣工图、编制竣工决算等。通过竣工验收，可以检查建设项目实际形成的生产能力或效益，也可避免项目建成后继续耗费建设费用。

（6）项目后评价阶段。项目后评价是指项目建成投产、生产运营一段时间后，再对项目的立项决策、设计施工、竣工投产、生产运营等全过程进行系统分析；对项目实施过程中实际所取得的效益（经济、社会、环境等）与项目前期评估时预测的有关经济效果值（如净现值、内部收益率、投资回收期等）相对比，评价与原预期效益之间的差异及其产生的原因。项目后评价是建设项目投资管理的最后一个环节，通过项目后评价可达到肯定成绩、总结经验、吸取教训、改进工作、提高决策水平的目的，并为制订科学的建设计划提供依据。

第 2 章 建筑工程施工组织设计

2.1 施工组织设计基础

2.1.1 施工条件分析

建筑施工是一项复杂而艰巨的任务,在施工过程中往往会受到多种因素的影响。地质结构和气候与周边环境因素便是两个十分重要的考虑因素,它们可以对施工过程与施工结果都产生深远的影响。

2.1.1.1 地质结构和气候对施工的影响

(1)地质结构。

①岩石类型。不同岩石类型在基础开挖时所需的施工工艺大不相同。花岗岩硬度大,可能需要采用爆破等高强度手段;页岩易破碎,施工时需着重考虑边坡稳定性,避免由岩石破碎导致的工程事故。

②土质特性。黏土具有高黏性,这一特性可能影响地基排水,若排水不畅,会降低地基承载能力,影响工程整体稳定性;若砂土松散,在施工过程中容易引发流沙现象,需要采取特殊的支护和排水措施来保障施工安全。

③地下水位。地下水位的高低对施工影响显著。若地下水位过高,在基础施工时会增加排水难度,还可能导致地基土的软化,降低地基的强度和稳定性;若地下水位过低,可能会引起地面沉降,影响周边建筑物的安全。

④地质构造。如断层、褶皱等地质构造,会使地质条件变得复杂。断层处岩石破碎,可能存在地下水渗漏等问题;褶皱构造则可能导致岩石的力学性质不均匀,在施工时需要根据具体情况调整施工方案和技术措施。

(2)气候。气候条件对施工的影响范围广泛且深入施工的各个环节。

①温度因素。高温环境下,混凝土凝结速度加快,极易产生裂缝。

②降水因素。降水过多会导致施工现场积水，严重干扰土方作业，甚至引发安全事故。

③湿度因素。高湿度环境会影响建筑材料的性能，比如木材容易受潮变形、金属易生锈腐蚀。

④风力因素。强风天气不仅会影响高空作业的安全性，还可能对一些轻质建筑材料造成损坏，如彩钢板等。

2.1.1.2 周边环境因素对施工的影响

在进行建筑施工条件分析时，必须细致考量周边环境因素，尤其是周边建筑物的分布情况。对于邻近的老旧建筑，施工过程中的爆破作业和深基坑开挖可能会引起建筑物的沉降和振动问题。因此，必须实施严格的监测，并采取相应的预防措施（如设置防震沟和对临近建筑进行预先加固），以确保其结构安全不受损害。

施工地点的交通状况是影响施工进度的关键因素。在交通流量较大的区域施工时，材料运输可能会受到阻碍。因此，合理规划运输路线，并与交通管理部门协商，争取实施交通管制措施，这对于保障材料供应至关重要。此外，市政设施的分布同样需要引起足够重视。在施工过程中，若不慎破坏了供水、供电、供气管道或通信线路，可能会导致停水、停电等严重事故，进而影响周边居民的生活和施工进度。因此，在施工前，必须进行精确的勘察工作，明确标注这些设施的位置，并采取必要的保护措施，以防止意外发生。施工活动还可能产生噪声、粉尘和废水等污染物，对周边环境造成不利影响。为此，应采取设置隔音屏、定期洒水降尘、建设废水处理设施等措施，以减轻污染，保护施工环境，维护与周边社区的良好关系。这些措施有助于确保施工活动的顺利进行，并为工程推进打下坚实基础。

综合考虑地质、气候以及周边环境等因素，能够帮助施工团队预先制定有效的应对策略，降低施工风险，确保工程的质量、进度和安全。通过这种方式，可以实现建筑项目的可持续发展，同时减少对周边环境和居民生活的负面影响，实现经济效益、社会效益与环境效益的和谐统一。

2.1.2 技术标准与规范

在建筑工程施工与项目管理中，技术标准与规范是确保工程质量、施工安全以及项目成功交付的关键。它们为建筑施工提供了精确的指引和坚实的支撑，是实现工程目标的基础。

2.1.2.1 标准遵循

（1）行业标准。建筑行业的标准是经过科学验证和行业共识形成的，它广泛覆盖了工程建设的各个环节，从设计到施工，再到验收。

①建筑设计标准。《民用建筑设计统一标准》（GB 50352—2019）规定了民用建筑的设计原则和要求，确保建筑空间既满足使用需求，又具备合理的空间布局和安全疏散通道。

②结构工程标准。《建筑抗震设计规范》（GB 50011—2010）根据我国不同地区的地震设防烈度，对建筑结构的抗震设计提出了具体要求，以减轻地震对建筑物的破坏。

（2）建筑法规。建筑法规是国家意志在建筑领域的体现，具有强制性和权威性，为建筑工程的建设活动提供了法律框架。

①《中华人民共和国建筑法》。规定了建筑工程的许可制度，严格规范了建设单位、施工单位等市场准入条件和行为准则。

②《建设工程质量管理条例》。细化了建筑工程质量管理的法律责任，对施工单位在施工过程中的质量行为进行了严格约束。

2.1.2.2 技术规范

（1）施工工艺规范。施工工艺规范是施工过程中的操作指南，其详细规定了施工工序的具体操作方法、技术参数以及质量控制要点。

①混凝土施工。《混凝土结构工程施工规范》（GB 50666—2011）明确了混凝土施工的技术要求，包括原材料选择、配合比设计等。

②防水工程。《地下防水工程质量验收规范》（GB 50208—2011）详细阐述了地下防水工程的施工工艺和质量验收标准。

（2）材料规范。建筑材料的质量直接决定工程的质量和安全性能。材料规范从材料的性能指标、检验方法等方面进行了全面规定。

①钢筋。《钢筋混凝土用钢 第1部分：热轧光圆钢筋》（GB/T 1499.1—2024）和《钢筋混凝土用钢 第2部分：热轧带肋钢筋》（GB/T 1499.2—2024）对钢筋的性能指标进行了详细规定。

②水泥。《通用硅酸盐水泥》（GB 175—2023）规定了水泥的性能指标，包括初凝时间、终凝时间和强度等关键性能指标。

（3）设备规范。建筑施工设备的安全、高效运行对于保证施工进度、降低劳动强度以及确保施工质量具有重要意义。

塔吊：《塔式起重机安全规程》（GB 5144—2022）对塔吊的结构设计、工作机构、安全装置等方面进行了全面规范。

严格遵循技术标准与规范是建筑工程施工与项目管理中每一名从业者的责任和义务。只有将这些标准与规范切实贯彻到工程建设的每一个细节中，才能确保建筑工程的质量可靠、安全稳定，推动建筑行业的健康可持续发展。

2.1.3 工程特点与难点分析

在建筑工程的领域中，各项目所处的独特地理区位、所承载的功能诉求以及蕴含的设计理念差异，致使其呈现出纷繁复杂且独具特性的工程特点与难点。精准且全面地洞悉这些关键要素，并制定出切实有效的应对策略，是保障工程建设推进以及圆满实现预设目标的关键所在。

2.1.3.1 结构与质量要求

（1）建筑结构特性。建筑结构特性深刻影响着建筑的功能实现、安全性能和使用寿命。不同类型的建筑结构在材料选择、受力特点、施工工艺和维护需求等方面都存在显著差异。

①受力特性。不同建筑结构在应对荷载方面各有特点。超高层建筑采用框筒结构或核心筒-外框结构体系，核心筒承担竖向承重与抗侧力，外框协同增强侧向刚度，以抵抗竖向和水平荷载，确保结构稳定；大跨度空间结构如网架、网壳等，构件轻巧细长，受力复杂，需精确设计节点连接来分散和传递荷载，满足大空间无柱需求。

②施工特性。超高层建筑施工面临高空作业风险高、垂直运输难度大、结构精度要求严苛等挑战，需要配备专业的高空作业设备、高效的垂直运输系统以及先进的测量和监控技术，保障施工安全与质量；大跨度空间结构施工则依赖高精度测量仪器和前沿安装技术，以确保复杂节点的连接精准，符合结构设计预期。

③材料特性。建筑结构的特性决定了对材料的不同需求。超高层建筑需要高强度、高韧性的建筑材料（如高性能钢材和混凝土），以承受巨大的荷载；新型装配式建筑体系则侧重材料的标准化、工业化生产，要求材料具有良好的连接性能和尺寸精度，便于现场快速组装。

④维护特性。各类建筑结构的维护重点不同，深基础项目建成后，需定期监测基础沉降情况，防止地基变形影响上部结构安全；大跨度空间结构由于长期承受较大荷载和环境作用，需重点检查节点连接部位的松动、锈蚀情况，及

时进行维护加固，确保结构安全。

（2）质量控制标准。建筑工程的质量标准是衡量工程是否达标的关键，其范畴广泛，全面覆盖从基础工程到主体结构，再到装饰装修以及设备安装的精细调试等各个关键环节。

而在基础工程领域，无论是桩基础、筏板基础，还是其他形式的基础构造，都有着严格的质量验收规范与标准。以桩基础为例，桩身的完整性以及荷载能力必须满足设计所设定的要求，这需要借助低应变检测、静载试验等一系列专业精准的检测方法予以评估判定；主体结构作为建筑工程的核心骨架，其质量标准的严苛程度更甚，其中涉及混凝土结构的强度指标、外观质量的平整度与光洁度、尺寸偏差的精准度控制，以及结构整体的完整性和抗震性能的可靠性等多个维度，每一项均需实施严格缜密的把控。就混凝土强度而言，必须通过标准养护试块和同条件养护试块的抗压强度试验来进行精确检验，以确保其能够达到设计所规定的强度等级，任何超出标准限定的偏差都极有可能对结构的承载能力和稳定性造成潜在的负面影响，进而危及建筑物在全寿命周期内的安全使用性能。

2.1.3.2 施工挑战

在建筑工程施工的全流程中，会遇到各种各样的技术难题。如在深基坑工程领域，伴随城市化进程的加速推进，基坑的开挖深度不断向更深层次拓展，与此同时，周边环境也越发复杂多变，在这样的双重背景下，如何切实确保基坑的稳定性以及保障周边既有建筑物、地下管线等市政设施的安全，已然成为一项亟待攻克的关键技术难题。

新型建筑材料以及创新施工工艺的推广应用，同样面临着技术适应性与可靠性方面的诸多挑战。以装配式建筑为例，在预制构件的生产制造、运输配送、吊装拼接以及连接节点的处理等各个关键环节，均潜藏着一系列技术难题。如预制构件的生产精度如何实现精准高效的控制，构件之间的连接节点构造怎样设计才能确保其力学性能的可靠性与稳定性，以及在施工现场的装配顺序规划和质量把控措施等方面，都需通过大量深入细致的试验研究以及广泛丰富的工程实践经验积累，不断地进行优化改进与完善提升，以此来确保装配式建筑的整体性能表现和质量品质能够完全符合预期的设计目标和行业标准要求。

2.2 组织管理

2.2.1 人员组织架构

在建筑工程施工与项目管理中,构建一个科学合理、高效协同的组织架构,是项目成功实施的关键。它类似人体的神经系统,精密而有序地协调着各个部分的运作,确保项目从规划设计到竣工验收的每一个环节都能顺畅进行,最终实现项目的预期目标,提高质量、进度、成本和安全等多方面的综合效益。

2.2.1.1 管理层

管理层包括工程技术部、质量安全部、物资设备部、合同预算部和综合办公室等多个职能部门,它们是项目经理决策的具体执行者和业务支撑者,各自承担着特定的职责和任务,类似人体的各个器官,协同运作,维持项目的正常运转。管理层部门分类见图 2.1。

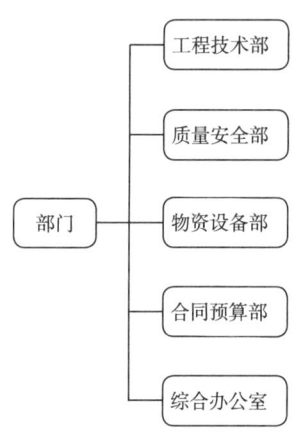

图 2.1 管理部门分类

(1)工程技术部。工程技术部是项目技术方案的策划者和实施者,主要负责施工技术的研发、应用和现场指导工作。在项目前期,工程技术部要组织技术人员对施工图纸进行深入会审,结合现场实际情况,制订科学合理、详细可行的施工技术方案,包括基础工程、主体结构、装饰装修等各个施工阶段的工艺流程、技术参数和质量标准等;在施工过程中,工程技术部要对施工现场进行技术监督和指导，及时解决各类技术问题，确保施工过程严格遵循技术规范和操作规程；同时，要负责新技术、新工艺、新材料的推广应用和技术创新工作，不断提升项目的技术水平和施工效率，为项目的高质量完成提供坚实的技术保障。

（2）质量安全部。质量安全部是项目质量和安全的守护者，承担着建立健全质量管理体系和安全管理体系、制定质量安全管理制度和标准，并监督执行的重要职责。质量安全部要对原材料、构配件、设备以及各分项工程、分部工程进行严格的质量检验和验收工作，从源头把控工程质量，确保每一个施工环节都符合相关质量标准要求；在安全管理方面，要制订详细的安全操作规程和应急预案，加强对施工现场的安全巡查和隐患排查治理，对施工人员进行安全教育培训，提高全员的安全意识和防范能力，防止各类安全事故的发生，为项目施工创造一个安全稳定的作业环境。

（3）物资设备部。物资设备部负责项目所需物资和设备的采购、供应、调配和管理工作，是项目施工的物资保障部门。物资设备部要根据项目施工进度计划和物资需求计划，制订详细的采购方案，确保物资和设备按时、足额供应到施工现场；在采购过程中，要严格把控物资和设备的质量关，选择优质的供应商，进行严格的进场检验和验收工作；同时，要负责物资和设备的日常维护保养和库存管理工作，提高物资和设备的利用率，降低工程成本，保障项目施工顺利进行。

（4）合同预算部。合同预算部主要负责项目的合同管理和成本控制工作，是项目经济效益的把控者。合同预算部要参与项目合同的起草、谈判和签订工作，审核合同条款，确保合同的合法性、公平性和完整性；在项目实施过程中，要严格按照合同约定进行工程计量、价款支付申请和结算工作，及时处理合同变更和索赔事宜，维护项目的合法权益；同时，要负责项目成本的预算编制、成本核算和成本分析工作，制定成本控制措施，监控成本支出情况，通过优化施工方案、合理控制物资采购价格、减少浪费等手段，确保项目成本控制在预算范围内，实现项目的经济效益最大化。

（5）综合办公室。综合办公室承担着项目的综合协调和后勤保障工作，充当项目的润滑剂和保障剂，确保项目各部门之间的沟通顺畅和工作协调。综合办公室要负责项目文件的收发、传递、归档和保管工作，组织召开各类会议，做好会议记录和纪要的发布工作，协调各部门之间的工作关系，解决工作中出现的矛盾和问题；同时，要负责项目的人力资源管理、考勤管理、薪酬福利管理，以及对外接待、宣传等工作，为项目团队提供全方位的后勤支持和服务保障，营造良好的工作氛围，提高团队的凝聚力和战斗力。

2.2.1.2 基层作业队伍——执行力量

基层作业队伍（见图2.2）作为项目施工的直接执行者，是项目组织架构中的操作层，包括各工种的施工班组（如木工班、钢筋工班、混凝土工班、架子工班、泥瓦工班等），他们的工作质量和效率直接决定了项目的实体质量、进度和成果。

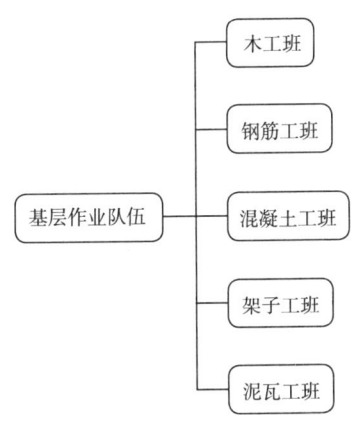

图2.2 基层作业队伍

（1）木工班。木工班主要负责建筑结构中的模板制作、安装和拆除工作，这是混凝土浇筑成型的关键环节。木工班需要根据施工图纸的精确尺寸要求，熟练运用各类木工工具和机械设备，制作出高质量的模板，确保模板的平整度、垂直度和密封性符合标准；在模板安装过程中，要严格按照施工方案进行操作，保证模板的牢固性和稳定性，为混凝土浇筑提供坚实的支撑体系；在混凝土达到规定强度后，要及时、安全地拆除模板，并对模板进行清理、维修和保养，以便循环使用，降低工程成本。

（2）钢筋工班。钢筋工班负责钢筋的加工、绑扎和安装工作，这是建筑结构承载能力的重要保障。钢筋工班要根据设计图纸的钢筋规格、型号、数量和间距要求，熟练运用钢筋切断机、弯曲机、电焊机等设备，对钢筋进行精确的下料、弯曲和焊接加工操作，确保钢筋的加工质量符合规范；在施工现场，要将加工好的钢筋按照设计要求进行准确的绑扎和安装，形成坚固的钢筋骨架，保证钢筋与混凝土之间的有效协同工作，共同承受结构荷载，确保建筑结构的安全稳定。

（3）混凝土工班。混凝土工班承担着混凝土的搅拌、运输、浇筑和振捣工作，这是建筑工程施工的关键工序之一。混凝土工班要严格按照混凝土配合比进行搅拌操作，确保混凝土的原材料计量准确、搅拌均匀，保证混凝土的质量稳定性；采用合适的运输工具和运输方式，确保混凝土在运输过程中不发生离析和坍落度损失，保证混凝土的浇筑性能；在浇筑过程中，要控制好浇筑速度、高度和厚度，采用正确的振捣方法，确保混凝土的密实度和均匀性，避免出现蜂窝、麻面、孔洞等质量缺陷；在混凝土浇筑完成后，要及时进行养护工作，根据环境条件和混凝土特性，采取洒水、覆盖、保湿等养护措施，保证混凝土的强度增长和耐久性。

（4）架子工班。架子工班负责搭建和拆除施工现场的各类脚手架，这是为施工人员提供安全作业平台和通道的重要保障。架子工班要根据建筑物的高度、结构形式和施工工艺要求，选择合适的脚手架类型和搭设方案（如扣件式脚手架、碗扣式脚手架、悬挑式脚手架等），并严格按照操作规程进行搭设操作，确保脚手架的立杆、横杆、剪刀撑等构件的连接牢固、间距合理，保证脚手架的整体稳定性和承载能力；在使用过程中，要定期对脚手架进行检查和维护，及时发现和排除安全隐患，如松动的扣件、变形的杆件等；在施工任务完成后，要按照规定的程序和方法拆除脚手架，确保拆除过程的安全有序，防止发生倒塌事故。

（5）泥瓦工班。泥瓦工班主要负责建筑物的砌体工程、内外墙抹灰、地面铺贴等工作，这直接关系到建筑物的外观质量和使用功能。泥瓦工班要掌握砌体的砌筑工艺和质量标准，如砖砌体的组砌方法、灰缝厚度和饱满度等，确保砌体的垂直度、平整度和整体性符合要求；在抹灰和地面铺贴工作中，要保证表面的平整度、光洁度和色泽均匀度，注意施工细节（如阴阳角的处理、分格缝的设置等），提高建筑物的装饰装修效果和用户的满意度。

基层作业队伍在施工过程中，要接受项目经理部各职能部门的管理和技术指导，严格遵守项目的各项规章制度和操作规程，确保施工质量和安全。

2.2.2 核心管理人员职责

在建筑工程施工与项目管理体系中，明确各核心管理人员（见图2.3）的职责是确保项目顺利推进、实现预期目标的核心要素之一。各岗位人员如同精密机器中的各个零部件，只有各司其职、协同运作，才能使整个项目管理机制高效运转，保障工程的质量、进度、安全以及成本控制等各项目标的实现。

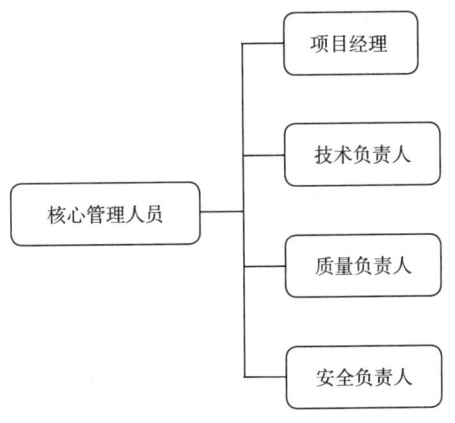

图 2.3 核心管理人员

2.2.2.1 项目经理职责

项目经理是项目管理的关键人物。其职责范围广泛，涵盖项目的各个方面，从前期规划到后期收尾，从团队管理到资源调配，从成本控制到质量保障，都需要项目经理进行全方位的把控与决策，对项目的顺利推进和最终成果起着决定性作用。

（1）项目规划。负责制订详细的项目计划，明确项目目标、范围、时间表和交付成果。

（2）团队组建与管理。根据项目需求挑选合适的团队成员，明确各成员职责和分工。建立有效的沟通机制，促进团队协作，定期组织团队培训和绩效评估，提升团队整体能力和工作效率。

（3）资源协调与管理。合理调配人力、物力和财力资源，确保项目所需资源及时到位。与供应商、合作伙伴等外部机构沟通协调，保障物资供应和服务支持，同时监控资源使用情况，避免过度消耗。

（4）项目进度控制。制订项目进度计划并跟踪执行情况，定期检查项目进展，及时发现并解决进度延误问题。根据实际情况调整项目计划，确保项目按时完成，向相关利益者汇报项目进度。

（5）成本管理与预算控制。编制项目预算，监控项目成本支出，严格控制各项费用，避免超支。分析成本偏差原因，采取有效措施进行成本优化，确保项目在预算范围内完成。

（6）风险管理与应对。识别项目中可能出现的风险，制定风险应对策略和预案。定期进行风险评估，及时处理风险事件，降低风险对项目的影响，保障项目的顺利进行。

（7）质量管理监控。建立项目质量标准和质量控制体系，监控项目执行过程中的质量情况。组织质量检查和验收，确保项目成果符合质量要求，对不合格项及时整改，保证项目质量达标。

（8）沟通协调。作为项目的沟通枢纽，与项目团队成员、上级领导、客户、供应商等各方保持密切沟通。及时传达项目信息，协调各方利益和需求，解决沟通中出现的问题，确保项目信息畅通。

（9）文档管理与交付。负责项目相关文档的收集、整理和归档，包括项目计划、会议纪要、变更记录等。确保文档的完整性和准确性，在项目结束时完成项目交付，提交所有相关文档和成果。

2.2.2.2 技术负责人职责

技术负责人的职责贯穿项目全流程，从技术层面保障项目的顺利开展、高效执行，以及创新突破，对项目的技术质量、进度和成果有着决定性影响。

（1）技术方案规划与设计。深入研究项目需求，结合行业技术趋势和企业自身技术实力，制订详细且科学合理的技术方案，包括确定技术路线、选择合适的技术架构和工具，确保方案满足项目目标，并具有前瞻性和可扩展性，为项目的技术实施奠定坚实基础。

（2）技术难题攻克。当项目遇到技术瓶颈时，带领技术团队进行攻关。应积极关注行业最新技术动态，引入新技术、新工艺、新方法，推动项目技术创新，提升项目竞争力。

（3）技术团队建设与管理。根据项目需求组建技术团队，明确团队成员技术分工。组织开展技术培训和交流活动，提升团队整体技术水平。建立有效的技术绩效考核机制，激励团队成员不断提升技术能力和工作效率。

（4）技术质量把控与监督。建立健全项目技术质量标准和控制体系，对项目技术实施过程进行全程监督。定期检查技术成果，确保符合质量要求。对技术问题及时进行整改，保障项目技术质量达标。

（5）技术沟通与协调。作为技术方面的沟通桥梁，与项目经理、其他部门负责人以及外部技术合作伙伴保持密切沟通。及时传达技术信息，协调技术需求和资源，解决技术沟通中出现的问题，确保项目技术信息畅通。

（6）技术风险评估。识别项目中的技术风险，如技术选型不当、技术更新换代快等问题。

（7）技术文档管理。负责组织编写和整理项目相关技术文档，包括技术方案、设计文档、操作手册等。

（8）技术验收与交付。参与项目的技术验收工作，对技术成果进行全面评估。确保技术成果符合项目要求和相关标准，在项目结束时完成技术交付，向相关方提供完整的技术资料和支持。

2.2.2.3 质量负责人职责

从项目启动的筹备阶段到最终交付的收尾环节，质量负责人都需全方位把控质量关卡，通过严格的质量管控措施，确保项目在各个阶段、各个环节都能达到甚至超越既定的质量标准。

（1）质量标准制定与完善。深入研究项目特点、行业规范以及相关法律法规，结合项目实际需求，制订详细且切实可行的质量标准和规范。同时，密切关注行业质量标准的更新变化，及时对项目质量标准进行调整和完善，确保项目始终遵循最前沿、最科学的质量准则。

（2）质量计划编制与执行。依据项目进度和质量目标，制订全面的质量计划，明确各阶段质量控制要点、质量检验方法以及质量责任分工。在项目执行过程中，严格监督质量计划的落实情况，确保各项质量控制措施得到有效执行。

（3）质量监控与检查。建立完善的质量监控体系，对项目施工全过程进行实时监控。定期开展质量检查，包括原材料检验、施工工艺检查、中间产品质量检测等，及时发现质量隐患和问题。对关键工序和重要部位进行旁站监督，确保施工质量符合要求。

（4）质量问题处理与整改。一旦发现质量问题，立即组织相关人员进行原因分析，制定切实可行的整改措施，并跟踪整改落实情况。对质量问题进行分类记录和总结，形成质量问题案例库，为后续项目提供参考和借鉴。

（5）质量培训与教育。组织开展质量培训活动，提高项目团队成员的质量意识和质量技能。定期对施工人员进行质量交底，使其明确施工过程中的质量要求和注意事项，确保每个成员都能将质量理念贯穿到实际工作中。

（6）质量沟通与协调。作为质量方面的沟通枢纽，与项目经理、技术负责人、施工团队以及外部质量监管机构保持密切沟通。及时传达质量信息，协调解决质量方面的问题和矛盾，确保项目质量工作顺利推进。

（7）质量文件管理。负责收集、整理和归档项目质量相关文件，包括质量标准、质量计划、检验报告、整改记录等。确保质量文件的完整性、准确性和可追溯性，为项目质量追溯和质量评估提供有力支持。

（8）质量验收与评估。参与项目的分部分项工程验收和竣工验收工作，对项目质量进行全面评估。出具质量验收报告，客观评价项目质量状况，对不符合质量要求的部分提出整改意见，直至项目质量达到验收标准。

2.2.2.4　安全负责人职责

在项目的整个生命周期内，从筹备规划到竣工交付，安全负责人通过建立健全安全管理体系、严格执行安全措施，有效预防和控制各类安全事故，为项目的顺利推进营造安全稳定的环境，是项目得以安全、有序开展的关键保障。

（1）规程制定。依据国家和地方相关安全法规、标准，结合项目实际情况，制订详细且具有可操作性的安全管理制度、安全操作规程，以及安全奖惩办法。确保这些制度和规程涵盖项目施工的各个环节和岗位，为项目安全管理提供明确的依据和准则。

（2）培训与教育。组织开展多样化的安全培训活动，包括新员工入职安全培训、日常安全操作培训、专项安全技能培训等。向施工人员传授安全知识、应急处理方法和安全操作技能，提高全员安全意识和自我保护能力。定期进行安全考核，确保施工人员掌握必要的安全知识和技能。

（3）安全风险识别与评估。定期对项目施工现场进行安全风险排查，识别潜在的安全隐患，如高处坠落、物体打击、触电、火灾等风险。采用科学的风险评估方法，对识别出的风险进行量化评估，确定风险等级，为制定针对性的风险控制措施提供依据。

（4）措施落实与监督。根据安全风险评估结果，制定并落实相应的安全防范措施，如设置安全警示标识、配备个人防护用品、搭建安全防护设施等。加强对施工现场的日常巡查和监督，及时纠正施工人员的不安全行为，确保各项安全措施得到有效执行。

（5）应急管理。制订项目安全应急预案，包括火灾、坍塌、中毒等各类事故的应急处置方案。定期组织应急演练，检验和提高应急救援能力。确保应急救援物资和设备齐全有效，建立应急救援队伍，明确应急响应流程和各部门职责，在事故发生时能够迅速、有效地进行应急处置。

（6）安全沟通与协调。作为安全管理的沟通桥梁，与项目经理、各部门负责人、施工团队以及外部安全监管机构保持密切沟通。及时传达安全政策、法规和安全工作要求，协调解决安全管理中出现的问题和矛盾，确保项目安全工作得到各方的支持和配合。

（7）设备与设施管理。负责安全设备和防护设施的采购、验收、维护和更新工作。确保安全设备（如消防器材、漏电保护器、起重机安全装置等）性能良好、运行可靠，防护设施（如安全帽、安全带、安全网等）符合国家标准和行业要求。定期对安全设备和设施进行检查和维护，及时更换损坏或过期的设备和设施。

2.3 施工顺序

2.3.1 基础工程施工顺序

基础工程作为建筑施工的开端，其施工顺序的合理性直接关系到整个工程的质量、进度和安全。在基础工程施工的过程中，土方工程和基础结构施工是两个关键环节（见图2.4），它们之间相互关联、相互影响，需要精心组织和协调，以确保基础工程的顺利进行。

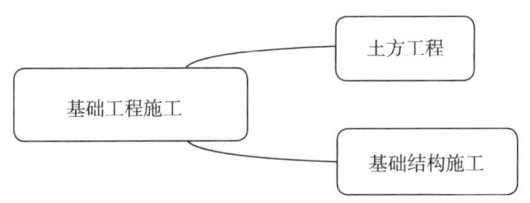

图 2.4 基础工程施工顺序

2.3.1.1 土方工程

在进行土方工程施工前，必须做好充分的准备工作，以确保施工的顺利进行，包括现场勘查、施工方案制订、测量放线、障碍物清除以及施工场地平整等。现场勘查需要对施工场地的地形、地貌、地质条件以及周边环境进行详细的调查和分析，为施工方案的制订提供依据。应根据勘查结果，结合工程实际情况，制订合理的土方开挖、运输和回填方案，包括选择合适的施工机械、确定施工顺序和方法等。测量放线是土方工程施工的重要基础工作，需要根据设计图纸，使用测量仪器准确地将建筑物的位置、边界和标高测设到施工现场，为土方开挖提供准确的依据。障碍物清除工作包括拆除场地内的建筑物、构筑物、地下管线等，确保施工场地无障碍物。施工场地平整则是将场地内的高低不平之处进行平整，以便于施工机械的通行和土方工程的开展。

（1）土方开挖。土方开挖是基础工程施工的第一步，其开挖方式和顺序的选择至关重要。常见的土方开挖方式有放坡开挖、支护开挖和逆作法开挖等，具体选择应根据工程地质条件、开挖深度、周边环境以及施工技术水平等因素综合确定。

放坡开挖适用于地质条件较好、开挖深度较浅、周边环境允许的情况。在进行放坡开挖时，需要根据土的类别、开挖深度和边坡荷载等因素，合理确定边坡坡度。同时，要采取有效的排水措施，防止地表水和地下水对边坡的冲刷和浸泡，确保边坡的稳定性。

支护开挖适用于地质条件较差、开挖深度较大或周边环境复杂的情况。支护结构的形式有多种，如土钉墙、排桩、地下连续墙等。在进行支护开挖时，需要根据工程实际情况选择合适的支护结构，并严格按照设计要求进行施工。在土方开挖过程中，要密切关注支护结构的变形情况，如有异常应及时采取措施进行处理。

逆作法开挖是一种较为先进的土方开挖方式，它利用地下结构的顶板、中板等作为支撑，自上而下地进行土方开挖和结构施工。逆作法开挖可以有效减少对周边环境的影响，提高施工效率，但施工技术要求较高，需要具备丰富的经验和专业的技术团队。

在土方开挖过程中，还需要注意控制开挖深度和坡度，避免超挖和欠挖。同时，要及时对开挖面进行修整和清理，确保开挖面的平整度和稳定性。土方开挖后，需要将土方及时运输到指定地点。土方运输应选择合适的运输工具和路线，确保土方运输的效率和安全。运输车辆应具备良好的密封性，防止土方在运输过程中散落，对周边环境造成污染。在运输路线的选择上，应尽量避开人员密集区和交通拥堵路段，减少对周边居民和交通的影响。

（2）土方回填。土方回填是基础工程施工的最后一步，其回填质量直接影响基础的稳定性和建筑物的沉降。在进行土方回填前，需要对回填土料进行选择和处理，确保回填土料的质量符合要求。回填土料应优先选用原土或符合设计要求的土料，不得使用淤泥、有机质土、冻土等不合格土料。同时，要对回填土料的含水量进行控制，使其接近最优含水量，以保证回填土的压实效果。

土方回填应分层进行，每层回填厚度应根据压实机械的类型和性能确定。在回填过程中，要严格控制回填土的压实度，采用合适的压实机械和压实方法进行压实。常见的压实机械有压路机、夯实机等，压实方法有静压法、振动压实法等。对于不同的部位和要求，应采用不同的压实标准，如基础周边和重要部位应采用较高的压实度标准。在土方回填过程中，还需要注意对回填土的质量进行检验和监测，及时发现和处理问题。同时，要做好回填土的防雨、排水措施，避免回填土受雨水浸泡而影响回填质量。

2.3.1.2 基础结构施工

基础结构施工包括：垫层施工、钢筋工程、模板工程、混凝土工程（见图2.5）。

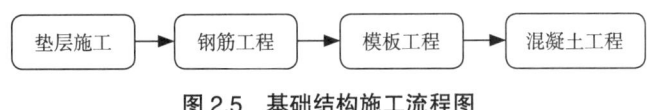

图 2.5 基础结构施工流程图

（1）垫层施工。在土方开挖完成并验槽合格后，应及时进行垫层施工。垫层的作用是为基础提供一个平整、坚实的作业平面，同时起到隔离和传递荷载的作用。垫层施工前，应先将基底表面的浮土、杂物等清理干净，并洒水湿润基底。垫层的模板应根据垫层的形状和尺寸进行安装，模板应牢固、平整，拼缝严密。垫层混凝土应采用分层浇筑、分层振捣的方法进行施工，确保混凝土的密实度和强度。浇筑完成后，应及时进行养护，养护时间不少于规定天数，以保证垫层混凝土的质量。

（2）钢筋工程。钢筋工程是基础结构施工的关键环节之一，其施工质量直接影响基础的承载能力和结构安全。钢筋工程施工包括钢筋的加工、连接和安装等环节。钢筋加工前，应根据设计图纸和规范要求，对钢筋进行配料计算，确定钢筋的长度、弯曲形状和数量等。在钢筋加工过程中，应严格控制钢筋的质量，确保钢筋的直径、屈服强度、抗拉强度等性能指标符合要求。钢筋的连接方式有焊接、机械连接和绑扎连接等，具体选择应根据钢筋的直径、级别、受力情况以及施工条件等因素确定。在进行钢筋连接时，应严格按照相应的连接工艺和规范要求进行操作，确保连接质量可靠。钢筋安装时，应先在垫层上弹出钢筋的位置线，然后按照位置线将钢筋准确地放置在垫层上。

（3）模板工程。为确保基础结构的形状和尺寸符合设计要求。模板工程施工的模板的选择、设计、安装和拆除等环节极为重要。模板的选择应根据基础结构的特点、施工工艺和质量要求等因素确定。常见的模板类型有木模板、钢模板、胶合板模板等，不同类型的模板具有不同的优缺点，应根据实际情况合理选择。模板设计应根据基础结构的尺寸、形状和荷载情况等进行计算，确保模板的强度、刚度和稳定性满足要求。模板安装前，应先对模板进行清理和涂刷脱模剂，然后按照设计要求进行安装。模板的安装应牢固、平整，拼缝严密，防止漏浆。在模板安装过程中，应注意预留孔洞、预埋件的位置和尺寸，确保其准确无误。模板拆除应在混凝土达到规定强度后进行，拆除顺序应遵循先支后拆、后支先拆的原则，不得强行拆除，以免损坏混凝土结构和模板。

（4）混凝土工程。混凝土工程是基础结构施工的核心环节，其施工质量直接影响基础的强度、耐久性和整体性。混凝土工程施工包括混凝土的配合比设计、搅拌、运输、浇筑、振捣和养护等环节。混凝土配合比设计应根据工程设计要求、施工工艺和原材料性能等因素进行计算和试配，确定混凝土的水胶比、砂率、水泥用量、外加剂掺量等参数，确保混凝土的强度、耐久性和工作性等性能指标满足要求。混凝土搅拌应采用强制式搅拌机进行搅拌，搅拌时间应根据搅拌机的类型、搅拌容量和混凝土的坍落度等因素确定，确保混凝土搅拌均匀。混凝土运输应采用专用的混凝土运输车进行运输，运输过程中应防止混凝土离析和坍落度损失。混凝土浇筑前，应先对模板、钢筋和预埋件等进行检查和验收，确保其质量符合要求。混凝土浇筑应采用分层浇筑、分层振捣的方法进行施工，每层浇筑厚度应根据振捣器的作用深度和混凝土的坍落度等因素确定，确保混凝土浇筑密实。在混凝土浇筑过程中，应注意观察模板、钢筋和预埋件的情况，如有变形、位移等，应及时采取措施进行处理。混凝土振捣应采用插入式振捣器、平板振捣器等进行振捣，振捣时间应根据混凝土的坍落度、振捣器的功率和振捣部位等因素确定，确保混凝土振捣密实，排除气泡。混凝土浇筑完成后，应及时进行养护，养护方法可采用洒水养护、覆盖养护或喷涂养护剂等，养护时间应根据混凝土的品种、环境温度和湿度等因素确定，确保混凝土在养护期间保持湿润，强度正常增长。

基础工程施工顺序的合理安排和各施工环节的严格把控是确保基础工程质量的关键。在施工过程中，必须严格遵守施工规范和操作规程，加强施工管理和质量控制，确保基础工程施工安全、顺利进行，为整个建筑工程的质量奠定坚实的基础。

2.3.2 主体结构施工顺序

主体结构作为建筑工程的核心部分，其施工顺序的科学性与合理性直接关系到整个建筑的质量、稳定性和安全性。在主体结构施工中，混凝土结构和砌体结构的施工是重点内容，它们的施工顺序安排需要综合考虑多方面因素，以确保施工过程的顺利进行和结构的整体性能。主体结构施工分类如图 2.6 所示。

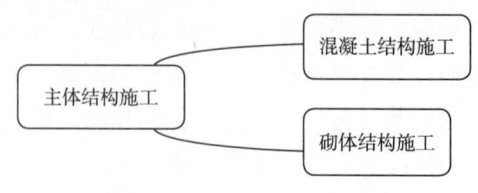

图 2.6　主体结构施工分类图

2.3.2.1 混凝土结构施工顺序

混凝土结构施工顺序包括：测量放线、模板安装、钢筋加工与安装、混凝土浇筑、模板拆除（见图2.7）。

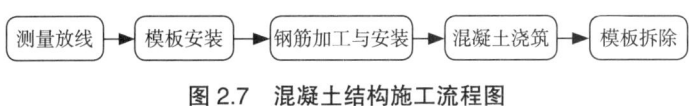

图2.7 混凝土结构施工流程图

（1）测量放线。测量放线是混凝土结构施工的首要步骤，其准确性直接影响后续施工的精度。在进行测量放线前，需要对测量仪器进行校准和检验，确保其测量精度满足要求。测量放线工作包括平面控制测量和高程控制测量。平面控制测量应根据建筑总平面图和施工场地的实际情况，建立平面控制网，将建筑物的主要轴线测设到施工现场，并设置控制桩进行标识和保护。高程控制测量应根据施工现场附近的高程控制点，将建筑物的±0.000标高测设到建筑物的各个部位，并设置水准点进行控制。在测量放线过程中，应严格按照测量规范和操作规程进行操作，确保测量数据的准确性和可靠性。同时，要对测量结果进行反复核对和检查，发现问题及时纠正。

（2）模板安装。模板安装是混凝土结构施工的关键环节之一，其质量直接影响混凝土结构的形状、尺寸和表面平整度。模板安装前，应根据设计图纸和混凝土浇筑方案，对模板进行设计和配制。模板的材料应具有足够的强度、刚度和稳定性，能够承受混凝土浇筑过程中的侧压力和振捣力。模板的安装应按照先竖向模板后水平模板、先内模后外模的顺序进行。竖向模板安装时，应先在楼面上弹出模板的位置线，然后将模板按照位置线进行安装，并使用对拉螺栓、钢管等进行加固。水平模板安装时，应先在竖向模板上安装龙骨，然后将模板铺设在龙骨上，并使用铁钉、螺栓等进行固定。模板安装过程中，应注意模板的拼缝严密，防止漏浆。同时，要确保模板的垂直度、平整度和轴线位置符合设计要求，如有偏差应及时调整。

（3）钢筋加工与安装。钢筋加工与安装是混凝土结构施工的重要环节，其质量直接影响混凝土结构的承载能力和抗震性能。钢筋加工前，应根据设计图纸和规范要求，对钢筋进行配料计算，确定钢筋的长度、弯曲形状和数量等。钢筋加工过程中，应严格控制钢筋的质量，确保钢筋的直径、屈服强度、抗拉强度等性能指标符合要求。钢筋的连接方式有焊接、机械连接和绑扎连接等，具体选择应根据钢筋的直径、级别、受力情况以及施工条件等因素确定。在进行钢筋连接时，应严格按照相应的连接工艺和规范要求进行操作，确保连接质量可靠。钢筋安装时，应先在模板上弹出钢筋的位置线，然后按照位置线将钢筋准确地放置在模板内。钢筋的间距、位置和保护层厚度等应符合设计要求，同时要注意钢筋的锚固长度和搭接长度等构造要求。在钢筋安装过程中，应采取有效的措施防止钢筋变形和位移，如设置钢筋支架、马凳等。

（4）混凝土浇筑。混凝土浇筑是混凝土结构施工的核心环节，其施工质量直接影响混凝土结构的强度、密实度和耐久性。混凝土浇筑前，应根据设计要求和施工条件，确定混凝土的配合比，并进行试配和调整。混凝土搅拌应采用强制式搅拌机进行搅拌，搅拌时间应根据搅拌机的类型、搅拌容量和混凝土的坍落度等因素确定，确保混凝土搅拌均匀。混凝土运输应采用专用的混凝土运输车进行运输，运输过程中应避免混凝土离析和坍落度损失。混凝土浇筑应根据结构特点和施工条件，选择合适的浇筑方式，如分层浇筑、分段浇筑、斜面浇筑等。在浇筑过程中，应严格控制混凝土的浇筑高度和浇筑速度，防止混凝土产生离析和泌水现象。同时，要对混凝土进行振捣，振捣应采用插入式振捣器、平板振捣器等进行振捣，振捣时间应根据混凝土的坍落度、振捣器的功率和振捣部位等因素确定，确保混凝土振捣密实，排除气泡。混凝土浇筑完成后，应及时进行养护，养护方法可采用洒水养护、覆盖养护或喷涂养护剂等，养护时间应根据混凝土的品种、环境温度和湿度等因素确定，确保混凝土在养护期间保持湿润，强度正常增长。

（5）模板拆除。模板拆除应在混凝土达到规定强度后进行，拆除顺序应遵循先支后拆、后支先拆的原则，不得强行拆除，以免损坏混凝土结构和模板。侧模拆除时，混凝土强度应能保证其表面及棱角不受损伤；底模拆除时，混凝土强度应符合设计要求，当设计无具体要求时，应符合相关规范的规定。模板拆除后，应及时对模板进行清理、维修和保养，以备下次使用。

2.3.2.2 砌体结构施工顺序

砌体结构施工顺序包括：施工准备、基层处理、砌体砌筑、构造柱与圈梁施工、砌体勾缝与清理（见图2.8）。

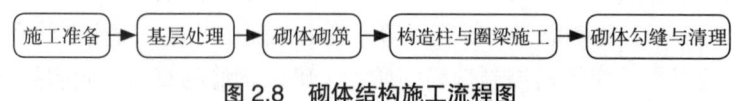

图2.8 砌体结构施工流程图

（1）施工准备。砌体结构施工前，应做好充分的准备工作，包括材料准备、施工机具准备和技术准备等。材料准备应根据设计要求和施工进度，采购合格的砌体材料（如砖、砌块、砂浆等），并对材料进行检验和试验，确保材料质量符合要求。施工机具准备应根据施工工艺和施工条件，配备合适的施工机具（如搅拌机、起重机、灰浆机等），并对施工机具进行调试和维护，确保施工机具正常运行。技术准备应熟悉施工图纸和规范要求，制订施工方案和技术交底，对施工人员进行培训和教育，确保施工人员掌握施工工艺和技术要求。

（2）基层处理。基层处理是砌体结构施工的重要环节，其目的是为砌体结构提供一个平整、坚实的基础。基层处理应先将基层表面的浮土、杂物等清理干净，然后根据设计要求和施工条件，对基层进行浇水湿润、找平、放线等处理。对于不同的基层材料和砌体结构形式，基层处理的方法和要求也有所不同，应根据实际情况进行选择和操作。

（3）砌体砌筑。砌体砌筑应根据设计要求和施工规范，选择合适的砌筑方法和砌筑顺序。常见的砌筑方法有"三一"砌筑法、挤浆法、刮浆法和满口灰法等，具体选择应根据砌体材料的特点和施工条件确定。砌体砌筑顺序应遵循先砌墙角、后砌墙身，先砌外墙、后砌内墙，先砌承重墙、后砌非承重墙的原则，确保砌体结构的整体性和稳定性。在砌体砌筑过程中，应严格控制砌体的垂直度、平整度和灰缝厚度，确保砌体质量符合要求。同时，要注意砌体的组砌方式和接槎处理，确保砌体的美观和牢固。

（4）构造柱与圈梁施工。构造柱与圈梁是砌体结构中增强结构整体性和抗震性能的重要构造措施。构造柱施工应先绑扎钢筋，然后砌墙，最后浇筑混凝土。构造柱的钢筋应与圈梁的钢筋连接牢固，构造柱的混凝土应分层浇筑、振捣密实，确保混凝土质量。圈梁施工应在砌体砌筑到一定高度后进行，圈梁的模板应安装牢固、平整，圈梁的钢筋应按照设计要求进行绑扎，圈梁的混凝土应连续浇筑，不得留施工缝。

（5）砌体勾缝与清理。砌体勾缝是砌体结构施工的最后一道工序，其目的是增强砌体的美观性和防水性。砌体勾缝应在砌体砌筑完成后进行，勾缝前应先将砌体表面的灰缝清理干净，然后根据设计要求和施工条件，选择合适的勾缝材料和勾缝方法进行勾缝。勾缝应平整、光滑、密实，不得有裂缝和脱落现象。砌体勾缝完成后，应及时对砌体表面进行清理，将砌体表面的杂物、灰尘等清理干净，保持砌体表面的整洁。

主体结构施工顺序的合理安排和严格执行是确保建筑工程质量的关键。在施工过程中，应严格按照施工规范和操作规程进行操作，加强施工管理和质量控制，确保混凝土结构和砌体结构的施工质量，为整个建筑工程的安全和稳定提供坚实的保障。同时，要注意施工过程中的安全管理，采取有效的安全措施，防止安全事故的发生。

2.3.3 屋面工程施工顺序

屋面工程作为建筑工程的重要组成部分，其施工质量直接关系到建筑物的防水、保温、隔热等性能，对建筑物的使用寿命和使用功能有着至关重要的影响。屋面工程施工顺序的合理安排，是确保施工质量的关键，一般包括基层处理、防水施工、屋面保温及保护层施工等主要环节，如图 2.9 所示。

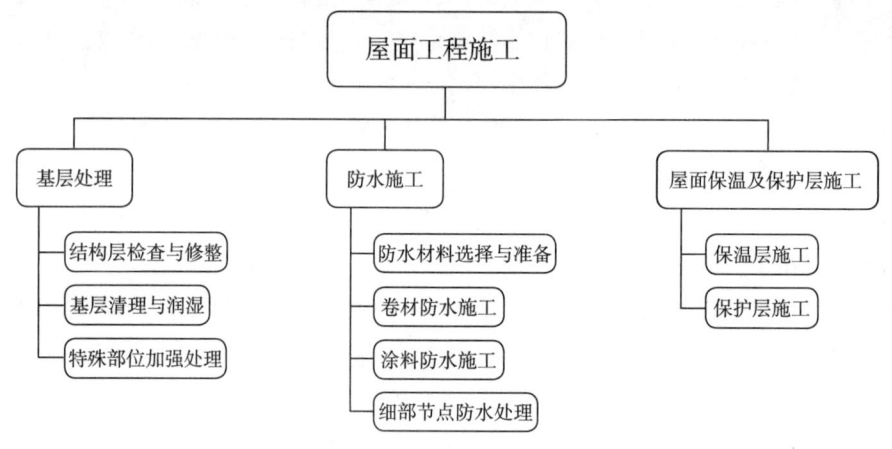

图 2.9 屋面工程施工总流程图

2.3.3.1 基层处理

（1）结构层检查与修整。屋面结构层施工完成后，要进行全面检查。检查内容包括结构层的平整度、坡度是否符合设计要求，有无裂缝、孔洞等质量缺陷。对于平整度不符合要求的部位，可采用水泥砂浆进行找平；对于坡度不足的区域，应适当调整结构层或采用找坡材料进行找坡，确保屋面排水顺畅，一般排水坡度不应小于 2%。对于裂缝和孔洞，应根据其大小和严重程度采取相应的修补措施，如裂缝较小时可采用密封材料嵌填，裂缝较大时则需进行加固处理；孔洞则需用细石混凝土或水泥砂浆填补密实。

（2）基层清理与润湿。在进行屋面基层处理前，必须将基层表面的杂物、灰尘、油污等清理干净，以确保基层与后续施工层之间的黏结牢固。可采用扫帚清扫、吹风机吹扫或高压水枪冲洗等，确保基层表面清洁无浮尘。清理完成后，根据基层材料的特性和施工要求，对基层进行适当润湿。一般采用洒水的方式，使基层表面保持湿润但无积水，这样有助于提高基层与防水层之间的黏结力，但要注意避免过度润湿，防止基层含水率过高影响防水层施工质量。

（3）特殊部位加强处理。屋面的阴阳角、女儿墙根部、天沟、檐口、变形缝等部位是防水的薄弱环节，在基层处理时需要进行特殊加强处理。对于阴阳角，应做成半径不小于50 mm的圆弧或45°（135°）折角，以减少应力集中，防止防水层在此处开裂；女儿墙根部可采用水泥砂浆抹成半径不小于200 mm的圆弧，并设置附加层，附加层宽度不应小于500 mm；天沟、檐口应保证其坡度符合设计要求，同时在这些部位增设附加层，增强防水效果；变形缝处应先清理干净缝内杂物，然后用聚苯乙烯泡沫塑料等材料填充变形缝，再在其上铺设卷材或涂料防水层，并做好盖缝处理，确保变形缝处的防水性能。

2.3.3.2 防水施工

（1）防水材料选择与准备。根据屋面防水等级、使用环境和设计要求，选择合适的防水材料。常见的屋面防水材料有卷材防水（如SBS改性沥青防水卷材、APP改性沥青防水卷材、高分子防水卷材等）和涂料防水（如聚氨酯防水涂料、丙烯酸防水涂料、聚合物水泥防水涂料等）。防水材料应具备质量证明文件，进场后需进行抽样检验，检验合格后方可使用。在施工前，要对防水材料的外观、规格、型号等进行检查，确保其符合设计要求，并按照产品说明书的要求进行配料和搅拌等准备工作。

（2）卷材防水施工。卷材防水施工工艺一般流程：基层处理→涂刷基层处理剂→铺贴卷材附加层→铺贴卷材→热熔封边（或用冷粘法黏结）→蓄水试验。

涂刷基层处理剂时，应均匀涂刷，不得漏刷，待基层处理剂干燥后（一般需4~8小时）再进行卷材铺贴。铺贴卷材附加层应在屋面的阴阳角、女儿墙根部等部位先进行，附加层的宽度和铺设方法应符合设计要求。卷材铺贴时，应根据屋面坡度和卷材的幅宽，确定卷材的铺贴方向和搭接宽度。一般情况下，卷材应平行于屋脊铺贴，上下层卷材不得相互垂直铺贴，相邻两幅卷材的搭接缝应错开不小于500 mm。采用热熔法铺贴卷材时，应使用专用的火焰喷枪加热卷材底面和基层，加热要均匀，不得过分加热或烧穿卷材，卷材表面热熔后应立即滚铺，并排除卷材下面的空气，使其平展，不得皱褶，然后用压辊滚压牢固，使其与基层黏结紧密；采用冷粘法铺贴卷材时，应在基层和卷材表面涂刷胶黏剂，胶黏剂涂刷应均匀，不露底，不堆积，待胶黏剂干燥后进行卷材铺贴，铺贴时应注意排除卷材下面的空气，辊压黏结牢固。卷材铺贴完成后，应采用热熔封边或密封材料封边，确保卷材搭接缝处的防水性能。最后进行蓄水试验，蓄水深度不应小于 20 mm，蓄水时间不少于 24 小时，观察屋面有无渗漏现象，如有渗漏，应及时查找原因并进行修补。

（3）涂料防水施工。涂料防水施工工艺一般流程：基层处理→涂刷基层处理剂→涂刷防水涂料→铺设胎体增强材料（根据设计要求）→涂刷防水涂料→质量验收→保护层施工。

基层处理剂的涂刷要求与卷材防水施工相同。防水涂料应分层涂刷，每层涂刷厚度应均匀一致，一般每层厚度不宜超过 1 mm，且相邻两层涂刷方向应相互垂直。涂刷时应注意避免漏刷、流坠等缺陷，确保涂层厚度达到设计要求。对于一些易发生变形或需要增强防水性能的部位（如天沟、檐口、阴阳角等），可根据设计要求铺设胎体增强材料，胎体增强材料应铺贴平整，不得有皱褶，搭接宽度不应小于 100 mm，且应在防水涂料干燥后进行铺设，铺设后再涂刷一层防水涂料，使其充分浸润胎体增强材料。涂料防水施工完成后，应进行质量验收，主要检查涂层的厚度、均匀性，以及有无裂缝、鼓泡等缺陷，验收合格后方可进行保护层施工。

（4）细部节点防水处理。屋面细部节点如落水口、伸出屋面管道、通风口等部位的防水处理至关重要。落水口周围应做成半径不小于 500 mm 的凹坑，深度不小于 25 mm，并在落水口杯与基层接触处预留宽 20 mm、深 20 mm 的凹槽，嵌填密封材料，然后铺设卷材或涂料防水层，并增加附加层，确保落水口处不渗漏；伸出屋面管道根部应增设附加层，高度和宽度均不应小于 300 mm，管道周围与找平层或细石混凝土防水层之间应预留宽 20 mm、深 20 mm 的凹槽，嵌填密封材料，防水层收头处应用金属箍紧固，并用密封材料封严；通风口等部位应在其四周边缘进行防水处理（如增设附加层、用密封材料嵌缝等），确保这些部位的防水可靠性。

2.3.3.3 屋面保温层及保护层施工

（1）保温层施工。保温层施工应在防水层施工完成并验收合格后进行。保温材料的选择应根据设计要求和屋面使用功能确定，常见的保温材料有聚苯板、岩棉板、聚氨酯泡沫塑料等。保温层施工方法有干铺法、粘贴法和机械固定法等。

干铺法适用于板块状保温材料，施工时将保温材料直接铺设在防水层上，铺设应平整、严实，板块间的缝隙应采用同类材料的碎屑填嵌饱满；粘贴法适用于各种保温材料，施工时应先在保温材料和基层表面涂刷专用胶黏剂，然后将保温材料粘贴在基层上，粘贴应牢固，不得有空鼓现象；机械固定法适用于一些大型的保温板材，施工时通过专用的固定件将保温板材固定在基层上，固定件的间距应符合设计要求，固定应牢固可靠。保温层施工过程中，应注意保护已完成的防水层，避免损坏。

（2）保护层施工。保护层的作用是保护保温层和防水层，延长屋面防水层的使用寿命。保护层的施工方法应根据屋面的使用功能、防水层材料和保温层材料等因素选择。

对于不上人屋面，保护层可采用浅色涂料、铝箔、粒料等材料。浅色涂料保护层应在保温层或防水层上直接涂刷，涂刷应均匀，不得漏涂；铝箔保护层可采用粘贴或空铺的方式铺设在防水层上，铺设应平整，搭接宽度不应小于100 mm；粒料保护层则是在防水层上撒布绿豆砂等粒料，粒料应经过筛选，粒径应符合要求，撒布应均匀，不得堆积。

对于上人屋面，保护层一般采用水泥砂浆、细石混凝土、地砖等材料。水泥砂浆保护层厚度不宜小于20 mm，施工时应在保温层或防水层上设置分格缝，分格缝间距不宜大于6 m，缝宽为5~20 mm，分格缝内应嵌填密封材料，水泥砂浆应随铺随拍实，表面应抹平压光；细石混凝土保护层厚度不宜小于40 mm，应配置双向钢筋网片，钢筋间距不宜大于200 mm，施工时应先在保温层或防水层上设置分格缝，分格缝的设置要求与水泥砂浆保护层相同，细石混凝土应采用机械振捣密实，表面应抹平压光；地砖保护层施工时，应先在保温层或防水层上铺设水泥砂浆结合层，然后将地砖铺贴在结合层上，地砖之间应留缝，缝宽一般为5~10 mm，并用水泥砂浆勾缝，铺贴应平整、牢固，不得有空鼓、松动现象。

屋面工程施工顺序的各个环节紧密相连，相互影响，必须严格按照施工规范和设计要求进行操作，加强施工过程中的质量控制和管理，确保屋面工程的施工质量，为建筑物提供良好的防水、保温、隔热等性能，确保建筑物的正常使用和耐久性。

2.4 施工资源配置规划

2.4.1 人力资源配置

在建筑工程施工与项目管理领域，人力资源配置是一项极具挑战性且至关重要的任务。合理而精准的人力资源配置，不仅是确保工程顺利推进的关键因素，更是实现项目质量、进度和成本控制目标的核心保障。

2.4.1.1　人员需求分析

建筑工程项目类型繁多，涵盖住宅、商业、工业等多个领域，每个项目的规模、复杂程度和技术要求各不相同，因此对人力资源的需求也存在显著差异。在进行人员需求分析时，必须全面考虑项目的各个方面。

从项目规模来看，大型建筑项目通常涉及更多的施工工序和更大的工程量，需要配备更为庞大和多样化的施工队伍。例如，一个大型城市综合体项目可能包括多栋高层建筑、商业裙楼和地下停车场，其基础工程施工需要大量的土方开挖工人、桩基施工人员以及钢筋混凝土工人。相比之下，小型住宅项目的施工人员需求相对较少，但同样需要各工种的协同作业。

不同的施工阶段对人员的技能和数量要求有所不同。在基础工程施工阶段（如土方开挖、基础垫层浇筑和基础钢筋绑扎等工作），需要大量熟练操作工程机械的土方工人和具备扎实钢筋加工与绑扎技能的钢筋工人。随着工程进展到主体结构施工阶段，木工、混凝土工和架子工的需求量逐渐增加。木工负责搭建模板，为混凝土浇筑提供成型模具；混凝土工负责将混凝土准确浇筑到模板内，并确保其振捣密实；架子工则负责搭建安全可靠的脚手架，为其他工种提供高空作业平台。到了装修阶段，抹灰工、油漆工、水电安装工和门窗安装工等专业人员成为关键。抹灰工负责墙面和顶棚的抹灰工作，使表面平整光滑；油漆工为建筑物增添色彩和保护涂层；水电安装工确保建筑物内的水电系统正常运行；门窗安装工负责安装各类门窗，确保建筑物的密封性和安全性。

此外，项目的技术难度和质量要求也会影响人员需求。对于采用新型建筑结构或复杂施工工艺的项目，如钢结构建筑、大跨度桥梁或装配式建筑，需要配备具备相关专业知识和经验的技术人员和工人。这些人员不仅要熟悉传统施工工艺，还需掌握新技术、新工艺的操作要点和质量控制方法，以确保项目的顺利实施和高质量完成。

2.4.1.2　人员招聘与选拔

根据人员需求分析的结果，开展针对性招聘与选拔工作是组建优秀施工团队的关键。招聘渠道的选择应广泛且多元化，以吸引来自不同背景和地区的潜在人才。

（1）招聘渠道拓展。积极开拓线上线下多种招聘渠道，线上利用专业招聘网站、建筑行业论坛及社交媒体平台发布招聘信息；线下参加各类招聘会、建筑人才交流会，与高校建筑相关专业建立合作关系，进行校园招聘。

（2）简历筛选。依据岗位要求，对收集到的简历进行初步筛选，快速识别出符合基本条件的候选人，剔除明显不符合要求的简历，提高招聘效率。

（3）面试组织与实施。根据不同岗位需求，制订针对性面试流程和题目，组织多轮面试（包括专业技能面试、综合能力面试等），全面考察候选人的能力和素质。

（4）人才评估。运用科学的人才评估工具和方法，对候选人的专业技能、工作经验、职业素养等进行综合评估，分析其与岗位的匹配度，为录用决策提供依据。

（5）背景调查。对拟录用人员进行背景调查，核实其学历、工作经历、职业资格证书等信息的真实性，确保招聘人员信息可靠。

（6）录用决策。根据评估结果和背景调查情况，作出录用决策，及时与录用人员沟通入职相关事宜，包括薪资待遇、入职时间、岗位安排等。

2.4.1.3 人员培训与技能提升

为了使招聘到的施工人员能够更好地适应项目需求，提高施工质量和效率，必须建立完善的人员培训与技能提升体系。

入职培训是新员工融入项目团队的第一步，培训内容应涵盖公司文化、规章制度、安全生产知识和施工工艺流程等方面。公司文化培训有助于新员工了解企业的价值观、使命和愿景，增强其归属感和认同感；规章制度培训使员工明确公司的各项管理规定，包括考勤制度、薪酬福利政策、奖惩制度等，确保员工行为符合公司规范；安全生产知识培训是建筑施工行业的重中之重，通过培训让员工熟悉施工现场的安全风险、安全操作规程和应急处理措施，提高员工的安全意识和自我保护能力。例如，可以邀请专业的安全培训讲师进行现场讲解和案例分析，组织员工观看安全教育视频，进行安全知识考试等，确保员工真正掌握安全生产知识。施工工艺流程培训则使新员工对项目的整体施工流程有初步了解，明确各个施工阶段的先后顺序和工作要点，为后续的工作打下基础。

岗位技能培训是根据不同工种和岗位的需求，为员工提供针对性的专业技能提升机会。对于混凝土工，培训内容可以包括混凝土原材料的性能和特点、配合比设计原理、混凝土搅拌设备的操作方法、不同施工部位的浇筑技巧（如柱、梁、板的浇筑方法和注意事项）、振捣密实度的控制方法，以及混凝土养护的重要性和养护措施等。培训方式可以采用理论讲解与实际操作相结合，在施工现场进行实地示范和指导，让员工亲身体验操作过程，及时纠正错误操作。

同时，可以邀请经验丰富的混凝土工分享工作经验和技巧，促进员工之间的交流和学习。

2.4.1.4　人员调配与管理

在建筑工程施工过程中，由于施工任务的动态变化、施工进度的调整以及突发情况的应对，人员调配与管理工作显得尤为重要。

建立灵活的人员调配机制，是确保施工现场人力资源合理利用的关键。根据施工进度计划和实际工程进展情况，实时监控各施工区域和工作任务的人员需求，及时调整人员分配。例如，在主体结构施工阶段，如果某一区域的混凝土浇筑工作提前完成，而另一区域的模板安装工作进度滞后，可以将部分混凝土工调配到模板安装区域，协助加快模板安装进度，确保施工的连续性和均衡性。同时，要注重各工种之间的协调配合，避免出现人员闲置或工作冲突的情况。在进行人员调配时，应充分考虑员工的技能水平和工作经验，确保调配后的人员能够胜任新的工作任务。

人员管理方面，制定明确的岗位职责和工作标准是基础。每个施工岗位都应有详细的职责说明书，明确规定其工作内容、工作流程、质量标准和安全要求等。通过明确岗位职责，使员工清楚知道自己的工作职责和目标，避免职责不清导致的工作推诿和效率低下问题。同时，建立健全的考勤制度和绩效考核机制，对员工的工作表现进行全面评估。考勤制度应严格执行，记录员工的出勤情况、请假记录和加班时间等，确保员工按时到岗，保证施工进度。绩效考核机制应从工作质量、工作效率、安全遵守情况、团队协作等多个维度对员工进行定期考核，考核结果与员工的薪酬调整、奖金分配、晋升机会等挂钩，激励员工积极工作，提高工作绩效。

2.4.2　材料与物资管理

在建筑工程施工与项目管理中，材料与物资管理是确保项目顺利进行、实现成本控制和质量保障的关键环节。有效的材料与物资管理不仅涉及资源的合理配置，还直接影响施工进度、工程质量以及项目的经济效益。

2.4.2.1　材料供应计划

（1）材料需求计算。建筑工程所需材料种类繁多，包括钢材、水泥、木材、砂石、砖、防水材料、装饰材料等。准确计算材料需求是制订合理供应计划的基础。材料需求计算应依据施工图纸、工程量清单以及施工工艺要求进行。

对于结构材料（如钢材和水泥），需根据设计的结构形式和混凝土强度等级精确计算用量。以钢筋为例，要考虑不同部位钢筋的规格、型号和数量，结合钢筋的锚固长度、搭接长度等构造要求进行详细计算。对于混凝土，需根据结构构件的尺寸计算体积，并考虑混凝土的损耗率。

对于装饰材料，其需求量计算则需结合装修设计方案，考虑墙面、地面、顶棚等不同部位的装饰面积和材料规格。如瓷砖铺贴，需计算铺贴面积，并根据瓷砖尺寸确定所需瓷砖数量，同时考虑切割损耗和边角料的备用量。

（2）供应时间安排。材料的供应时间应与施工进度紧密匹配，确保施工过程中材料的及时供应，避免因材料短缺导致施工延误。在制订供应时间计划时，需考虑材料的采购周期、运输时间，以及施工现场的存储条件。

对于一些采购周期较长的材料（如特殊规格的钢材、进口材料等），应提前进行采购。例如，某种高强度合金钢的采购周期可能长达数月，就需要在项目初期便启动采购程序，确保其在施工需要时能按时到货。而对于本地容易获取且采购周期较短的材料（如砂石等），可以根据施工进度灵活安排采购时间，但也要有一定的提前量，以应对可能出现的供应波动。

同时，要充分考虑运输时间和运输方式对供应时间的影响。若材料需长途运输或采用海运等方式，运输时间可能较长且受天气等因素影响较大，需提前做好规划。例如，从外地采购的大宗木材，若采用铁路运输，需考虑运输路线、车次安排以及装卸货时间，确保木材能在预定时间内运抵施工现场。

施工现场的存储条件制约着材料的供应时间。若施工现场存储空间有限，不能一次性存储过多材料，则需根据施工进度分批次供应材料，避免材料积压影响施工场地的正常使用。

2.4.2.2 物资管理流程

（1）采购管理。采购管理是物资管理的重要环节，直接关系到材料的质量和成本。在采购过程中，应建立严格的供应商评估和选择机制。评估供应商时，需综合考虑其产品质量、价格、交货期、售后服务等因素。

对于钢材采购，要选择质量稳定、信誉良好的供应商。可对供应商的生产设备、生产工艺、质量控制体系进行实地考察，确保其能够提供符合国家标准和项目要求的钢材产品。同时，比较不同供应商的报价，在保证质量的前提下选择价格合理的供应商。此外，与供应商签订合同时，明确交货期、质量验收标准、违约责任等条款，保障项目的利益。

（2）验收管理。材料验收是确保工程质量的关键步骤。验收工作应包括材料的数量验收、质量验收和规格验收。

数量验收时，对照送货单或采购合同，清点材料的实际数量，确保数量准确无误。对于按重量计量的材料（如钢材、水泥等），需使用合格的计量器具进行称重；对于按数量计量的材料（如砖块、管件等），要逐一清点。

质量验收需依据相关标准和规范进行。对钢材进行力学性能检测，检查其屈服强度、抗拉强度、伸长率等指标是否符合要求；对水泥进行安定性、强度等试验。对于不合格的材料，坚决予以拒收，并及时与供应商沟通解决。

规格验收则要检查材料的尺寸、型号等是否与设计要求相符。如木材的规格、门窗的尺寸等，确保材料能够满足施工需要。

（3）存储管理。合理的存储管理可以保证材料的质量，减少损耗。施工现场应根据材料的性质和特点，划分不同的存储区域。

钢材应存放在干燥、通风良好的场地，避免受潮生锈。可采用架空、覆盖等方式进行防护，防止钢材表面被腐蚀。水泥应储存在专门的水泥库中，保持库内干燥，防止受潮结块。袋装水泥应按照品种、标号、批次分别堆放，堆放高度不宜过高，一般不超过10袋，且要预留一定的通道，便于搬运和检查。

易燃、易爆材料，如油漆、涂料等，应单独存放于符合防火、防爆要求的仓库中，并配备相应的消防器材和安全设施。

材料的发放应遵循先进先出的原则，避免材料过期变质。建立材料出入库台账，详细记录材料的进出库时间、数量、用途等信息，便于对材料的使用情况进行跟踪和管理。

（4）使用管理。在材料使用过程中，应加强现场管理，严格控制材料的使用量和使用方法。施工人员应按照施工方案和操作规程进行材料的取用和使用，避免浪费和不合理使用。

对于混凝土浇筑，要根据设计要求准确控制混凝土的配合比，确保水灰比、砂率等参数符合标准，避免因配合比不当导致混凝土强度不足或浪费材料。同时，要注意混凝土的浇筑顺序和振捣方法，保证混凝土的密实性和质量。

对于钢材的使用，要严格按照设计图纸进行钢筋的加工和安装，确保钢筋的锚固长度、间距等符合规范要求。在焊接作业时，要保证焊接质量，避免焊接不牢导致结构安全隐患。

2.4.2.3 材料成本控制

（1）成本核算。材料成本核算应贯穿于项目施工的全过程。定期对材料的采购成本、运输成本、存储成本以及使用过程中的损耗成本进行核算。

采购成本核算包括材料的购买价格、采购手续费、运输费等。运输成本要考虑运输方式、运输距离、运输工具的租赁费用等因素。存储成本涵盖仓库租赁费用、保管人员工资、材料防护费用等。损耗成本则要统计材料在运输、存储和使用过程中的损耗数量，乘以相应的单价计算损耗金额。

通过成本核算，及时掌握材料成本的变化情况，为成本控制提供准确的数据支持。

（2）节约措施。为降低材料成本，应采取一系列节约措施。在施工过程中，优化施工方案，减少不必要的材料浪费。例如，合理安排模板的周转次数，采用先进的模板体系，提高模板的利用率。

加强材料的回收利用，如对废旧钢材进行回收再加工，用于非承重结构或临时设施的建设；对废弃的砖块、混凝土块等进行破碎处理，用于道路基层或垫层的铺设。

推行限额领料制度，根据施工任务和材料消耗定额，为施工班组核定材料领用限额，超限额领料需经过审批，从制度上约束施工人员的浪费行为。

2.4.2.4 物资管理信息化

随着信息技术的发展，物资管理信息化已成为提高管理效率和准确性的重要手段。建立材料管理信息系统，实现材料信息的集中存储和共享。通过该系统，可以实时查询材料的库存数量、采购计划、供应商信息等，便于管理人员及时作出决策。在采购环节，利用信息系统进行供应商的筛选和比较，提高采购效率和质量。

利用物联网技术，对材料的运输和存储过程进行实时监控。例如，在运输车辆上安装全球定位系统（GPS）和传感器，实时掌握材料的运输位置、运输状态，以及车辆的行驶速度等信息，确保材料安全、及时地运达施工现场。在仓库中安装温湿度传感器、监控摄像头等设备，对材料的存储环境进行远程监控，及时发现和处理异常情况。

表2.1是一个简单的材料需求表示例（表格内容仅为示例，实际计算需根据具体项目详细确定）。

表2.1 材料需求表

材料名称	规格型号	预计总数量	单位
钢筋	HRB400Φ16	50	t
水泥	PO 42.5	100	t

表 2.1（续）

材料名称	规格型号	预计总数量	单位
木材	50 mm × 100 mm × 4000 mm	20	m³
砖块	标准红砖	30	万块

2.4.3 机械设备与设施配备

在建筑工程施工与项目管理中，机械设备与设施配备的合理性和科学性直接关系到施工效率、工程质量、施工安全以及项目成本。恰当的机械设备和设施不仅能够提高施工速度，还能在复杂的施工环境下确保各项任务的顺利完成，是实现项目目标的重要物质保障。

2.4.3.1 设备选型原则

（1）工程需求适配性。建筑工程的类型、规模和施工工艺各不相同，对机械设备的要求也千差万别。在设备选型时，首要考虑的是工程需求的适配性。

同时，不同的施工工艺决定了设备的选型。如在预制装配式建筑施工中，需要配备专门的预制构件吊装设备，如大型履带式起重机，其具有良好的机动性和起重能力，能够精准地吊装各种预制构件，确保安装精度和施工安全。

（2）技术先进性与可靠性。选择具有先进技术水平的机械设备，能够提高施工效率、降低劳动强度并保证工程质量。先进的设备往往在性能、自动化程度和节能环保等方面具有优势。例如，新型的混凝土搅拌站采用先进的控制系统，能够精确控制混凝土的配合比，提高搅拌质量，并且具备自动故障诊断和预警功能，减少设备故障对施工的影响。

（3）经济性评估。设备选型过程中，经济性评估是不容忽视的重要因素。这包括设备的购置成本、运行成本、维护成本以及设备的使用寿命等方面。购置成本不仅要考虑设备的购买价格，还要考虑运输、安装调试等费用。运行成本包括设备的能源消耗、操作人员工资、易损件更换等费用。维护成本则包括日常保养、定期检修、故障维修等所需的费用。

2.4.3.2 设备配置计划

（1）施工阶段分析。建筑工程施工通常包括基础工程、主体结构工程、屋面工程、装饰装修工程等多个阶段，每个阶段的施工任务和特点决定了所需机械设备的类型和数量。在基础工程阶段，土方开挖、基础桩施工等工作需要挖掘机、桩机等设备；在主体结构施工阶段，混凝土浇筑需要混凝土输送泵、布料机，钢筋加工需要钢筋切断机、弯曲机、电焊机等设备，模板安装和拆除需要起重机等设备；屋面工程施工需要防水施工设备和屋面瓦铺设设备；装饰装修工程则需要各类小型电动工具，如电钻、电锯、打磨机等。

（2）设备数量计算。设备数量的计算应根据施工进度计划、工程量以及设备的生产效率来确定。以混凝土浇筑为例，假设某建筑工程主体结构混凝土浇筑总量为 10000 m^3，混凝土输送泵的平均浇筑效率为每小时 30 m^3，每天工作 10 小时，预计混凝土浇筑工期为 40 天，则所需混凝土输送泵的数量：$10000 \div (30 \times 10 \times 40) \approx 0.83$，向上取整为 1 台（实际施工中可能还需考虑备用设备）。

对于一些通用性较强的设备，如电焊机、小型电动工具等，可以根据施工人员数量和施工任务的分布情况进行合理配置。例如，按照每 5 名钢筋工人配备 1 台电焊机的比例进行配置，同时考虑一定的备用量，以应对设备故障或施工高峰需求。

2.4.3.3 设备维护与管理

（1）日常维护保养。设备的日常维护保养是确保设备正常运行、延长设备使用寿命的关键措施。日常维护保养工作包括设备的清洁、润滑、紧固、调整和防腐等。例如，每天施工结束后，应对混凝土搅拌机进行清洗，清除搅拌筒内的残留混凝土，防止混凝土凝固影响设备性能；定期对起重机的钢丝绳进行润滑，检查钢丝绳的磨损情况，及时更换磨损严重的钢丝绳；对设备的连接件进行紧固，防止松动导致设备故障。

同时，要建立设备日常维护保养记录制度，详细记录设备的维护保养时间、内容、操作人员等信息，以便对设备的维护保养情况进行跟踪和管理。

（2）定期检修与故障排除。除了日常维护保养外，定期对设备进行全面检修也是必不可少的。定期检修应根据设备的使用说明书和相关规范要求进行，一般包括设备的拆解检查、零部件更换、性能测试等。例如，对于塔式起重机，每季度或半年应进行一次全面检修，检查塔身结构的连接情况、电气系统的性能、起升机构和回转机构的运行状况等，及时发现并排除潜在的安全隐患。

当设备出现故障时，应迅速组织专业技术人员进行故障诊断和排除。建立设备故障应急预案，配备必要的维修工具和备品备件，确保在最短时间内恢复设备正常运行。同时，对设备故障进行分析总结，记录故障原因、处理方法和维修时间等信息，为今后的设备维护管理提供经验参考。

2.4.3.4 设施配备与管理

（1）施工现场临时设施。施工现场临时设施包括办公区、生活区、仓库、加工区等，其配备应满足施工生产和人员生活的基本需求。办公区应配备必要的办公桌椅、电脑、打印机等设备，为项目管理人员提供良好的办公环境；生活区应设置宿舍、食堂、卫生间、淋浴间等设施，确保施工人员的基本生活条件。宿舍应符合安全、卫生标准，配备必要的生活设施，如床铺、衣柜、空调或风扇等。

仓库的设置应根据材料和设备的种类、数量以及存储要求进行合理规划，配备货架、托盘、叉车等存储和搬运设备，确保材料和设备的安全存储和方便取用。加工区应根据施工工艺要求配备相应的加工设备，如钢筋加工区应配备钢筋切断机、弯曲机、调直机等设备，同时设置原材料堆放区和成品堆放区，保证加工过程的有序进行。

（2）安全防护设施。安全防护设施是保障施工现场人员安全的重要防线。施工现场应配备齐全的安全防护设施，如安全帽、安全带、安全网、防护栏杆、警示标志等。安全帽应符合国家标准，具有良好的抗冲击性能；安全带应高挂低用，确保在高处作业人员的安全；安全网应根据施工部位和高度进行合理张设，防止人员和物体坠落。

在楼梯口、电梯井口、预留洞口、通道口等危险部位应设置防护栏杆，防护栏杆的高度、强度和间距应符合规范要求；在施工现场的危险区域（如基坑周边、塔吊覆盖范围、施工电梯进出口等），应设置明显的警示标志，提醒人员注意安全。

表 2.2 是一个简单的机械设备配置计划表示例（表格内容仅为示例，实际配置需根据具体项目详细确定）。

表 2.2 机械设备需求

施工阶段	设备名称	规格型号	预计进场时间	预计退场时间	数量	单位
基础工程	挖掘机	斗容量 1.5 m^3	工程开工第 1 周	基础工程结束	3	台
基础工程	桩机	静压桩机	工程开工第 2 周	基础工程结束	2	台
主体结构工程	塔式起重机	QTZ80	主体结构施工前 1 周	主体结构施工结束后 1 周	2	台

表 2.2（续）

施工阶段	设备名称	规格型号	预计进场时间	预计退场时间	数量	单位
主体结构工程	混凝土输送泵	HBT60	主体结构混凝土浇筑前1周	主体结构混凝土浇筑结束	1	台
主体结构工程	施工电梯	SC200/200	主体结构施工至10层时	装饰装修工程结束	2	台
屋面工程	防水施工设备	喷涂机、卷材铺贴设备等	屋面防水施工前1周	屋面防水施工结束	2	套
装饰装修工程	小型电动工具	电钻、电锯、打磨机等	装饰装修工程开始	装饰装修工程结束	若干（施工人员数量配置）	套

2.5 施工平面布置

施工平面布置是建筑工程施工组织设计的重要组成部分，它对于合理利用施工场地、优化施工流程、提高施工效率、保障施工安全以及降低施工成本具有至关重要的意义。合理的施工平面布置能够确保施工过程中各种资源的有效配置，使施工活动有序进行，避免施工混乱和资源浪费，从而为项目的顺利实施奠定坚实基础。

2.5.1 施工平面布置的依据和原则

（1）布置依据。施工平面布置需要综合考虑多方面的依据，以确保布置方案的合理性。首先，工程设计图纸是施工平面布置的核心依据之一。通过详细分析建筑、结构、给排水、电气等专业图纸，了解建筑物的平面形状、尺寸、层数、高度，以及各类管道、线路的走向和设备的位置等信息，为确定施工区域、材料堆放场地、加工场地、机械设备停放位置等提供精确的空间参考。

施工现场的地形地貌和周边环境状况对施工平面布置有着重要影响。例如，地形起伏较大的场地可能需要合理规划施工道路的坡度和走向，以确保运输车辆的通行安全；周边存在河流、湖泊或其他障碍物时，需考虑其对施工场地进出通道、材料堆放和设备停放的限制，避免对环境造成破坏的同时，合理利用周边资源，如靠近水源的场地可考虑在施工用水方面的便利性。

施工进度计划是指导施工平面布置动态调整的关键依据。在不同的施工阶段，施工任务和资源需求有所不同，施工平面布置应根据进度计划进行相应的变化。例如，在基础施工阶段，可能需要大面积的土方堆放场地和大型桩基设备的停放位置；而到了主体结构施工阶段，随着建筑物的升高，材料垂直运输设备的布置和材料堆放场地的位置可能需要调整，以满足施工高度变化带来的需求，如图2.10所示为某施工总平面布置图。

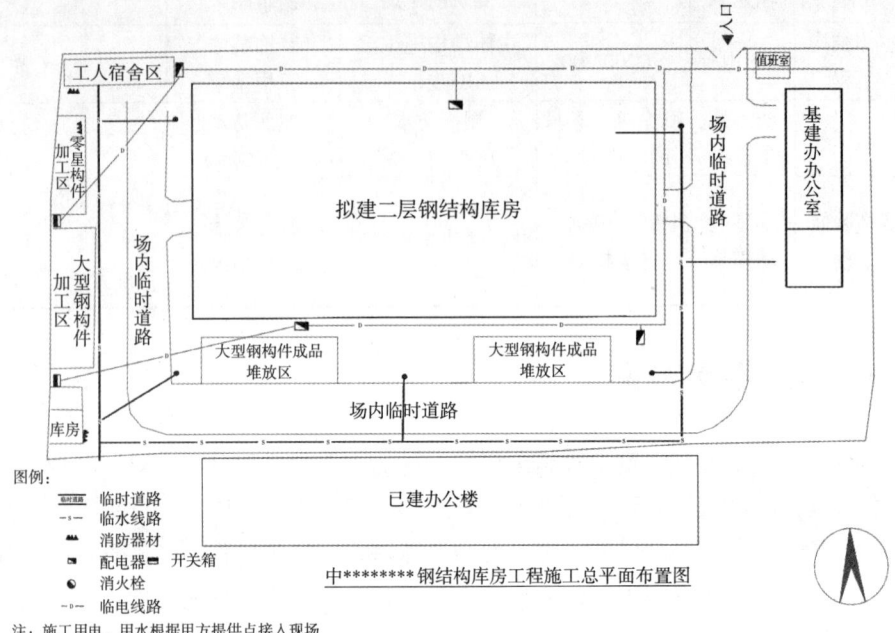

图2.10 施工总平面布置图

此外，施工所需的资源供应情况也是重要依据。了解各类材料的采购渠道、供应能力和运输方式，以及施工机械设备的型号、数量和租赁情况等，有助于合理规划材料堆放场地和机械设备停放区域的大小和位置，确保资源供应的及时性和便利性，避免场地布置不合理导致材料积压或设备停放混乱，影响施工进度。

（2）布置原则。施工平面布置应遵循一定的原则，以实现施工过程的高效、安全和经济。整体布局应科学合理，功能分区明确。根据施工流程和施工工艺要求，将施工场地划分为不同的功能区域（如材料堆放区、加工制作区、机械设备停放区、办公区、生活区等），使各个区域之间相互协调、互不干扰，便于施工管理和资源调配。

在满足施工需求的前提下，应尽量减少临时设施的建设规模，降低临时用地面积，以节约成本。例如，合理规划材料堆放场地的大小，避免过度占用场地；对于一些可周转使用的临时设施（如活动板房），应选择标准化、可重复利用的产品，提高其利用率，减少浪费。

2.5.2 施工区域划分

根据施工工艺和施工流程，通常可将施工区域划分为基础施工区、主体结构施工区、装饰装修施工区等。在基础施工区，主要进行土方开挖、基础垫层浇筑、基础钢筋绑扎和混凝土浇筑等工作；主体结构施工区则专注于主体结构的模板安装、钢筋绑扎、混凝土浇筑以及钢结构的安装等作业；装饰装修施工区负责内外墙面的抹灰、涂料涂刷、地面铺装、门窗安装等装饰工程施工。这种划分方式有利于组织流水施工，使各施工工序之间紧密衔接，提高施工效率，同时便于施工管理和质量控制。

2.5.3 临时设施布置图

（1）办公区布置。办公区的选址应靠近施工现场，但要保持相对独立，避免施工噪声和灰尘对办公环境的影响。一般可设置在施工现场的出入口附近或场地的一侧，便于管理人员与外界的联系和对施工现场的监督管理。办公区的规模应根据项目管理人员的数量和办公需求确定，合理规划办公室的数量、大小和布局。办公室内配备必要的办公桌椅、文件柜、电脑、打印机、复印机等办公设备，满足日常办公需要。同时，应设置会议室，用于召开项目会议、技术交底、商务洽谈等活动，会议室的大小应根据参会人数确定，并配备投影仪、音响设备等会议设施。

为了营造良好的办公环境，办公区应进行适当的绿化和美化，设置花坛、草坪、休息座椅等景观设施，提高办公人员的工作舒适度。此外，办公区还应设置宣传栏，用于张贴项目管理规章制度、施工进度计划、质量安全管理要求等文件，以及展示项目团队风采、企业文化等内容，加强项目管理信息的传递和沟通。

（2）生活区布置。生活区主要为施工人员提供居住、生活和休息的场所，其布置应注重居住环境的舒适性和安全性，同时满足基本的生活需求。

生活区的选址应远离施工危险区域（如塔吊覆盖范围、物料提升机进出口等），避免施工过程中的物体坠落、机械伤害等事故对施工人员造成威胁。生活区应设置宿舍、食堂、厕所、淋浴间、开水房等生活设施，宿舍的布置应合理规划，根据施工人员数量确定宿舍的栋数和房间数量，每间宿舍的居住人数不宜过多，一般不超过 8 人，确保居住空间的宽敞和舒适。宿舍内配备床铺、衣柜、桌椅等基本生活家具，保证施工人员的休息质量。

食堂的建设应符合卫生标准,具备良好的通风、采光和排水条件,设置洗菜间、烹饪间、售饭窗口、餐厅等功能区域,配备必要的厨房设备和餐具(如炉灶、蒸锅、炒锅、餐具消毒柜、冰箱等),确保施工人员的饮食安全和卫生。厕所和淋浴间应保持清洁卫生,定期进行清扫和消毒,淋浴间应提供充足的热水供应,满足施工人员的日常生活需求。

此外,生活区还应设置娱乐活动场所(如篮球场、乒乓球室、棋牌室等),丰富施工人员的业余文化生活,缓解工作压力,提高施工人员的生活质量和工作积极性。

(3)材料堆放场地布置。材料堆放场地的布置应根据材料的种类、数量、使用频率和供应方式等因素进行合理规划,确保材料的储存安全、取用方便,并减少材料的损耗。

材料堆放场地应设置通道,确保运输车辆和机械设备能够顺畅通行,方便材料的装卸和搬运。同时,应配备必要的消防器材(如灭火器、消防栓等),做好防火工作,防止火灾事故的发生。

(4)加工制作区布置。加工制作区主要用于对原材料进行加工制作,以满足施工过程中的各种构配件需求,其布置应根据加工工艺和设备要求,合理规划场地空间,确保加工过程的高效、安全和有序。

根据加工内容的不同,加工制作区可分为钢筋加工区、木工加工区、混凝土预制构件加工区等。钢筋加工区应配备钢筋切断机、弯曲机、调直机、电焊机等加工设备,场地应进行硬化处理,设置原材料堆放区、加工制作区、成品堆放区和废料堆放区,原材料堆放区和成品堆放区应设置明显的标识牌,便于钢筋的分类存放和管理,加工制作区应保持通风良好,避免钢筋加工过程中产生的粉尘和噪声对周围环境造成影响,同时,应设置防护棚,防止日晒雨淋对加工设备和钢筋造成损害。

木工加工区主要进行木材的加工和模板的制作,应配备电锯、电刨、铣床等加工设备,场地应远离火源和易燃物品,设置防火隔离带,防止火灾事故的发生。木工加工区应设置原材料堆放区、加工制作区和成品堆放区,原材料堆放区应保持干燥通风,防止木材受潮变形,加工制作区应设置吸尘装置,减少木材加工过程中产生的木屑和粉尘,成品堆放区应堆放整齐,便于模板和木构件的取用和运输。

混凝土预制构件加工区应根据预制构件的类型和生产规模,合理规划场地空间,配备相应的模具、振捣设备、养护设施等,场地应进行硬化处理,设置原材料堆放区、生产制作区、成品堆放区和养护区,原材料堆放区应按照不同的原材料种类进行分类堆放，生产制作区应严格按照预制构件的生产工艺和操作规程进行施工，确保预制构件的质量，成品堆放区应根据预制构件的类型和规格进行分类堆放，并设置垫木，防止预制构件损坏，养护区应具备保湿、保温等条件，确保预制构件在养护期间的质量。某项目部办公区、生活区、加工区临时设施布置图，如图2.11所示。

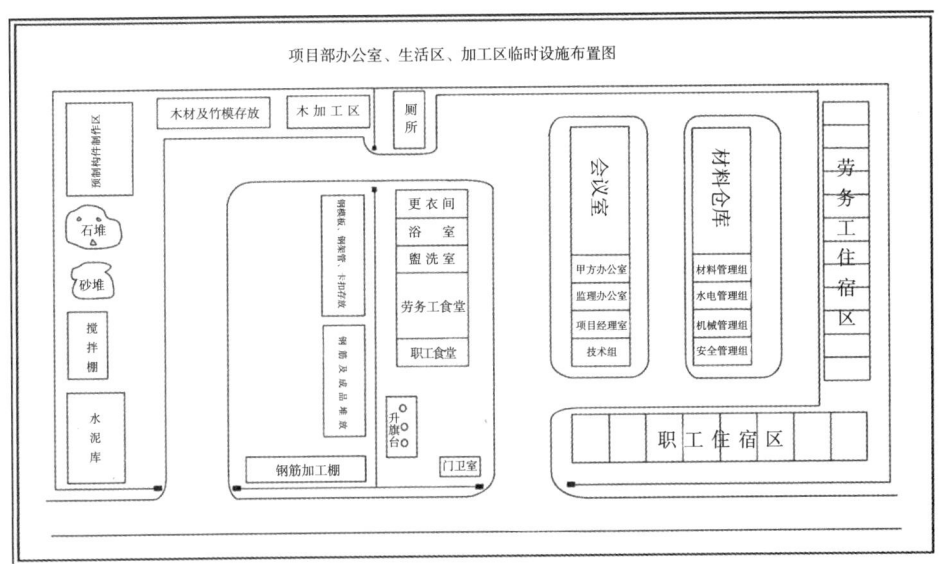

图2.11 某项目办公区、生活区、加工区临时设施布置图

2.5.4 施工道路布置

施工道路是施工现场物资运输和人员通行的重要通道，其布置应确保道路畅通无阻、运输便捷高效，并满足消防和安全要求。

施工道路的布局应根据施工现场的地形地貌、建筑物的位置和施工区域的划分进行合理规划，形成环形或网状的道路系统，使各个施工区域之间能够相互连通，避免出现断头路或交通拥堵点。道路的宽度应根据施工车辆的类型和通行频率确定，一般主干道宽度不宜小于6 m，次干道宽度不宜小于4 m，以确保大型运输车辆和机械设备能够顺利通行。

施工道路的路面结构应根据场地条件和使用要求进行选择，常见的路面结构有混凝土路面、沥青路面和砂石路面等。混凝土路面具有强度高、耐久性好、维护方便等优点，适用于长期使用和重载交通的施工道路；沥青路面具有平整度好、行车舒适性高、噪声低等优点，但成本相对较高，维护要求也较高；砂石路面成本较低，施工简单，但耐久性较差，适用于临时性或交通量较小的施工道路。在选择路面结构时，应综合考虑施工周期、工程成本、交通流量等因素，确保施工道路的质量和使用性能满足施工需求。

为了确保施工道路的畅通和安全，道路两侧应设置排水设施（如排水沟、雨水井等），及时排除路面雨水，防止道路积水影响车辆通行。同时，应在道路的交叉口、转弯处、陡坡处等设置交通标志和警示标识（如指示标志、禁令标志、警告标志等），提醒驾驶员注意交通安全，规范车辆行驶行为。此外，还应根据消防要求，在施工道路上设置消防通道，确保消防车辆能够在紧急情况下迅速到达施工现场的各个部位，消防通道的宽度和净空高度应满足消防车辆的通行要求，且不得堆放任何障碍物。

2.5.5 垂直运输设施布置

垂直运输设施是建筑施工中解决材料、构配件和人员垂直运输问题的关键设备，其布置是否合理直接影响施工效率和施工安全。

常见的垂直运输设施有塔吊、施工电梯、物料提升机等，不同的垂直运输设施适用于不同的施工场景和工程需求。塔吊具有起升高度大、工作幅度广、吊运能力强等优点，适用于大型建筑工程和高层建筑施工，可承担大量材料和构配件的垂直运输任务；施工电梯主要用于人员的上下运输，同时可运输一些小型材料和工具，其运行速度较快，乘坐舒适性较好，是高层建筑施工中必不可少的垂直运输设备；物料提升机则适用于中低层建筑施工，主要用于运输散装物料（如砂、石、水泥等），其结构简单、成本较低，但吊运能力相对较小。

在布置垂直运输设施时，应根据建筑物的平面形状、高度、结构特点、施工进度计划以及施工现场的场地条件等因素进行综合考虑。塔吊的布置应尽量覆盖整个施工区域，减少材料和构配件的水平运输距离，同时要考虑塔吊的起吊半径、起重量、塔身高度等参数，确保塔吊能够满足施工过程中的吊运需求，避免出现吊运盲区。塔吊的基础应设置在坚实的地基上，基础的尺寸和配筋应根据塔吊的型号和使用说明书进行设计，确保塔吊的稳定性和安全性。

施工电梯的布置应靠近建筑物的主要出入口或人员密集区域，方便施工人员的上下通行，同时要考虑施工电梯与建筑物的连接方式和附着位置，确保施工电梯的运行平稳和安全可靠。施工电梯的基础应按照设计要求进行施工，基础的承载力应满足施工电梯的荷载要求，基础周围应设置排水设施，防止积水浸泡基础。

物料提升机的布置应根据材料堆放场地和施工区域的位置确定，尽量缩短物料的提升距离，提高运输效率。物料提升机的基础应牢固可靠，安装应符合相关规范要求，设置必要的安全防护装置（如吊篮安全门、断绳保护装置、上极限限位器等），确保物料提升过程中的安全。

2.5.6 施工平面布置优化与调整

施工平面布置并非一成不变，而是一个动态优化过程，需要根据施工过程中的实际情况进行适时调整，以适应施工进度、资源供应、现场条件变化等因素的影响，确保施工平面布置始终保持科学合理、高效有序。

在施工过程中，随着工程进度的推进，施工任务和资源需求会发生变化，原有的施工平面布置可能无法满足新的施工要求。例如，当主体结构施工进入高层阶段时，材料垂直运输需求增加，可能需要增加塔吊或施工电梯的吊运能力，或者调整其布置位置；当装饰装修施工开始时，材料种类和数量发生变化，材料堆放场地和加工制作区的布局可能需要相应调整，以方便装饰材料的储存和加工。

此外，施工现场的实际情况也可能与原设计存在差异（如遇到地下障碍物、地质条件变化等情况），需要对施工道路、基础施工区等的布置进行调整；或者因周边环境变化（如相邻建筑物施工、市政道路改造等），影响施工现场的进出通道或材料堆放场地，也需要及时对施工平面布置进行优化。

为了实现施工平面布置的优化与调整，应建立定期的检查和评估机制，由项目管理人员定期对施工现场进行巡查，收集施工进度、资源使用、安全管理等方面的信息，结合现场实际情况，分析现有施工平面布置存在的问题和不足之处，及时提出调整方案。在调整施工平面布置时，应充分考虑调整方案对施工进度、成本和安全等方面的影响，制订详细的调整计划和实施步骤，确保调整过程平稳有序，避免对施工造成过大的干扰。同时，应及时将调整后的施工平面布置方案通知相关施工人员和分包单位，做好沟通协调工作，确保各方能够按照新的布置方案进行施工。

第 3 章 施工进度管理

3.1 施工进度计划的科学编制

3.1.1 编制依据与原则

施工进度计划的科学编制对于确保项目按时交付、合理安排资源以及降低成本具有重要意义。编制依据是构建施工进度计划的基石，而编制原则则是指导计划编制过程的准则，两者相辅相成，共同确保施工进度计划的科学性、合理性和可行性。

3.1.1.1 合同与图纸约束

（1）合同约束。工程合同是施工进度计划编制的重要依据之一，其中包含诸多对施工进度有直接或间接影响的条款。开工日期与竣工日期在合同中的明确规定，犹如施工进度计划的时间坐标轴两端的锚点，框定了整个项目的施工时长范围，是计划编制中不可逾越的基本框架。

例如，某大型商业综合体项目合同规定开工日期为2023年3月1日，竣工日期为2025年9月30日，这就明确了项目的总工期为两年半时间，所有施工活动安排都必须在这个时间范围内进行合理布局。而关键里程碑节点的设定，则像是时间轴上的关键坐标点，如主体结构封顶、外立面完工、竣工验收备案等节点，它们不仅是项目阶段性成果的标志，更是施工过程中各个阶段的重要时间管控点，对于后续工作的开展以及相关资源的调配具有重要的指引作用。

同时，合同中的工程范围条款详细界定了施工的具体工作内容，其任何变更都将如多米诺骨牌般影响施工进度计划。例如，若原合同中不包含某项特殊装饰工程，而后因业主需求增加了该部分内容，这必将导致施工工序的增加、施工资源的重新配置，以及施工时间的重新评估。

质量标准条款规定了工程应达到的质量水平，较高的质量标准往往意味着需要投入更多的时间和资源来确保达标。比如，对于一些对结构安全和防水要求极高的项目，如大型水利枢纽工程或高档住宅小区，为了保证混凝土结构的密实性和防水性能，可能需要在混凝土浇筑过程中增加振捣时间、加强养护措施，或者采用更先进的防水施工工艺，这些措施都会相应地延长施工时间。

付款方式条款则与施工单位的资金流动息息相关，进而影响施工进度。常见的付款方式有预付款、进度款、竣工结算款等。若预付款比例较低，施工单位在前期可能面临资金紧张的局面，影响原材料的采购和设备的租赁，从而导致施工进度受阻；而进度款的支付节点和支付比例若不合理（如支付节点滞后或支付比例过低），可能使施工单位在施工过程中资金周转困难，无法及时支付工人工资、购买材料和租赁设备，进而不得不放慢施工速度甚至暂停施工。

（2）图纸约束。施工图纸是工程施工的详细蓝图，对施工进度计划编制具有重要的导向作用。图纸中的建筑结构、布局、尺寸等信息直接决定了各分部分项工程的施工顺序和时间安排。

如在电气安装工程中，配电箱、开关盒等的预留预埋位置必须准确无误，否则后续电气管线的敷设将无法正常进行，可能导致返工，延误工期。在实际编制进度计划时，必须对施工图纸进行深入细致的解读，确保进度计划与图纸设计要求紧密匹配。如在某高层住宅项目中，根据施工图纸，地下部分存在大量的人防工程和设备用房，这些区域的施工工艺复杂，需要单独规划施工时间，并且要与其他区域的施工进度相协调。人防工程的防护密闭门、通风口等部位的施工精度要求高，设备用房内的设备基础施工、管线铺设等工作需要与设备安装单位密切配合，合理安排施工顺序，避免相互干扰，确保整个项目施工进度的有序推进。

3.1.1.2 现场与资源考量

（1）施工场地影响。施工现场的实际条件对施工进度计划的实施有着至关重要的影响。场地的地形地貌、周边环境、交通状况等因素都需要在编制进度计划时进行充分考虑。例如，狭窄的场地可能限制材料堆放和机械设备停放，从而影响施工效率；周边环境复杂（如存在居民区、学校等敏感区域），可能会对施工时间产生限制，需要合理安排噪声较大的施工工序。

在市区的建筑项目中，靠近学校的施工现场，在学校上课期间就不能进行高噪声的打桩作业，这必然会影响整体施工进度的安排。此外，施工现场的水电供应、排水条件等也会对施工进度产生影响。如果水电供应不稳定，可能导致施工中断，延误工期。比如在一些偏远地区的建设项目，水电基础设施不完善，施工过程中可能会频繁出现停水停电的情况，对混凝土浇筑、设备运行等施工环节造成严重干扰，增加施工时间和成本。

（2）资源调配影响。施工资源包括人力、材料、机械设备等，其供应状况和可用性直接制约着施工进度。人力资源方面，施工人员的数量、技能水平、工作效率等都会影响施工进度。

如果施工人员数量不足或技能水平较低，可能会导致施工速度缓慢。而设备故障频繁或数量不足，可能会影响施工效率，进而延误工期。例如，在高层建筑施工中，塔吊是垂直运输的关键设备，如果塔吊数量不足或者经常出现故障，材料和人员的运输将受到阻碍，导致施工进度滞后。

3.1.1.3 规范与目标导向

（1）施工规范标准。建筑工程施工必须遵循相关的规范和标准，这些规范标准对施工工艺、施工流程、施工安全等方面都有明确的规定，从而间接影响施工进度计划的编制。

（2）科学性原则。施工进度计划的编制应遵循一系列原则，以确保其科学性和合理性。科学性原则要求在编制进度计划时，充分考虑工程的特点、施工工艺、资源供应等因素，运用科学的方法和理论进行分析和计算。

（3）合理性原则。合理性原则强调进度计划应合理安排施工时间和资源，避免出现过度压缩工期或资源浪费的情况。

（4）可行性原则。可行性原则确保编制的进度计划在实际施工中具有可操作性。

（5）弹性原则。进度计划还应遵循弹性原则，即要考虑施工过程中可能出现的各种不确定性因素（如恶劣天气、设计变更、材料供应变化等），预留一定的弹性时间或调整空间。

（6）总结。在编制施工进度计划时，全面、深入地分析合同条款、施工图纸、施工现场条件、资源状况以及规范标准要求，严格遵循科学性、合理性、可行性和弹性等原则，是制订出一份高质量施工进度计划的关键所在，能够为项目的顺利实施提供坚实的保障，有效控制施工进度，确保项目按时交付并实现预期目标。

3.1.2 编制方法与步骤

3.1.2.1 方法选择策略

在建筑工程施工进度计划编制过程中，横道图法和网络计划技术是两种常用的方法，它们各具特点，适用于不同的项目场景。

横道图法以其简单直观的优势，在一些小型或简单工程项目中得到广泛应用。某工程施工计划横道图如图3.1所示，它以横道的形式清晰地展示各施工工序的开始时间、结束时间和持续时间，能让施工人员迅速了解整个项目的进度安排。例如，在小型房屋修缮工程中，涉及的工序相对较少且逻辑关系较为简单，横道图可以一目了然地呈现各项工作的时间进度，便于施工人员直接依据图表进行现场安排与调度。

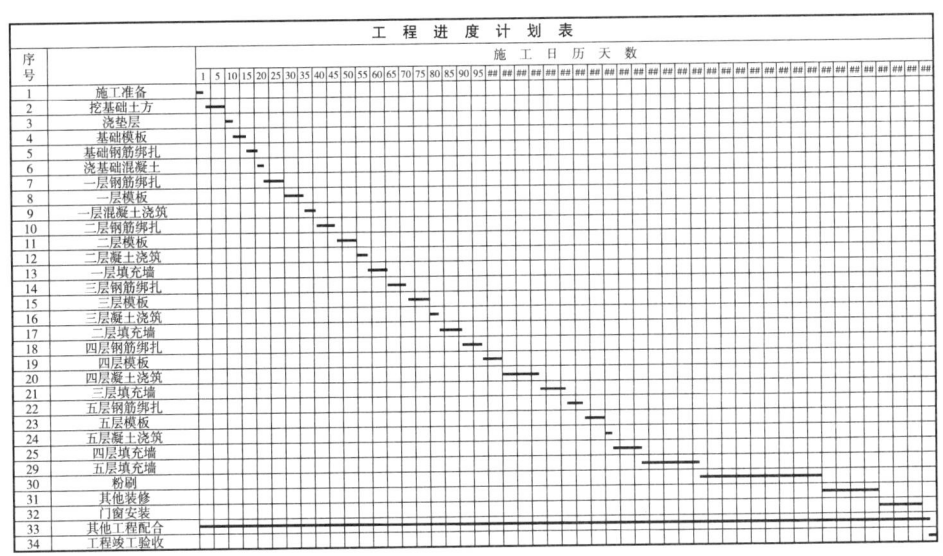

图 3.1 某工程施工计划横道图

然而，对于大型复杂建筑项目，网络计划技术则展现出更强的适应性。图3.2中，网络计划技术通过节点和箭线的组合，精确地表达出工序之间的逻辑关系，不仅能清晰呈现各工序的先后顺序，还能准确反映出它们之间的相互依赖和制约关系。在大型商业综合体建设项目中，众多的施工工序（如基础工程、主体结构施工、机电设备安装、装饰装修等）存在着复杂的交叉作业和逻辑关联，网络计划技术能够全面梳理这些关系，为项目管理者提供系统的进度分析框架。

在选择编制方法时，需要综合考虑项目规模、复杂程度、工期要求以及资

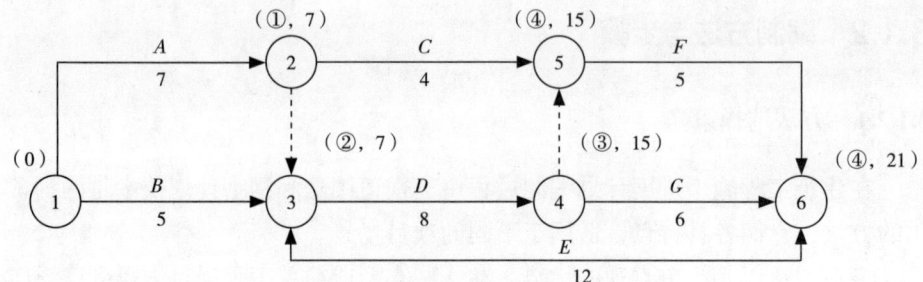

图 3.2 某工程施工网络计划技术

源配置等多方面因素。对于规模较小、工序简单、工期较短且资源调配相对容易项目，横道图法可快速制订计划，减少编制工作量；而对于大型项目，尤其是涉及多个专业协同作业、工序繁多且工期紧张的工程，网络计划技术则能更有效地帮助管理者把握项目全局、优化资源分配，确保项目顺利推进。例如在城市地铁建设项目中，由于其涉及多个站点的同时施工、多种专业工程的交叉进行，以及严格的工期限制，网络计划技术成为必不可少的工具，通过对关键线路和关键工作的分析，能够精准地安排施工进度，保障项目按时通车。

3.1.2.2 计划编制流程

（1）施工顺序确定。施工顺序的确定是施工进度计划编制的关键环节，需紧密围绕工程特点进行科学规划，确保各工序之间的衔接紧密且合理。对于建筑工程而言，通常遵循"先地下、后地上""先主体、后围护""先结构、后装饰"的基本原则。在基础施工阶段，首先要进行场地平整和土方开挖工作，为后续的基础工程创造条件。在进行土方开挖时，需根据地质勘察报告和设计要求，选择合适的开挖方法和机械设备，同时要考虑边坡支护和排水措施，以确保施工安全和工程质量。完成土方开挖后，接着进行基础垫层施工，为基础钢筋混凝土施工提供平整的工作面。在基础钢筋混凝土施工过程中，要严格按照设计规范进行钢筋绑扎、模板支设和混凝土浇筑，确保基础的强度和稳定性。

在主体结构施工阶段，柱、梁、板的施工顺序也需要精心安排。一般情况下，先绑扎柱钢筋，然后支设柱模板，浇筑柱混凝土；待柱混凝土达到一定强度后，再进行梁、板模板支设，钢筋绑扎和混凝土浇筑。这种施工顺序有利于确保结构的整体性和稳定性，同时便于施工操作和质量控制。在砌体工程施工中，要与主体结构施工相配合，遵循"同步砌筑、错缝搭接"的原则，确保砌体的质量和稳定性。

对于一些特殊工程（如高层建筑或有特殊工艺要求的项目），施工顺序还需进一步细化。在高层建筑施工中，可能需要采用分段流水施工的方法，将建筑分为若干个施工段，依次进行施工，以提高施工效率和缩短工期。在有钢结构施工的项目中，要合理安排钢结构的加工、运输和安装时间，确保与混凝土结构施工的协同配合。

（2）工程量计算要点。准确计算工程量是制订合理施工进度计划的基石，其计算结果直接影响施工资源的配置和工期的估算。在计算过程中，需严格依据施工图纸和相关工程量计算规则，运用专业的计算方法进行精确核算。对于混凝土工程，要按照不同构件的几何尺寸和设计强度等级，分别计算柱、梁、板、墙等构件的混凝土体积。在计算柱混凝土体积时，需注意柱的高度应从基础顶面算至柱顶，扣除梁、板所占的体积。对于梁混凝土体积，要根据梁的截面尺寸和长度进行计算，注意与柱、板的连接部分的处理。

在土方工程中，根据场地地形和设计标高，准确计算土方开挖量和回填量。土方开挖量的计算可采用方格网法或断面法，根据场地的地形起伏情况和设计要求的标高，将场地划分为若干个方格或断面，分别计算每个方格或断面的土方量，然后累加得到总的土方开挖量。在计算回填量时，要考虑基础及地下结构所占的体积，以及回填土的压实系数等因素，具体实例如下题所示。

例题：某建筑场地需要进行土方开挖，场地的平面图如图3.3所示。场地的自然标高和设计标高见表3.1。请分别采用方格网法和断面法计算该场地的土方开挖量。

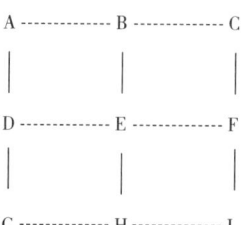

图 3.3　场地平面图

表 3.1　自然标高和设计标高表

点位	自然标高 /m	设计标高 /m
A	251.50	251.00
B	251.40	250.80
C	251.30	250.60
D	251.60	251.20

表 3.1（续）

点位	自然标高 /m	设计标高 /m
E	251.50	250.90
F	251.40	250.70
G	251.70	251.40
H	251.60	251.10
I	251.50	250.80

解答步骤：

①方格网法。

a. 确定方格网。

b. 场地被划分为 4 个 20 m×20 m 的方格。

c. 采集自然标高和确定设计标高。

d. 自然标高和设计标高已给出。

e. 计算施工高度。

f. 计算每个角点的施工高度，即设计标高与自然标高之差。

g. 例如，点 A 的施工高度为 251.00–251.50=–0.50（m）（挖方）。

h. 绘制零线。

i. 确定零点和零线，划分挖方区和填方区。

j. 计算土方量。

k. 对于全部为挖方的方格，使用公式 $V=\dfrac{A}{4}\times(h_1+h_2+h_3+h_4)$ 计算。

l. 例如，方格 A-D-E-G 的挖方量为：

$$V_1+V_2=\dfrac{20\times 20}{4}\times(0.50+0.60+0.40+0.60)+\dfrac{20\times 20}{4}\times(0.30+0.50+0.40+0.60)=390\ (\text{m}^3)$$

②断面法。

a. 确定断面。

b. 选择适当的断面，例如沿 A-D-G 和 B-E-H 的断面。

c. 采集自然标高和确定设计标高。

d. 自然标高和设计标高已给出。

e. 计算断面的挖方净面积。

f. 例如，A-D-G 断面的自然面积为

$$S_{\text{A-D}}=\frac{1}{2}\times(0.5+0.4)\times 20=9\ (\text{m}^2)$$

$$S_{\text{D-G}}=\frac{1}{2}\times(0.4+0.3)\times 20=7\ (\text{m}^2)$$

A–D–G 断面总面积为：
$S_1=9+7=16\ (\text{m}^2)$
同理得出中间 B–E–H 断面总面积为：
$S_2=12+11=23\ (\text{m}^2)$
g. 计算土方量。
h. 使用公式 $V=\frac{1}{2}\times(S_1+S_2)\times L$ 计算每个断面之间的土方量，其中 S_1 和 S_2 分别为两个断面的面积，为断面之间的距离。
i. 例如，方格 A–B–H–G 的挖方量为：

$$V=\frac{1}{2}\times(16+23)\times 20=390\ (\text{m}^3)$$

可知，方格网法计算和断面法计算的土方开挖量均为 390 m³。

对于装饰装修工程，墙面、地面、顶棚等装饰面积的计算要细致入微，要考虑门窗洞口、阴阳角等部位的处理。在计算墙面装饰面积时，要扣除门窗洞口的面积，但要增加门窗洞口侧壁的面积。地面装饰面积的计算要根据房间的净面积进行，注意楼梯间、走廊等公共部位的面积计算。

为确保计算结果的准确性，建议采用专业的工程量计算软件，并结合人工核对的方式进行双重校验。在使用计算软件时，要确保输入的图纸信息准确无误、软件参数设置合理。同时，安排经验丰富的造价人员或施工技术人员对计算结果进行人工审核，检查是否存在漏算、重算或计算错误的情况。

（3）工序时间估算技巧。工序时间的估算需要综合考量施工工艺、施工条件、资源投入，以及人员技能水平等多方面因素，以实现资源利用与施工效率的最佳平衡。对于混凝土浇筑工序，若采用商品混凝土且现场泵送施工，其浇筑时间可根据混凝土的供应量、浇筑部位的体积和泵送设备的输送能力进行估算。在估算时，要考虑混凝土的初凝时间和终凝时间，确保在混凝土初凝前完成浇筑工作，避免出现冷缝。同时，要根据泵送设备的性能参数和输送管道的长度、管径等因素，计算混凝土的泵送时间。

在模板支设工序中，模板的类型、支设难度以及工人的熟练程度都会对时间产生显著影响。对于木模板支设，若模板形状复杂、拼接要求高，且工人操作熟练度较低，则所需时间较长；而采用定型钢模板，且工人经验丰富时，支设时间可大幅缩短。在估算模板支设时间时，要考虑模板的搬运、组装、调整和加固等环节所需的时间，根据模板的面积和复杂程度，结合工人的施工效率进行计算。

为提高估算的准确性，可参考类似工程的施工经验数据，并结合本项目的实际情况进行适当调整。在收集类似工程经验数据时，要选择与本项目在工程类型、规模、施工条件和工艺等方面相似的项目，对其工序时间进行分析和总结。同时，要考虑本项目的特殊因素（如施工现场的周边环境、气候条件、材料供应情况等），对经验数据进行合理修正。

（4）进度图表绘制规范。无论是绘制横道图还是绘制网络图，都需遵循严格的绘制规范，以确保图表的清晰性、准确性和易读性。清晰、准确、易读的进度图表，能有效减少施工过程中的误解与混乱，提升项目管理效率，具体规范如下：

①时间刻度设定。依据施工计划时间跨度，合理选定时间单位（如天、周、月等），均匀划分横坐标时间刻度，保证清晰易读。

②工序标注。在横道图纵坐标简洁准确标注工序名称；网络图箭线上方标注工序名，保证表述简洁明了。

③横道绘制。根据工序时间估算，精确绘制横道长度，使其与时间刻度精准对应；用不同颜色或线型区分关键与非关键工序。

④节点编号。网络图节点用圆圈表示，圈内编号唯一且遵循逻辑顺序，方便后续计算与识别。

⑤箭线绘制。箭线方向明确工序流向，从起始节点指向结束节点；箭线下方准确标注工序时间。

⑥逻辑关系梳理。绘制网络图时，仔细梳理工序逻辑，杜绝出现循环线路或逻辑错误现象。

⑦图表布局优化。大型网络图采用分层或分区绘制，避免线条交叉混乱，提升图表可读性。

⑧图表审核校对。完成绘制后，全面审核校对，检查时间、工序、逻辑关系等是否准确无误。

（5）计划的优化调整。施工进度计划的优化调整是一个动态的过程，旨在应对施工过程中的各种不确定性因素，确保项目能够按时、高效地完成。在计划实施过程中，要密切关注实际施工进度与计划进度的偏差情况，及时收集和分析相关数据，找出导致偏差的原因。常见的原因包括资源供应不足、施工条件变化、工序衔接不畅、人员技能水平差异等。

当发现进度偏差时，可采用多种方法进行调整。若某一工序进度滞后，可在其后续工序中寻找可压缩时间的环节，通过合理增加资源投入、优化施工方法或调整施工顺序等方式，缩短关键线路的总工期。在混凝土浇筑工序滞后的情况下，可考虑增加混凝土输送泵的数量或提高混凝土的强度等级，以加快浇筑速度，但要确保施工质量不受影响。同时，要对调整后的计划进行全面评估，分析调整措施对其他工序和整个项目的影响，避免因局部调整引发新的问题。

在优化调整过程中，还可利用计算机模拟技术对不同调整方案进行预演和分析，预测其对工期、资源和成本的影响，从而选择最优的调整策略。通过建立项目进度模型，输入不同的调整参数，模拟项目的实施过程，观察各工序的时间变化和资源利用情况，为决策提供科学依据。

此外，要建立有效的反馈机制，及时将调整后的计划传达给施工团队成员，确保各方能够按照新的计划协同工作。在计划调整后，要加强现场管理和监督，确保调整措施的有效执行，实现施工进度的动态控制和优化。

通过以上编制方法与步骤的系统实施，能够制订切实可行的施工进度计划，为建筑工程项目的顺利实施提供有力保障。在实际编制过程中，要充分结合项目的具体特点和实际情况，灵活运用各种方法和技巧，不断优化和完善进度计划，确保项目目标的实现。

3.2 施工进度计划内容

3.2.1 总进度计划

3.2.1.1 涵盖范围与时间轴设定

总进度计划作为建筑工程项目施工进度管理的核心纲领，全面涵盖了从项目启动筹备到最终竣工验收交付的全生命周期。在项目前期阶段，涵盖了诸如项目立项审批、工程勘察、设计方案深化等关键环节。立项审批过程需遵循相关法规政策，与政府部门紧密沟通协调，其时间节点受政策流程影响较大；工程勘察工作要确保获取准确的地质、水文等数据，为设计提供坚实基础，时间安排取决于勘察场地的复杂程度和勘察手段的效率。设计方案深化阶段则需综合考虑建筑功能需求、结构安全、美学要求等多方面因素，与各专业设计团队反复研讨，此阶段的时间跨度因项目规模和设计难度而异。

施工实施阶段是总进度计划的核心部分，涉及基础工程、主体结构施工、装饰装修工程、安装工程等多个专业领域。基础工程包含土方开挖、地基处理、基础浇筑等工序，其施工顺序严格遵循先"地下、后地上"的原则，时间安排需考虑地质条件、施工方法及周边环境等因素。

竣工验收阶段涉及工程质量验收、竣工资料整理归档、工程交付使用等重要环节。质量验收需严格按照相关标准规范进行，对工程的各个分项、分部工程进行全面检查和测试，确保工程质量符合要求，此过程可能需要多次整改和复查，时间难以精确预估；竣工资料整理归档工作要保证资料的完整性和准确性，与施工过程同步进行，避免资料缺失或错误；工程交付使用前需完成与业主或使用方的交接手续，确保使用方对工程的功能和设施熟悉了解，顺利接收项目。

在时间轴设定方面，各阶段关键时间节点的确定需综合考虑多方面因素。以合同约定的开工日期为起始点，这通常是项目正式启动的标志，受到项目招投标进程、合同签订效率等因素影响。竣工日期需根据项目的规模、复杂程度以及合同要求合理确定，同时要预留一定的弹性时间以应对不可预见的风险和变更。

对于大型商业综合体项目，由于涉及众多的专业工程和复杂的施工工艺，其施工周期较长，关键时间节点的间隔相对较大；而小型住宅项目施工相对简单，时间节点的设置更为紧凑。在确定各阶段时间长度时，要充分考虑工程的难易程度、资源投入情况以及外部环境因素。

3.2.1.2　季节性因素考量

季节性因素对建筑施工进度有着显著影响，因此在总进度计划中必须制定针对性应对策略。在冬季，低温、降雪和冰冻等恶劣天气条件给施工带来诸多挑战。对于混凝土施工，低温会导致混凝土凝结时间延长、强度增长缓慢甚至可能出现冻害，影响混凝土结构的质量。此时可采取的措施包括搭建保温棚，为混凝土浇筑和养护提供适宜的温度环境；使用加热设备对原材料进行加热，确保混凝土的出机温度和入模温度符合要求；调整混凝土配合比，增加水泥用量、减小水灰比或添加外加剂等，提高混凝土的抗冻性能。在北方寒冷地区的冬季施工中，这些措施尤为关键，如哈尔滨的某大型建筑项目，在冬季施工时通过搭建全封闭的保温棚，并采用蒸汽加热的方式，成功保证了混凝土施工的质量和进度。

在夏季，高温、暴雨和强风等天气对施工也会产生不利影响。高温天气会加速混凝土水分蒸发，导致混凝土表面失水过快而出现裂缝，同时会影响工人的工作效率和身体健康。针对这一情况，可采用洒水降温、调整混凝土浇筑时间至早晚温度较低时段等方法，避免混凝土在高温时段施工。在暴雨季节，施工现场容易积水，影响土方开挖、基础施工和室外作业的正常进行，需要加强排水设施建设，如设置集水井、排水沟等，并做好防雨措施，如覆盖防雨布、储备足够的抽水设备等。在东南沿海地区的夏季施工中，由于台风和暴雨频繁，建筑项目通常会提前制定应急预案，加强对施工现场的防风、防雨检查和加固工作，确保施工安全和进度不受太大影响。

实例：上海某高层写字楼项目应对夏季台风和暴雨挑战

（1）项目背景。该项目位于上海浦东新区，建筑高度为200 m，地上40层，地下4层，采用钢筋混凝土框架-核心筒结构。施工周期为30个月，其中主体结构施工期为12~20个月，覆盖上海的台风和暴雨多发季节。

（2）台风防范。在夏季台风来临前，项目团队密切关注气象预报，提前做好充分准备。对施工现场的塔吊、施工电梯、脚手架等大型机械设备进行全面检查和加固，增加缆风绳、紧固连接件等。例如，将塔吊的自由高度降低至安全范围，确保在台风作用下的稳定性。对临时办公区和生活区的活动板房进行加固处理，采用钢丝绳将板房与地面地锚连接，增强抗风能力。在台风登陆期间，停止一切室外作业，组织施工人员撤离到安全的室内场所，并安排专人值班巡查，及时发现和处理可能出现的安全隐患。

（3）暴雨应对。针对暴雨天气，完善施工现场的排水系统。在场地四周设置深度和宽度合适的排水沟，并定期清理其中的杂物，确保排水畅通。在基坑周边增设集水井，并配备足够功率的抽水机，实时监控基坑内的水位，防止积水浸泡基坑。对于露天堆放的建筑材料（如钢筋、水泥等），搭建防雨棚进行遮盖，避免材料被雨水淋湿而影响质量。调整施工计划，在暴雨来临前优先完成室外基础工程和土方工程的关键部位施工（如基础混凝土浇筑等），并做好防雨措施，如在混凝土浇筑完成后及时覆盖塑料薄膜。在暴雨过后，及时检查施工现场的设备、设施和工程质量，对被雨水冲刷或浸泡的部位进行修复和加固（如对土方边坡进行检查和重新支护），确保施工安全和质量不受影响，从而保证工程进度按计划推进。

在制订总进度计划时，应充分考虑季节性因素对施工的影响，合理安排施工任务和时间，避免在恶劣天气条件下进行对天气敏感的施工工序。同时，要

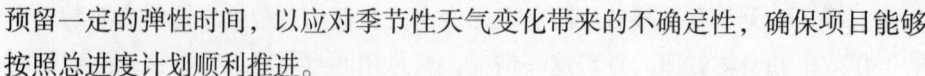

预留一定的弹性时间,以应对季节性天气变化带来的不确定性,确保项目能够按照总进度计划顺利推进。

3.2.1.3 总进度计划与子计划关联

总进度计划在建筑工程项目进度管理体系中处于核心地位,它为分部分项工程进度计划和月(周)进度计划的编制提供了明确的框架和方向。总进度计划确定了项目的总体工期目标。例如,一个大型商业综合体项目计划总工期为36个月,这一目标从宏观上规定了项目从开工到竣工的时间范围,为后续各级进度计划的制订设定了时间上限。同时,总进度计划明确了各主要阶段的关键时间节点(如基础工程在第6个月完成、主体结构在第24个月封顶等),这些节点如同项目进度的里程碑,是分部分项工程进度计划和月(周)进度计划编制的重要依据,各子计划必须围绕这些节点进行细化和安排,确保各阶段工作能够按时完成,从而保障项目总工期的顺利实现。

分部分项工程进度计划是总进度计划的重要支撑和细化,它将总进度计划中的各个阶段进一步分解为具体的分部分项工程,使施工过程更加清晰和可操作。以主体结构工程为例,可细分为钢筋工程、模板工程、混凝土工程等具体的分部分项工程。钢筋工程的进度计划需考虑钢筋的采购、加工、运输和现场绑扎等环节,根据总进度计划中主体结构施工的时间要求,合理安排钢筋的进场时间和绑扎进度,确保在模板安装之前钢筋施工能够按时完成,为后续混凝土浇筑创造条件。模板工程的进度要与钢筋工程相配合,在钢筋绑扎过程中适时进行模板的支设,其施工速度应满足主体结构施工的整体节奏,同时要考虑模板的周转次数和拆除时间,以提高模板的利用率和施工效率。混凝土工程则要根据混凝土的浇筑量、浇筑部位和施工工艺,确定混凝土的搅拌、运输和浇筑时间,确保混凝土在规定的时间内浇筑完成,并保证浇筑质量。

月(周)进度计划是在分部分项工程进度计划的基础上,进一步将工作任务细化到每月或每周,是对总进度计划和分部分项工程进度计划的短期动态调整和具体执行计划。在月(周)进度计划中,明确了每周(月)的具体工作内容、工作量、责任人等详细信息。例如,在某一周的进度计划中,规定钢筋工班组要完成某楼层特定区域的钢筋绑扎任务,工作量为绑扎钢筋若干吨,责任人是钢筋工班组长。通过这种详细的任务分解和责任落实,施工人员能够清楚地了解自己的工作任务和目标,便于组织施工和进行进度控制。

为了确保总进度计划与子计划之间的协同,建立高效的信息沟通与反馈机制至关重要。在项目实施过程中,应定期召开进度协调会议,如每周的项目例会或每月的进度分析会,建设单位、施工单位、监理单位、设计单位等相关各方均应参加。在会议上,各单位分别汇报各自负责的分部分项工程进度计划和月(周)进度计划的执行情况,包括已完成的工作内容、实际进度与计划进度的对比分析、存在的问题及对后续工作的影响等。例如,施工单位汇报某一分部分项工程因材料供应延迟导致进度滞后,这可能会影响后续与之相关的其他分部分项工程的施工,进而影响总进度计划。通过这种及时的信息共享和沟通,各方能够共同分析问题产生的原因(如材料供应商的生产能力问题、运输环节的延误或施工现场的管理不善等),并制定相应的解决措施。

当发现子计划与总进度计划出现偏差时,需要及时对总进度计划进行调整。调整过程要综合考虑项目的整体目标、各相关方的利益,以及资源的可调配性等因素。如果某一分部分项工程的进度严重滞后,且通过局部调整无法解决问题,可能需要对总进度计划中的后续关键线路进行重新分析和调整。

在实际施工过程中,还可以借助先进的项目管理软件来实现总进度计划与子计划的协同管理。例如,使用 Primavera P6 软件,将总进度计划、分部分项工程进度计划和月(周)进度计划录入系统,通过软件的进度跟踪和分析功能,实时监控各计划的执行情况,及时发现偏差并进行预警。软件还可以生成各种进度报告和图表(如横道图、网络图、S形曲线等),直观地展示项目进度情况,为项目管理人员提供决策支持,提高项目进度管理的效率和准确性。

通过以上对总进度计划涵盖范围与时间轴设定与季节性考量,以及总进度与子计划关联的详细阐述和分析,可以构建出一个合格的总进度计划体系,为建筑工程项目的顺利实施和成功交付提供有力保障。

3.2.2 分部分项工程进度计划

3.2.2.1 细化分解原则

从工程结构复杂性这一角度出发,不仅要将整个工程看作一个有机的整体,又要清晰地认识到各个部分之间的区别与联系,以此为基础进行科学合理的细化分解,确保进度计划既能精准反映工程的实际需求,又能为施工过程提供切实可行的指导。

(1)依据结构划分。按照建筑的功能布局,如将商业建筑划分为零售区、办公区、休闲区等;依据结构体系,如框架结构分为主体框架施工、墙体砌筑施工等,把整体工程细分成独立且关联的分部分项,方便单独管控进度。

(2)资源统筹。综合人力、材料、设备等资源的供应情况,比如在劳动力充足时安排大量人力投入的分项工程，在材料供应及时的时段开展相关施工；同时结合资源使用需求，如大型设备使用时集中安排相关分部分项施工，合理分解进度计划，保障资源利用效率最大化。

（3）场地规划。根据施工场地的空间大小、形状以及周边环境，划分不同分部分项工程的施工区域，如将材料堆放区、加工区与施工操作区分开，合理安排各分部分项工程在场地内的施工时间，避免由场地冲突导致施工停滞。

（4）风险应对。充分预估天气变化、政策法规调整、周边居民干扰等外部因素对施工进度的影响，如在雨季预留一定的停工时间，针对可能的政策变动提前做好准备，遇到周边居民投诉等情况有应对预案，预留弹性时间以应对突发状况。

（5）合同工期把控。严格对照合同约定的总工期，将总工期合理分配到各个分部分项工程，如总工期为一年，按照工程的难易程度和工程量大小，为基础工程、主体结构工程、装饰装修工程等分配相应的施工时间，确保整个工程按时交付。

（6）经验参考。收集并分析过往类似工程的施工进度数据，如相似建筑类型、规模的工程在各分部分项工程上的实际施工时间、遇到的问题及解决方法，以此为依据对当前工程的分部分项工程进度计划进行优化和调整。

3.2.2.2　工序逻辑与时间分配

（1）工序逻辑。在建筑施工中，存在紧前紧后工序的严格制约。以混凝土浇筑工序为例，其紧前工序为模板支设与钢筋绑扎，只有当模板安装牢固、钢筋绑扎符合设计与规范要求，并经隐蔽工程验收合格后，才能进行混凝土浇筑。这种逻辑关系确保了工程质量，避免因工序颠倒而产生的质量隐患与返工现象。

平行工序的合理安排能够有效缩短工期。在主体结构施工中，柱、梁、板的钢筋加工可同时进行，利用不同的加工设备与场地，充分发挥资源优势；同时，多个楼层的模板支设可在满足垂直运输与安全条件下平行开展，提高施工效率。但在安排平行工序时，需注意资源的合理分配与协调，避免由资源冲突导致施工延误。

（2）时间分配。时间分配是进度计划的关键要素。在确定各工序时间时，首先要依据施工定额和以往类似工程经验进行初步估算。例如，普通住宅建筑中一层柱、梁、板混凝土浇筑量为200~300 m^3，采用泵送混凝土，根据混凝土浇筑速度定额和现场实际情况，浇筑时间为8~12小时。同时，要充分考虑施工现场的实际条件,如天气因素、材料供应情况、施工人员技能水平等。在雨季施工时,混凝土浇筑时间可能会因降雨中断而延长,需预留一定的弹性时间;若材料供应不及时(如钢筋短缺),会导致钢筋绑扎工序停滞,影响后续工序进度,因此在时间分配上要考虑材料采购与运输周期。

施工人员的技能水平对工序时间也有显著影响。对于经验丰富、技术熟练的施工队伍,模板支设、钢筋绑扎等工序的操作速度相对较快,质量也更有保障;而新手施工人员可能需要更长的时间来完成相同的工作量,且质量风险较高。在分配时间时,要根据施工队伍的实际情况进行合理调整,对于关键工序,可安排经验丰富的工人施工,并适当缩短时间估算;对于非关键工序,可在保证质量的前提下,合理安排时间,以平衡资源利用。

3.2.2.3 资源配置与进度计划协同

资源配置与进度计划的协同是保障分部分项工程顺利实施的核心要素之一。人力资源的合理配置是首要任务。在基础工程土方开挖阶段,根据开挖工程量和施工机械作业效率,确定挖掘机司机、土方运输车辆司机、测量人员、指挥人员等的数量。例如,一台中型挖掘机每台班可开挖土方量为 800~1200 m^3,若土方开挖总量为 10000 m^3,计划工期为 10 天,每天工作 1 台班,则需配备挖掘机 2~3 台,相应的土方运输车辆 10~15 辆,测量人员 2~3 名,指挥人员 1~2 名。同时,要考虑施工人员的工作时间和休息制度,避免过度疲劳作业影响施工安全与质量。

在主体结构施工中,钢筋工、模板工、混凝土工的数量需根据施工进度和工程量进行动态调整。对于标准层施工,若每层建筑面积为 1000 m^3,钢筋含量为 60~80 t,模板展开面积为 3000~4000 m^3,混凝土浇筑量为 300~400 m^3,按照正常施工速度,钢筋工每班组可完成钢筋绑扎 3~5 t,模板工每班组可支设模板 100~150 m^3,混凝土工每班组可浇筑混凝土 50~80 m^3,则需配备钢筋工 15~20 人,模板工 30~40 人,混凝土工 8~10 人。随着施工层数的增加或工期的调整,要及时增减施工人员数量,确保施工进度不受人力资源短缺或过剩的影响。

材料供应计划要与进度计划紧密结合。在基础工程中,钢筋、水泥、砂、石等材料的采购要根据施工进度提前安排。钢筋的采购需根据设计图纸计算用量,考虑加工损耗和运输周期,提前与供应商签订合同,确保在基础施工前钢筋按时进场,并保证质量符合设计要求。水泥的储存量要根据混凝土浇筑进度和水泥的初凝、终凝时间确定,避免水泥过期或积压。砂、石等骨料的供应要保证其级配符合要求,且供应稳定,防止因材料质量问题导致混凝土强度不足或施工延误。

在装饰装修工程中,装饰材料的品种繁多(如石材、瓷砖、涂料、门窗等),其供应计划更为复杂。石材的采购要根据设计选型和墙面面积计算用量,考虑石材的加工周期和运输时间,提前下单定制。瓷砖的供应要保证颜色、规格的一致性,按照施工进度分批进场,避免因色差或规格不符导致返工。门窗的安装要与墙体施工进度相协调,在墙体砌筑或混凝土浇筑完成后,及时安装门窗框,确保门窗的安装质量与密封性。

机械设备的配置同样要满足施工进度需求。在高层建筑施工中,塔吊的选型和布置要根据建筑高度、结构形式、吊运重量和吊运半径等因素确定。塔吊的吊运能力要能够满足钢筋、模板、钢管等材料的垂直运输需求,其吊运速度和工作效率要与施工进度相匹配。混凝土输送泵的排量和压力要根据混凝土浇筑量和浇筑高度进行选择,确保混凝土能够顺利输送至作业面。同时,要配备足够的施工电梯,满足施工人员和小型材料的垂直运输需求,提高施工效率。

在施工过程中,要建立资源动态管理机制。通过定期对施工现场的资源使用情况进行盘点和分析,及时发现资源短缺或过剩的问题,并采取相应的调整措施。如发现某一阶段钢筋供应不足,应立即与供应商沟通,加快供货速度;若施工人员过剩,可适当调整施工任务或安排部分人员进行培训学习,提高技能水平。同时,要根据进度计划的调整,及时调整资源配置计划,确保资源与进度始终保持协同状态,实现分部分项工程的高效、有序施工,最终保障整个建筑工程的顺利竣工交付。

以上对分部分项工程进度计划的详细阐述,涵盖细化分解原则与示例、工序逻辑与时间分配、资源配置与进度协同等关键方面,为建筑工程施工进度管理提供了全面、系统的指导,有助于提高施工效率、保证工程质量、实现项目的经济效益与社会效益目标。在实际工程应用中,需结合具体工程特点和施工条件,灵活运用这些原则与方法,不断优化分部分项工程进度计划,确保建筑工程施工的顺利进行。

3.3 施工进度的有效控制方法

3.3.1 进度监控与对比

3.3.1.1 监控方法与数据收集渠道

现场巡查是最为直接的监控方法，具有不可替代的重要性。施工现场管理人员应定期对各个施工区域进行全面巡查，重点关注关键施工工序的进展情况、施工人员的操作规范，以及施工设备的运行状态。在巡查过程中，管理人员要仔细观察施工细节。例如，在混凝土浇筑工序中，检查混凝土的坍落度是否符合设计要求、振捣是否密实、浇筑顺序是否合理等；对于钢筋绑扎工序，查看钢筋的规格、数量、间距以及连接方式是否符合规范。通过细致的现场观察，可以及时发现潜在的施工问题，并记录相关信息，为后续的进度分析提供第一手资料。

施工记录涵盖施工日志、质量检验记录、设备运行记录等多个方面。施工日志应详细记录每天的施工内容、施工人员出勤情况、材料使用情况以及遇到的问题和解决措施。例如，在某一天的施工日志中记录突发暴雨导致室外基础施工暂停 4 小时，以及采取的防雨排水措施和雨后复工的时间与情况。质量检验记录则记录了每一道施工工序的质量检验结果（如隐蔽工程验收记录、混凝土试块强度检测报告等），这些记录不仅反映施工质量情况，也间接影响施工进度。设备运行记录包括机械设备的启动时间、运行时长、维护保养情况以及出现的故障信息，通过对设备运行数据的分析，可以提前预测设备可能出现的问题，及时安排维护保养，避免设备故障导致施工延误。

在建筑工程管理中，报告制度是系统性收集、传递关键数据的核心机制，通过规范化信息反馈链条，为决策提供真实依据。施工团队中的各班组负责人应定期向项目经理提交工作报告，报告内容包括本周（或本月）的施工任务完成情况、存在的问题及下周（或下月）的工作计划。同时，材料供应商应提供材料供应报告，详细说明材料的采购进度、运输情况、到货时间以及质量检验情况等信息。此外，监理单位会定期提交监理报告，对工程施工进度、质量、安全等方面进行评估，并提出存在的问题与建议。通过这些多维度的报告，可以全面了解工程施工的整体情况，为进度监控提供丰富的数据支持。

为了实现数据收集的高效性与准确性，还可以借助现代信息技术手段。例如，利用建筑信息模型（BIM）技术，将施工进度计划与三维模型相结合，通过在模型中设置时间参数和施工任务信息,实现施工进度的可视化管理。在施工现场安装传感器,实时监测施工设备的运行状态、环境温度湿度、结构变形等参数,并将这些数据传输到管理平台,以便管理人员及时掌握施工现场的动态信息。通过移动应用程序,施工人员可以方便地记录施工数据、上传现场照片和视频,实现数据的快速收集与共享,提高进度监控的效率与精度。

3.3.1.2 进度对比与偏差评估模型

(1)进度对比。横道图对比法是一种常用且直观的进度对比方法,将实际施工进度用横道线绘制在与计划进度横道图相同的时间坐标上,通过对比横道线的长度和位置,可以清晰地看出实际进度与计划进度的差异。

网络图对比法适用于复杂的建筑工程项目,通过对比实际施工网络图与计划网络图中各工序的最早开始时间、最早完成时间、最迟开始时间和最迟完成时间等参数,以及关键线路的变化情况,来分析进度偏差。

(2)偏差评估。在进行进度对比后,需要对偏差进行量化评估,以确定其对总工期的潜在冲击。可以采用进度偏差率(schedule variance percentage,SVP)这一指标来衡量。计算公式为:

$$SVP = (实际进度 - 计划进度) / 计划进度 \times 100\%$$

当 SVP 为正值时,表示进度超前;当 SVP 为负值时,表示进度滞后。例如,某工程计划在本月完成主体结构施工的 50%,但实际只完成了 40%,则进度偏差率为 $(40\%-50\%)/50\%=-20\%$,说明主体结构施工进度滞后了 20%。

除了进度偏差率,还可以结合关键路径法(critical path method,CPM)来评估偏差对总工期的影响。通过分析进度偏差是否发生在关键线路上以及偏差的大小,判断总工期是否会受到影响。如果关键线路上的工序出现较大的进度偏差,且后续工序无法通过调整来弥补延误的时间,那么总工期将会延长;反之,如果偏差发生在非关键线路上,且该线路的总时差能够容纳偏差时间,则总工期可能不受影响,但仍需密切关注非关键线路的进度变化,防止其转化为关键线路,进而影响总工期。

为了更准确地评估进度偏差对总工期的影响,还可以建立进度风险评估模型。该模型综合考虑了进度偏差的大小、发生的概率、工序之间的逻辑关系以及资源的可调配性等因素。如利用蒙特卡罗模拟方法,对施工进度进行多次模拟计算,根据不同的进度偏差情况和其发生的概率分布,预测总工期的可能变化范围,并评估不同风险等级下的应对策略,为项目管理人员提供决策支持。

3.3.2 进度偏差分析与优化调整

3.3.2.1 进度偏差原因深度剖析

（1）人为因素。从人员技能角度来看，施工人员专业技能的参差不齐会对工程进度产生显著影响。例如，在复杂的钢结构焊接工作中，若焊工未能熟练掌握焊接工艺和操作技巧，可能导致焊接质量不达标，出现大量焊缝缺陷，从而需要耗费大量时间进行返工修复，严重阻碍施工进程。同样，在高精度的模板支设工序中，如果木工对模板拼接和加固技术理解不深，无法保证模板的平整度和垂直度，后续混凝土浇筑时就可能出现漏浆、涨模等质量缺陷，不仅影响工程质量，还会延误工期。

人员的工作态度在施工进度中也起着举足轻重的作用。部分施工人员责任心不强，在工作中存在拖延、敷衍等不良行为。如在混凝土浇筑过程中，有些工人未按照规定的振捣时间和振捣点进行操作，致使混凝土内部出现蜂窝、孔洞等质量缺陷，为了确保结构安全，不得不进行二次浇筑或修补工作，这无疑会增加施工时间和成本，使进度滞后。此外，施工团队成员之间缺乏协作精神也会影响施工效率。在多工种交叉作业时（如水电安装与室内装修同时进行），如果各工种之间不能有效沟通协调、相互配合，可能会出现施工顺序混乱、作业空间冲突等问题，导致施工停滞不前。

管理层面的问题同样不容忽视。施工现场管理人员组织协调能力不足是常见的现象。例如，在大型建筑项目中，涉及众多施工队伍和复杂的施工工序，如果管理人员不能合理安排施工任务和资源分配，就会导致施工秩序混乱。有些管理人员在制订施工计划时，没有充分考虑各工序之间的逻辑关系和时间间隔，使得一些关键工序出现延误，进而影响整个工程进度。此外，管理人员对施工人员的培训和指导不到位，也会导致施工人员技能水平无法满足施工要求，增加施工失误和返工的可能性。

（2）材料供应瓶颈。材料供应环节出现问题往往会对施工进度造成严重冲击。材料供应中断可能源于多种原因。供应商方面的问题较为常见，如供应商因资金周转困难、原材料短缺或生产设备故障等，无法按时交付材料。例如，在某高层建筑施工中，原本预定的钢筋供应商工厂突发火灾，导致生产停滞，短期内无法提供足够的钢筋，使得施工现场钢筋短缺，主体结构施工被迫暂停，严重影响了工程进度。运输环节的问题也可能导致材料供应中断，如恶劣的天气条件影响运输道路的通行，或者运输车辆发生故障等，都可能使材料无法按时运抵施工现场。

材料质量缺陷是影响施工进度的重要因素。当进场材料质量不符合设计要求时，必须进行退场或更换处理，这无疑会耗费大量时间。例如，如果水泥的安定性不合格，混凝土浇筑后可能会出现裂缝、强度不足等问题，一旦发现这些质量问题，就需要拆除已浇筑的混凝土结构，重新采购合格的水泥并进行施工，这将导致施工进度大幅延误。此外，材料的采购计划不合理会引发供应问题。若采购部门没有准确预估施工进度和材料需求量，过早或过晚采购材料，都会对施工产生不利影响。采购过早会造成材料积压，占用施工现场有限的空间，增加材料管理成本；采购过晚则会导致材料供应不足，使施工陷入停滞状态。

（3）设备运行故障。设备性能不佳是一个常见的工程问题。例如，塔吊作为建筑施工中重要的垂直运输设备，如果其起重能力不足，无法满足吊运大型建筑构件的需求，就会导致吊运作业效率低下，延误施工时间。同样，混凝土输送泵的泵送压力不够，会使混凝土浇筑速度缓慢，尤其是在高层混凝土浇筑过程中，可能会因泵送不畅而频繁中断浇筑，影响混凝土的浇筑质量和施工进度。

设备数量不足会对施工进度产生影响。在施工高峰期，若塔吊、施工电梯等垂直运输设备数量不能满足材料和人员的运输需求，就会导致施工等待时间过长。

如果设备维护不及时，容易出现故障，会影响施工进度。施工机械设备长期在恶劣的环境下运行（如粉尘污染严重、湿度较大等），如果没有按照规定的时间间隔进行保养和检修，零部件磨损严重，可能会突然发生故障，导致施工中断。

（4）技术难题。技术难题在建筑工程施工中时有发生，对施工进度产生滞后效应。技术方案缺陷可能在施工过程中才逐渐暴露出来。例如，在深基坑支护方案中，如果原设计的支护结构在实际施工中无法满足基坑的稳定性要求（如出现边坡滑移、支护结构变形过大等问题），就需要重新进行设计和施工。这将耗费大量的时间和资源，因为重新设计需要进行地质勘察、结构计算等工作，重新施工则需要拆除原有的支护结构，重新安装新的支护体系，严重影响施工进度。

3.3.2.2　调整策略与优化路径

（1）资源重配与工序重组。当施工进度出现偏差时，资源重配与工序重组是一种常用且有效的调整策略。在人力资源方面，如果某一施工工序进度滞后是由劳动力不足导致的，可以从其他施工任务相对宽松的区域调配人员，或者临时招聘具有相关技能的工人。例如，在装修工程中，如果墙面抹灰工作进度缓慢，可以从地面铺装施工队伍中抽调部分熟练工人来支援墙面抹灰工作，同时合理安排加班时间，提高施工效率。在抽调人员时，要确保被抽调人员具备相应的技能和经验，能够迅速适应新的工作任务。此外，还可以通过培训提高现有施工人员的技能水平，使其能够承担更多的工作任务，缓解劳动力短缺的压力。

对于材料供应问题，如果某种材料短缺，可以寻找替代材料，但需要确保替代材料的性能和质量能够满足设计要求，并经过设计单位和监理单位的认可。在钢材供应紧张的情况下，如果原设计采用的某种特殊钢材难以采购，可以在设计单位同意的前提下，选用性能相近的替代钢材，并对相关施工工艺进行适当调整。

工序重组是优化施工进度的重要手段。通过对施工工序的逻辑关系进行重新分析和调整，可以缩短工期。在保证施工安全和质量的前提下，当柱钢筋绑扎到一定高度后，即可开始梁、板模板支设工作，两者同时进行，这样可以节省时间。但在进行工序重组时，需要充分考虑各工序之间的技术间歇和安全要求，避免因盲目调整而引发质量和安全问题。

（2）技术改进与方案优化。引入先进的施工技术可以显著缩短施工时间。在混凝土施工中，采用高性能混凝土配合比设计和泵送技术，可以提高混凝土的浇筑速度和质量，减少混凝土的养护时间。高性能混凝土具有更高的强度和耐久性，能够满足工程的要求，同时其良好的工作性能使得泵送更加顺畅，减少堵管等故障的发生。

而通过对施工方案的详细分析和模拟，可以发现其中存在的不合理之处并加以改进。例如，在大型构件的吊装方案中，重新计算吊装设备的选型、吊装路径和吊点位置，采用更合理的吊装工艺，可以提高吊装效率，减少吊装时间。在模板工程中，优化模板的设计和支设方式，采用标准化、模数化的模板体系，可以提高模板的周转率，降低模板安装和拆除的时间。例如，采用铝合金模板代替传统的木模板，铝合金模板具有重量轻、强度高、周转率高的特点，能够大大缩短模板施工的时间，同时能保证混凝土的成型质量。

（3）计划更新与模拟验证。在实施了资源重配、工序重组、技术改进和方案优化等措施后，需要基于这些调整更新施工进度计划。在更新进度计划时，要重新确定各施工工序的开始时间、完成时间、持续时间以及逻辑关系，并合理安排资源的投入和使用时间。

为了验证更新后的进度计划的可行性，可以利用项目管理软件进行模拟分析。通过输入调整后的各项参数（如工序时间、资源用量、逻辑关系等），模拟施工过程，观察是否存在资源冲突、工期延误等问题。如果模拟结果显示仍存在问题，就需要进一步调整计划，直到模拟结果满足工程要求为止。在模拟验证过程中，要充分考虑各种可能的情况（如恶劣天气的影响、材料供应的延迟等），确保进度计划具有一定的抗风险能力。同时，在进度计划更新和模拟验证过程中，要充分征求建设单位、监理单位、设计单位以及施工团队等各方面的意见和建议，确保调整后的进度计划具有可操作性和合理性。建设单位可能会关注工程的总工期和投资控制，监理单位会注重施工质量和安全，设计单位能提供技术方面的支持和建议，施工团队能从实际施工操作的角度提出宝贵的意见，综合各方意见可以使调整后的进度计划更加完善。

总之，建筑工程施工进度的调整与优化是一个复杂而系统的过程，需要对偏差原因进行全面深入的剖析，并采取针对性的调整策略和优化路径。通过合理的资源重配与工序重组、有效的技术改进与方案优化以及进度计划更新与模拟验证，确保工程能够在规定的时间内高质量地完成，实现建筑工程施工与项目管理的目标。在实际操作中，要根据工程的具体情况灵活运用这些方法，不断总结经验，提高施工进度管理的水平。

此外，在整个进度调整与优化过程中，应建立有效的沟通协调机制。施工单位内部各部门之间要加强沟通，确保资源调配、工序调整等工作能够顺利进行。同时，施工单位要与建设单位、监理单位、设计单位等保持密切联系，及时汇报进度调整情况，获取各方的支持与指导。例如，在遇到重大技术难题需要设计单位协助解决时，施工单位应及时向设计单位反馈，并提供详细的现场资料，以便设计单位能够快速制订解决方案。在资源调配方面，如果需要建设单位增加资金投入以采购新设备或材料，施工单位应向建设单位说明情况的紧迫性和必要性，争取建设单位的理解和支持。

在实施调整策略的过程中，应注重风险管理。对可能出现的新风险进行识别和评估，如新技术应用可能带来的质量风险、资源调配可能引发的成本风险等，并制定相应的风险应对措施。例如，在采用新型施工技术时，应提前进行技术培训和技术交底，确保施工人员能够正确操作，同时准备备用方案，以防新技术出现问题时能够及时切换到传统施工方法，保证施工进度不受太大影响。

同时，要加强对调整过程的监控和反馈。定期对进度调整措施的实施效果进行检查和评估，根据实际情况及时调整优化策略，形成一个动态的调整与优化循环。例如，每周召开进度调整会议，对本周的进度调整工作进行总结，分析存在的问题和不足，制订下周的调整计划，确保进度调整工作始终朝着有利于工程顺利完成的方向发展。通过以上综合措施的实施，能够有效提高建筑工程施工进度调整与优化的效果，保障工程的顺利进行。

在资源重配方面，除了人力和物力资源的调配外，还应关注资金资源的合理分配。在进度调整过程中，可能需要增加资金投入用于设备租赁、材料采购、人员加班费用等方面。施工单位应制订详细的资金使用计划，确保资金能够及时到位并合理使用。同时，要加强成本控制，避免因进度调整而导致成本大幅增加。例如，在选择设备租赁公司时，要进行充分的市场调研，选择价格合理、设备性能良好的租赁公司，降低设备租赁成本。

在技术改进与方案优化方面，施工单位应加强与科研机构、高校等的合作，引进先进的技术和理念。同时，要鼓励内部员工进行技术创新和工艺改进，对提出有效改进措施的员工给予奖励。例如，设立技术创新奖励基金，对在施工技术、施工工艺等方面取得创新成果的团队或个人进行表彰和奖励，激发员工的创新积极性。

在计划更新与模拟验证过程中，要注重数据的积累和分析。将每次进度调整的数据进行记录和整理，分析不同调整措施对进度的影响效果，为今后的工程提供参考经验。例如，建立进度调整数据库，记录每次调整的原因、采取的措施、调整后的效果等信息，通过对这些数据的分析，可以总结出不同工程类型、不同施工环境下的最佳进度调整策略，提高施工单位的整体进度管理水平。

建筑工程施工进度的调整与优化是一个综合性工作，需要从多个方面入手，只有采取多种措施并不断总结经验和改进方法，才能确保工程进度的有效控制和顺利完成。

第4章 施工质量管理

4.1 施工质量管理概述

4.1.1 质量管理的发展历程

4.1.1.1 早期质量检验阶段

（1）事后检验的实施方式。在早期的建筑工程中，质量检验主要依赖于事后检验，当建筑物的某个部分或整个工程施工完成后，检验人员才会依据既定的质量标准对其进行检查。例如在房屋建筑中，对墙体的垂直度、平整度，地面的平整度，以及混凝土构件的外观和尺寸等进行测量和评估。

（2）局限性分析。事后检验方式存在诸多局限性。它无法在施工过程中及时发现问题，一旦发现质量缺陷，往往需要进行大量返工或修补工作，这不仅会增加工程成本，还可能影响工程进度。如在建筑主体结构完成后发现混凝土强度不足，可能需要拆除重建部分结构，这将导致材料浪费、工期延误以及额外的人力成本投入。

4.1.1.2 统计质量控制阶段

（1）数理统计方法的引入。随着科学技术的进步，统计质量控制阶段应运而生。这一阶段的关键在于引入数理统计方法，对生产过程中的质量数据进行系统分析。在建筑工程领域，开始对原材料的性能数据、施工过程中的工艺参数以及成品的质量指标等进行抽样检测和统计分析。例如对钢筋的屈服强度、抗拉强度等指标进行抽样测试，并运用统计图表和控制图来监控数据的波动情况。

（2）过程监控的优势。通过统计分析，能够及时察觉质量数据的异常变化，提前预警潜在的质量问题，使施工人员有机会在问题严重之前采取解决措施。与早期的事后检验相比，统计质量控制实现了从单纯的结果检验向过程监控的转变，极大地提高了质量管理的主动性和预防性。例如，在混凝土浇筑过程中，对混凝土试块强度进行统计分析，若发现强度数据有逐渐偏离标准范围的趋势，可及时调整配合比或施工工艺，确保后续混凝土质量的稳定性。

4.1.1.3　全面质量管理阶段

（1）全员参与的体现。全面质量管理强调全员参与，这意味着建筑企业中的每一名员工，无论职位高低，都在质量管理中不可或缺。项目经理负责整体质量规划和协调，技术人员提供专业技术支持以确保施工符合规范，一线工人严格按照操作规程施工，后勤人员保障物资供应的及时性和准确性等。

（2）全过程管理的环节。全过程管理涵盖建筑工程的全生命周期。在规划设计阶段，设计团队需充分考虑建筑的功能需求、结构合理性以及施工的可行性，确保设计方案为高质量施工奠定基础。

（3）全企业管理的协同。全企业管理要求建筑企业的各个部门围绕质量管理协同工作。质量部门制订质量管理计划和标准，监督质量计划的执行情况；生产部门按照质量标准组织施工，确保施工过程的质量；采购部门保证原材料的质量；设计部门提供高质量的设计方案等。企业通过建立完善的质量管理体系，运用内部审核、管理评审等手段，不断改进和完善质量管理工作。

4.1.1.4　质量管理发展的新阶段与趋势

（1）风险管理融入。随着建筑项目的日益复杂，风险管理逐渐成为质量管理的重要组成部分。在建筑工程建设过程中，面临着各种风险因素，如自然灾害、设计变更、材料价格波动、施工技术难题等，这些风险都可能对工程质量产生影响。通过风险识别、风险评估和风险应对等措施，能够有效降低风险发生的概率和风险事件对工程质量的影响程度。

（2）质量文化建设。质量文化建设在质量管理中愈发重要。质量文化是企业在长期质量管理实践中形成的价值观、行为准则和工作作风的总和。一个良好的质量文化能够引导员工树立正确的质量意识，自觉遵守质量管理规定，积极参与质量管理活动。建筑企业通过开展质量文化宣传、树立质量榜样、举办质量竞赛等活动，营造浓厚的质量文化氛围。

质量管理的发展历程是一个不断演进和完善的过程，从早期的事后检验到统计质量控制，到全面质量管理，再到如今的风险管理、信息技术应用和质文化建设等新阶段,每一步都为建筑工程质量的提升提供了有力的保障,推动着建筑行业朝着更加科学、高效、优质的方向发展。

4.1.2 施工质量管理的重要性

4.1.2.1 保障工程结构稳定

(1)基础施工质量的关键作用。基础是建筑工程的根基,其施工质量直接决定了整个建筑物的稳定性。在基础施工过程中,例如桩基础施工,灌注桩的成孔质量、钢筋笼的制作与安装精度以及混凝土的浇筑质量等都至关重要。若灌注桩成孔过程中出现垂直度偏差过大或孔径不符合设计要求,可能导致桩身承载能力降低,在建筑物使用过程中,基础无法有效承受上部结构传来的荷载,从而引发不均匀沉降,使建筑物墙体开裂、倾斜甚至倒塌。

(2)主体结构施工质量的核心地位。主体结构承担着建筑物的各种荷载,并将其传递到基础。对于钢筋混凝土框架结构,钢筋的连接方式、锚固长度、混凝土的强度等级、浇筑振捣密实度等都影响着结构的承载能力和稳定性。在混凝土浇筑时,如果振捣不密实,容易出现蜂窝、麻面等质量缺陷,降低混凝土的强度和耐久性,影响结构的安全性能。在地震等自然灾害发生时,主体结构质量不佳时可能无法有效抵抗地震力,造成严重的人员伤亡和财产损失。

4.1.2.2 预防安全事故

(1)防水工程质量与安全。防水工程质量关乎建筑物的使用安全。在屋面防水中,如果防水材料选用不当或施工工艺不规范,导致屋面防水失效,雨水渗漏进入建筑物内部,可能使室内电气设备短路,引发火灾;长期的渗漏还会侵蚀建筑结构,降低结构的强度,增加结构坍塌的风险。在卫生间、地下室等部位的防水施工中,若出现渗漏问题,会使地面湿滑,容易造成人员滑倒摔伤,特别是对于老年人和儿童,安全隐患更大。

(2)电气安装质量与安全。电气安装质量直接影响建筑物的用电安全。电线电缆的敷设如果不符合规范,例如电线管内电线过于密集,就会导致电线散热不良,绝缘层老化加速,容易引发电线短路,进而引发火灾。配电箱、开关插座等电气设备的安装位置、接线方式若不正确,可能会出现漏电现象,对使用者造成电击伤害。在公共建筑中,电气安装质量问题引发的安全事故可能会波及众多人员,后果不堪设想。

4.1.2.3 提升企业竞争力

（1）高质量工程赢得市场案例分析。以某知名建筑企业为例，该企业始终坚持高质量的施工标准，在多个大型项目中凭借出色的工程质量赢得了业主的高度赞誉和市场的认可。在一个城市地标性建筑的建设中，该企业从原材料采购到施工工艺的每一个环节都严格把控质量。具体包括：选用高品质的建筑材料，如进口的钢材和环保型的建筑装饰材料；在施工过程中，采用先进的施工技术，如 BIM 技术进行施工模拟和碰撞检查，确保施工精度。项目竣工后，建筑物不仅外观精美，而且在结构安全、使用功能等方面都表现卓越，成为该城市的建筑典范。这使得该企业在当地建筑市场的知名度大幅提升，后续承接了更多高端项目，市场份额不断扩大，成功地在激烈的市场竞争中脱颖而出。

（2）品牌建设与市场拓展。高质量的施工管理有助于企业打造良好的品牌形象。当企业所承建的工程质量始终保持在较高水平时，会在行业内树立起良好的口碑。通过口口相传和行业媒体的宣传报道，企业的品牌影响力逐渐扩大。其他潜在业主在选择建筑商时，会更倾向于选择具有良好口碑的企业。企业凭借品牌优势，可以更容易地进入新的市场领域，与更多优质的合作伙伴建立合作关系，进一步提升企业的市场竞争力和行业地位。

4.1.2.4 降低维修成本

（1）质量缺陷导致的高额维修费用。在一些建筑项目中，如果施工质量管理不善，出现质量缺陷，后期维修成本将十分高昂。例如，某住宅小区在交付使用后不久，发现部分外墙保温层出现空鼓、脱落现象。由于涉及的面积较大，且外墙维修需要搭建脚手架等专业设备，维修过程复杂。不仅需要重新购买保温材料，支付高昂的人工费用，还可能因为维修期间对居民生活造成了不便而面临赔偿问题。此外，若在维修过程中发现是由基层处理不当等导致的问题，可能还需要对基层进行修复，进一步增加了维修成本。

（2）质量管理对成本控制的长期效益。有效的施工质量管理可以从源头上减少质量缺陷现象的产生，从而降低后期维修成本。通过在施工过程中严格执行质量检验制度，对每一道工序进行质量把控，及时发现并解决质量问题，可以避免小问题演变成大的质量缺陷。在建筑工程的使用寿命周期内，减少维修次数和维修规模，将节省大量资金和资源。这些节省下来的资金可以用于企业的技术研发、设备更新等方面，进一步提升企业的综合实力，形成质量管理与成本控制的良性循环。

4.1.3 施工质量管理原则

4.1.3.1 满足业主需求原则

（1）功能布局。在建筑工程施工前，深入了解业主对建筑功能的期望是至关重要的。对于商业建筑，需根据不同商业业态的运营需求规划空间布局。例如购物中心，要合理设置店铺位置、通道宽度与走向，确保顾客流线顺畅，确保购物环境舒适且便于商品展示与销售。在设计阶段，通过与业主的充分沟通和市场调研，精准确定各功能区域的面积、比例及相互关系，施工过程严格按照设计方案执行，保证最终建筑能高效满足商业运营需求，实现业主的商业目标。

（2）装修标准的严格执行。业主对建筑装修标准往往有明确要求，从墙面、地面材料的选择到天花板的造型与装饰细节，都关乎建筑品质与形象。施工团队应严格把控装修材料的质量与规格，确保符合合同约定的标准。例如在高档酒店装修中，对于大堂的大理石地面铺设，需保证石材的色泽、纹理一致，拼接工艺精细；客房内的软装布置要符合整体设计风格且注重舒适性与实用性。施工过程中加强对装修工序的质量监督，确保每一个环节都达到业主期望的装修效果，提升建筑的整体价值。

4.1.3.2 持续改进机制原则

（1）质量反馈渠道。构建多维度的质量反馈体系是持续改进的基础。在施工现场，设立专门的质量意见箱，鼓励施工人员反馈施工过程中发现的质量问题与潜在风险。同时，利用信息化手段（如建立质量管理App），让各参与方能够便捷地提交质量问题报告、照片或视频等资料。对于业主和监理提出的质量意见，要及时记录并分类整理，确保每一条反馈都能得到有效处理，为后续的质量分析提供充足的数据支持。

（2）质量数据分析与改进措施。收集到质量反馈信息后，运用专业的数据分析方法对数据进行深度挖掘。通过统计分析找出质量问题出现的频率、分布区域及主要影响因素。例如，若发现某一施工工序的质量缺陷发生率较高，组织质量管理人员、技术人员和施工人员共同召开质量分析会，深入探讨问题根源（如施工工艺不合理、工人操作不熟练或材料质量不稳定等）。针对分析结果制定针对性的改进措施，如优化施工工艺、加强工人培训或更换材料供应商等，并跟踪措施的实施效果，确保质量问题得到有效解决，实现质量管理水平的持续提升。

4.1.3.3 全员参与落实原则

（1）管理层的引领作用。管理层在全员参与质量管理中发挥着关键的引领作用。项目经理应制定明确的质量管理目标与计划，并将其分解为具体的任务指标，落实到各个部门和岗位。在项目启动会上，向全体员工强调质量管理的重要性，传达企业对质量的承诺与期望，激发员工的质量意识和责任感。同时，管理层要积极参与质量管理活动，定期检查质量工作进展，及时解决质量管理过程中遇到的资源配置、部门协调等问题，为质量管理工作的顺利开展提供有力的支持和保障。

（2）各部门的协同合作。施工企业的各个部门在质量管理中都肩负着重要职责，且相互关联、协同合作。技术部门负责提供科学合理的施工技术方案，确保施工过程符合技术规范要求，并在施工过程中对技术难题进行指导和解决；采购部门严格筛选材料供应商，保证采购材料的质量合格、性能稳定，并确保材料按时供应到施工现场；施工部门严格按照施工图纸和操作规程组织施工，加强对施工人员的现场管理和质量监督；质量检测部门独立、公正地开展质量检测工作，及时发现和报告质量问题，并对整改情况进行跟踪验证。各部门之间要建立有效的沟通协调机制，定期召开质量管理协调会议，共同解决质量管理中的交叉问题，形成质量管理的合力，确保工程质量目标的实现。

4.2 施工质量验收的标准与规范

4.2.1 国家标准体系剖析

4.2.1.1 结构安全解析

（1）混凝土强度要求。在建筑工程中，混凝土强度是确保结构承载能力的关键因素之一。国家标准对不同结构部位、不同环境条件下的混凝土强度等级有着明确且严格的规定。具体标准如下：核心筒关键部位底部加强区（核心筒应力最大区）强度要求：C60~C50，超高层项目可达C70；标准层（中部区段）强度要求：C50~C40；顶部非加强区强度要求：C40~C35；基础部分强度要求：C40~C25。这些关键部位在建筑物使用过程中需要承受巨大的竖向和水平向荷载。在施工过程中，为保证混凝土强度符合标准，必须从原材料的选择、配合比的设计、搅拌、运输、浇筑及养护等各个环节严格把控。水泥的品种和强度等级、骨料的粒径和级配、外加剂的种类和掺量等都需经过精确计算和严格筛选。同时，在混凝土浇筑后，要按照规定的时间和方法进行养护，确保混凝土在硬化过程中能够充分水化，达到设计强度要求。

（2）抗震设防要求。抗震设防是保障建筑物在地震作用下安全的重要措施。国家标准中根据不同地区的地震烈度、场地类别等因素，有详细的抗震设计和施工要求。对于地震高烈度地区，例如，位于 8 度及以上抗震设防区的建筑，结构体系应具有更高的抗震性能。在框架结构中，梁柱节点的箍筋加密区范围、纵筋的锚固长度等都有严格规定，以增强节点的抗震能力，防止在地震作用下节点发生脆性破坏。在砌体结构中，墙体的拉结筋设置、构造柱和圈梁的布置等也必须符合抗震要求，确保砌体结构在地震时具有足够的整体性和稳定性。

4.2.1.2 节能环保强制标准

（1）建筑节能标准要点。随着对能源节约和环境保护的日益重视，建筑节能成为建筑工程的重要环节。国家标准对建筑的围护结构热工性能、能源利用效率等方面设定了严格的指标。在围护结构方面，外墙的保温隔热性能要求通过限制传热系数来实现。例如，在寒冷地区，外墙的传热系数一般要求不超过 0.45 W/（m^2·K），这就需要采用高效的保温材料（如聚苯板、岩棉板等），并确保其施工质量，保证保温层的厚度和连续性，避免出现热桥。窗户的气密性能、遮阳系数等也有相应要求，例如，采用断桥铝窗框和 Low-E 玻璃，提高窗户的保温隔热和遮阳效果。在能源利用方面，对建筑的照明系统、空调系统、通风系统等的能效比也有规定，鼓励采用节能型设备和智能控制系统，实现建筑能源的高效利用。通过实施这些建筑节能标准，能够有效降低建筑能耗，减少对环境的影响，促进建筑行业的可持续发展。

（2）室内环境质量标准要点。室内环境质量直接关系到使用者的健康和舒适。国家标准对室内空气质量、噪声控制、采光和通风等方面制定了具体标准。在空气质量方面，对甲醛、苯、氨、氡等有害气体的浓度限值有严格规定。例如，室内甲醛浓度不得超过 0.08 mg/m^3，这就要求在装修材料的选择上，应优先选用环保型材料，例如，低挥发性有机化合物（VOC）的涂料、板材等，并加强室内通风换气，确保室内空气质量符合标准。在噪声控制方面，根据不同功能房间的使用要求，规定了室内允许的噪声级。例如，住宅卧室在夜间的噪声级不得超过 30 dB（A），这就需要在建筑设计和施工过程中，采取有效的隔音措施（如采用隔音门窗、增加墙体厚度或设置隔音层等），减少外界噪声对室内的干扰。在采光和通风方面，规定了房间的采光系数和通风换气次数，确保室内有充足的自然采光和良好的通风条件，为使用者创造一个健康、舒适的室内环境。

4.2.1.3 推荐性标准选用指南

（1）根据工程复杂度选用。对于简单的小型建筑工程（例如单层的小型仓库或简易厂房），可选用相对基础的推荐性标准。在这类工程中，结构形式较为简单，功能要求相对单一。在施工过程中，可参考《建筑地基基础工程施工质量验收标准》（GB 50202—2018）中关于一般基础施工的相关规定，以及《混凝土结构工程施工质量验收规范》（GB 50204—2022）中对普通混凝土结构施工的基本要求。这些标准能够满足工程的质量控制需求，同时避免因采用过于复杂的标准而增加不必要的施工成本和管理难度。

对于大型复杂的建筑工程（例如大型医院、体育场馆或综合性商业中心等），由于其功能多样、结构复杂，涉及多个专业领域的协同施工，就需要选用更为全面和详细的推荐性标准，并结合工程实际情况进行综合应用。例如，在大型医院建筑中，除了要遵循一般建筑的结构和施工标准外，还需参考《医疗建筑电气设计规范》（JGJ 312—2013）、《医院洁净手术部建筑技术规范》（GB 50333—2013）等专业标准，确保医院的电气系统、手术部的洁净环境等特殊功能区域的施工质量满足医疗使用要求。在施工过程中，要根据不同的施工部位和专业要求，准确选用相应的标准条款，确保各个环节的施工质量都能得到有效控制。

（2）根据工程定位选用。对于高端定位的建筑工程（例如五星级酒店、甲级写字楼等），在质量和品质方面有更高的要求，需要选用高标准的推荐性标准。在建筑装饰装修方面，可参考《高级建筑装饰工程质量验收标准》（DBJ/T 01—27—2013）等标准，对墙面、地面、天花板的装饰材料和施工工艺提出更高的要求。

对于普通定位的建筑工程（例如，普通住宅、一般性的办公楼等），在保证基本质量的前提下，可选用较为经济实用的推荐性标准。在住宅建设中，注重满足居民的基本居住功能和安全要求，选用符合性价比的建筑材料和施工工艺。例如在墙面装饰中，可采用普通的乳胶漆而不是昂贵的高级壁纸或石材；在门窗安装中，选用符合国家标准的普通塑钢门窗或铝合金门窗，既能保证基本的气密、水密和保温性能，又能控制成本，使工程在经济合理的范围内达到质量要求。

4.2.1.4 标准更新跟踪

（1）建立标准更新机制。建筑企业应建立专门的标准更新管理团队或指定专人负责标准更新工作。该团队或人员要密切关注国家标准化管理机构的官方网站、行业协会的通知以及相关专业媒体的报道，及时获取标准更新的信息。同时，要与当地的建设行政主管部门、质量监督机构保持良好的沟通，确保能够第一时间了解到标准更新的动态。建立标准信息数据库，将各类建筑工程标准的现行版本、发布日期、修订内容等信息进行整理和归档，方便随时查询和对比。

（2）标准更新实施流程。当新的国家标准发布后，企业应立即组织内部的技术人员、质量管理人员和施工人员进行学习和培训。培训内容包括新老标准的差异对比、新增的技术要求和质量控制要点等。在施工项目中，根据新的标准要求对施工组织设计、施工方案和质量计划进行修订。对于正在施工的工程，如果新的标准有追溯性要求，应按照新的标准对已完成的部分进行评估和必要的整改。例如，最新的混凝土结构施工标准对钢筋的锚固长度进行了调整，且要求对已施工部分进行检查，施工单位就需要组织专业人员对已浇筑混凝土中的钢筋锚固情况进行检测，并对于不符合新标准要求的部位，制订合理的整改方案，在确保结构安全的前提下进行整改。

在新的标准实施过程中，要加强对施工现场的监督和检查。质量管理人员要按照新的标准要求对施工过程进行严格把控，确保每一道工序都符合新的标准规范。同时，要建立标准执行的反馈机制，施工人员在实际操作过程中如果发现新的标准在某些方面存在不合理或难以执行的情况，要及时向上级反馈，企业再通过行业协会或相关渠道向标准制定部门反映，以便在后续的标准修订中进行完善。

通过以上对国家标准体系的深入剖析，施工企业和相关人员能够更加全面、准确地理解和应用国家标准，确保建筑工程施工质量在各个环节都能达到国家要求的水平，推动建筑行业的规范化、标准化发展，为社会提供安全、可靠、环保的建筑产品。

在实际操作中，企业还可以定期开展内部的标准研讨活动，邀请行业专家对新的国家标准进行解读和答疑，促进员工对标准的理解和应用能力的提升。同时，与其他同行企业进行交流和分享，了解不同企业在标准执行过程中的经验和做法，互相学习借鉴，共同提高建筑工程施工质量管理水平。

4.2.2 行业标准

4.2.2.1 住宅质量验收专项

（1）分户验收项目。住宅工程分户验收涵盖众多关键项目，旨在确保每一户住宅的质量都能满足居住者的基本需求和安全要求。在土建方面，墙体的垂直度和平整度是重要指标之一。若墙体垂直度偏差过大，可能导致后续装修时墙面瓷砖铺贴不平整、家具安装困难等；平整度不佳则会影响墙面的美观度和涂料的施工效果。地面的平整度同样关键，它关系到地板铺设的质量和行走的舒适度。对于门窗，其安装的牢固性、开启的灵活性以及关闭后的密封性都是验收的重点。门窗安装不牢可能在使用过程中出现松动甚至脱落，危及居住者安全；密封性不好则会导致雨水渗漏、空气渗透，影响室内的保温隔热和隔音效果。

在水电安装方面，电气线路的敷设必须符合安全规范。电线的规格应满足用电负荷要求，且布线要整齐、牢固，避免出现电线外露、接头松动等安全隐患。插座和开关的位置应合理布局，方便使用，且其通电性能和接地保护必须可靠。给排水管道的安装要保证管道的通畅性和密封性，无渗漏现象。卫生间和厨房的防水处理至关重要，要进行蓄水试验，确保在规定时间内无渗漏，防止水渗漏到楼下住户，引发邻里纠纷和房屋损坏。

（2）分户验收标准与流程。分户验收标准具有严格的量化要求和规范的操作流程。对于墙体垂直度和平整度，一般采用 2 m 靠尺和塞尺进行测量，偏差值应符合相应的标准规范，例如一般抹灰墙面垂直度偏差不超过 4 mm，平整度偏差不超过 4 mm。地面平整度可使用 2 m 靠尺和楔形塞尺检查，误差通常要求在 ±5 mm 以内。门窗安装牢固性通过手扳检查，开启灵活性要求门窗开启顺畅，关闭后与框体之间的缝隙应均匀一致，密封胶条应完好无损，密封性能良好。

验收流程通常从施工单位的自检开始，施工单位在完成每一户的施工内容后，按照分户验收标准进行全面检查，并填写自检记录。自检合格后，向建设单位和监理单位提交分户验收申请。建设单位组织监理单位、施工单位和物业单位等相关人员组成验收小组，对每一户进行现场验收。验收过程中，严格按照标准进行检测和检查，并做好记录。对于发现的问题，及时下达整改通知，要求施工单位限期整改。整改完成后，进行复查，直至所有问题整改合格，确保每一户住宅都能达到合格标准，交付给业主一个质量可靠的居住空间。

4.2.2.2 商业综合体标准

（1）公共区域要求。商业综合体的公共区域人流量大、使用频率高，因此对其质量和安全性有特殊要求。在地面材料的选择上，要考虑其耐磨性、防滑性和易清洁性。例如，在商场的入口、通道和楼梯等部位，通常选用防滑地砖或石材，其防滑系数应符合相关标准，确保行人在行走过程中不易滑倒，尤其是在潮湿或有积水的情况下。地面的承载能力也需要满足设计要求，以应对人群密集和大型设备运输等情况。

在天花板方面，要保证其安装的牢固性和美观性。吊顶材料应具有一定的防火性能，例如采用防火石膏板或金属吊顶。同时，照明系统的布局要合理，提供充足而均匀的光线，满足商业运营和顾客购物的照明需求。通风系统要确保空气流通顺畅，保持室内空气清新，为顾客和商户提供舒适的环境。对于公共卫生间，其设施的配置要齐全，卫生洁具的质量要可靠，排水系统要通畅，无异味散发，并要定期进行清洁和维护，保证卫生环境符合标准。

（2）机电系统特殊要求。商业综合体的机电系统复杂且重要，其可靠性直接影响商业运营的正常进行。供电系统要具备足够的容量和稳定性，满足商场内各类照明、电梯、空调、商户用电设备等的用电需求。配电箱和配电柜的安装要符合规范，内部电气元件的选型和布置要合理，线路连接要牢固，接地保护要可靠。在应急电源方面，应配备柴油发电机或不间断电源（UPS），确保在市电停电时，能够及时切换供电，保障商场内的基本照明、电梯运行和重要设备的用电，避免因停电造成商业活动的中断和安全事故。

空调系统要能够根据不同区域的需求进行分区控制和调节，保持室内温度、湿度在适宜的范围内。对于大型商场的中庭、餐饮区等人员密集和热量散发较大的区域，空调的制冷制热能力要足够强大。通风系统要保证足够的换气次数，及时排出室内的污浊空气、异味和热量，引入新鲜空气，维持良好的室内空气质量，特别是在地下停车场、餐饮厨房等区域，防止有害气体积聚。同时，通风管道的安装要严密，避免漏风，并且要做好防火、防腐处理。

消防系统更是商业综合体机电系统的重中之重。火灾自动报警系统要覆盖整个建筑区域，烟雾探测器、温度探测器等报警设备的安装位置要合理，灵敏度要符合标准，确保能够及时准确地探测到火灾迹象，并迅速向消防控制中心报警。消防喷淋系统的喷头布置要满足灭火要求，水压要稳定，在火灾发生时能够迅速喷水灭火，控制火势蔓延。消火栓系统的设置要符合规范，消火栓箱内的设备要齐全，消防水带、水枪等要易于取用，且要保证消防供水的可靠性。

4.2.2.3 钢结构焊接质量

（1）探伤检测标准。钢结构焊接质量的探伤检测主要采用超声波探伤、射线探伤等方法，每种方法都有其对应的标准和规范。对于超声波探伤，要根据钢结构的材质、厚度、焊接接头形式等因素选择合适的探伤频率、探头类型和探伤工艺。

射线探伤则是利用 X 射线或 γ 射线穿透焊缝，在胶片上形成影像来检测缺陷。在进行射线探伤时，要严格控制射线源的能量、焦距、曝光时间等参数，确保影像的清晰度和对比度。根据标准规定，对于不同等级的焊缝，其允许的缺陷类型、尺寸和数量都有明确的限制。

（2）焊缝等级评定。焊缝等级评定是根据焊缝的重要性、受力情况和质量要求等因素进行的。一般分为一级、二级和三级焊缝。

一级焊缝通常用于承受较大拉力或压力的关键部位，例如钢结构的主受力构件的连接焊缝。其质量要求最为严格，在探伤检测时，除了要满足上述的探伤标准外，还需要对焊缝进行 100% 的探伤检测，确保焊缝内部无任何超标缺陷。

二级焊缝适用于一般受力结构的连接部位，其质量要求相对一级焊缝稍低，但也需要进行一定比例的探伤检测，通常为抽检 20%。在探伤过程中发现的缺陷，若超出规定的允许范围，必须进行返修处理，直至符合标准要求。

三级焊缝主要用于一些非受力或受力较小的次要部位，其外观质量要求相对较低，但仍需保证基本的焊接质量，例如焊缝的尺寸、形状和表面平整度等要符合规范。虽然三级焊缝一般不需要进行探伤检测，但在施工过程中也应严格按照焊接工艺进行操作，确保焊接质量的稳定性。

4.2.2.4 幕墙气密水密性

（1）检测方法。幕墙的气密水密性检测通常采用现场抽样检测的方式，利用专业的检测设备进行。气密性能检测主要是通过在幕墙试件的一侧施加一定的压力差，测量另一侧的空气渗透量来评估。检测设备一般包括压力箱、风机、流量计等。在检测时，将幕墙试件安装在检测装置上，密封好周边缝隙，然后通过风机向压力箱内送风或抽风，使幕墙内外形成规定的压力差，利用流量计测量透过幕墙的空气流量，并根据标准公式计算出幕墙的气密性能指标。

水密性能检测则是通过向幕墙试件表面喷水，模拟雨水作用，观察幕墙内部是否有渗漏现象。检测设备包括喷淋装置、压力计等。按照标准规定的喷淋水量、喷水时间和压力差等参数进行试验,在试验过程中,检查幕墙的各个接缝、开启部位、密封胶条等部位是否有渗水情况,若发现渗漏点,要详细记录其位置和渗漏程度,以便分析原因和采取改进措施。

(2)合格判定依据。幕墙气密水密性是否合格主要依据相关的国家标准和行业规范判定。对于气密性能,不同类型的幕墙(例如玻璃幕墙、石材幕墙、金属幕墙等)有不同的合格指标要求。一般来说,在标准规定的压力差下,幕墙的空气渗透量应不超过一定的数值。例如,对于玻璃幕墙,在 10 Pa 的压力差下,其气密性能等级为 3 级时,空气渗透量不应大于 1.5 $m^3/(m·h)$。如果检测结果超出此数值,就判定该幕墙气密性能不合格。

水密性能方面,根据幕墙的高度、所在地区的风雨荷载等因素确定相应的防水等级和合格标准。例如,在高风压、多雨地区的高层建筑幕墙,其水密性能要求更高。在规定的喷淋试验条件下,如果幕墙内部没有出现明显的渗漏现象,或者渗漏点的数量和渗漏水量在标准允许的范围内,就判定其水密性能合格。若发现渗漏情况较为严重,超出标准规定的限值,则需要对幕墙的密封构造、密封材料等进行检查和改进,重新进行检测,直至达到合格标准,以确保幕墙在实际使用过程中能够有效抵御风雨侵袭,保证建筑物的室内环境不受雨水影响,维持良好的使用功能和耐久性。

4.2.3 地方标准的补充

4.2.3.1 软土地基处理地方细则

(1)适应本地土质的桩基标准。在软土地基分布广泛的地区,地方标准针对桩基设计与施工制定了独特的细则。由于软土具有含水量高、压缩性大、承载力低等特性,桩基需具备特殊的设计参数。例如,在某些沿海软土地区,当地标准规定灌注桩的桩径需根据软土厚度和建筑物荷载进行精确计算,一般要求桩径比常规地区适当增大,以提高单桩承载能力。同时,对桩身混凝土强度等级也有更高要求,例如规定在特定软土地质条件下,灌注桩混凝土强度等级不得低于 C35,确保桩身在软土环境中的耐久性和稳定性。

在桩基施工方面,地方标准对施工工艺进行了细致规范。对于预制桩的沉桩过程,要求采用静压法施工时,静压设备的压力控制应根据软土的灵敏度和桩的入土深度进行动态调整,防止压力过大导致软土扰动,影响桩基承载力。在锤击沉桩时,锤重和落距的选择需结合软土的物理力学性质,经现场试桩确定最佳参数,确保桩能顺利沉入设计标高且不破坏桩身结构和周边土体。

（2）地基加固标准。针对软土地基加固，地方标准提供了多种符合本地实际的方法和标准。例如在采用水泥土搅拌桩加固地基时，规定了水泥的掺入比应根据软土的天然含水量、有机质含量等因素确定，一般在15%~20%，且水泥土搅拌桩的施工工艺，包括搅拌次数、提升速度和下沉速度等都有严格的量化标准。搅拌次数不少于2次往返，提升速度和下沉速度一般控制在0.5~1.0 m/min，以保证水泥与软土充分混合，形成具有足够强度的水泥土加固体。

对于采用土工合成材料加固地基的情况，地方标准规定了土工格栅、土工布等材料的规格和性能指标。例如土工格栅的抗拉强度在特定方向上不得低于一定数值，且在铺设时应保证其平整度和搭接宽度。搭接宽度一般不小于300 mm，并采用有效连接方式，确保土工合成材料在软土地基中能充分发挥加筋作用，增强地基的稳定性。

4.2.3.2 高湿度地区防水要求

（1）屋面防水增强措施。在高湿度地区，屋面防水面临着严峻挑战，地方标准相应地提高了屋面防水要求。首先，在防水材料的选择上，推荐使用耐候性和防水性能更优的材料。例如，对于卷材防水屋面，优先选用高聚物改性沥青防水卷材或合成高分子防水卷材，并规定卷材的厚度应比一般地区增加1~2 mm，以增强防水层的抗穿刺和抗老化能力。

在屋面防水构造方面，增加了防水层的道数和加强层的设置。除了常规的基层处理和防水层外，增设一道防水涂膜作为附加防水层，形成复合防水体系。在屋面阴阳角、天沟、檐口等易渗漏部位，要求设置宽度不小于500 mm的加强层，且加强层应与防水层进行可靠黏结，确保这些关键部位的防水效果。

同时，对屋面排水坡度有更严格的规定。为了确保雨水能迅速排离屋面，减少积水时间，地方标准规定屋面排水坡度不应小于3%，对于有条件的建筑，可适当增大排水坡度至5%，并要求排水系统的设计和施工应保证排水畅通，避免由排水不畅导致屋面渗漏。

（2）外墙防水增强措施。高湿度地区的外墙防水同样至关重要，地方标准对此作出了详细规定。在外墙材料选择上，鼓励采用自防水性能较好的墙体材料，例如蒸压加气混凝土砌块等，并要求对砌块的含水率进行严格控制，一般进场时砌块的含水率不应高于15%。在砌筑过程中，采用专用砌筑砂浆，并保证灰缝的饱满度不低于90%，减少墙体自身的渗漏通道。

对于外墙抹灰层，增加了防水剂的掺量，并规定抹灰层应分层施工，每层厚度不宜超过10 mm，总厚度一般控制在20~30 mm，且在抹灰层表面应进行防水处理，例如涂刷外墙防水涂料或采用防水腻子。在外墙的门窗洞口、穿墙管道等部位，设置止水带或防水密封胶，其密封宽度和深度应符合地方标准要求，确保这些部位的防水严密性。

4.2.3.3 地方标准优先性判断

（1）与国家标准、行业标准冲突时的处理原则。当地方标准与国家标准、行业标准发生冲突时，应遵循严格的处理原则。首先，需明确国家标准是在全国范围内统一的技术要求，具有基础性和通用性；行业标准是针对特定行业的专业性标准，在行业内具有普遍指导意义；地方标准则是结合本地的自然环境、地理条件和工程实践经验制定的，更具地域特色和针对性。

在实际工程中，如果地方标准的要求低于国家标准或行业标准，应按照国家标准或行业标准执行，以确保工程质量在全国或行业范围内的一致性和可靠性。例如，在建筑材料的某些性能指标上，若地方标准规定的强度或耐久性低于国家标准，施工单位必须采用国家标准的要求来选用材料和进行施工。

然而，如果地方标准的要求高于国家标准或行业标准，且经过充分的论证和实践验证，在本地工程中应优先采用地方标准。这是因为地方标准是为了更好地适应本地特殊情况而制定的，能够更有效地保障本地工程的质量和安全。例如在软土地基处理方面，地方标准中针对本地软土特性制定的更严格的桩基设计和施工要求，若能有效解决本地工程的地基问题，就应优先遵循地方标准。在这种情况下，施工单位需要详细了解地方标准的制定依据和适用范围，确保正确执行。

（2）处理流程与协调机制。当遇到标准冲突时，施工企业应建立一套规范的处理流程。首先，由项目技术负责人组织相关专业人员对冲突情况进行全面分析和评估，收集各方意见和相关技术资料，包括国家标准、行业标准和地方标准的原文及编制说明，以及类似工程的实践案例等。

然后，将分析结果提交给企业内部的技术专家团队进行审议，必要时邀请外部行业专家参与论证。专家团队应根据工程的具体情况、标准的权威性和适用性等因素，确定最终应采用的标准，并形成书面报告。

在整个过程中，施工企业应与当地建设行政主管部门、质量监督机构以及标准编制单位保持密切沟通和协调。及时向相关部门汇报标准冲突的情况和处理进展，寻求指导和支持。对于重大的标准冲突问题，可由建设行政主管部门组织召开标准协调会议，邀请各方代表共同商讨解决方案，确保标准的执行既符合法律法规要求,又满足工程实际需要,保障工程质量。

4.3 施工质量过程控制

4.3.1 施工准备阶段质量把控

4.3.1.1 图纸自审要点

审核步骤应按照从关键区域到整体结构、从建筑设计到专业系统的顺序,全面且细致地开展,确保图纸的准确性与可行性。

(1)平面布局审核。

①检查各功能区域划分是否契合项目定位,例如办公区、商业区、住宅区等是否布局合理。

②确认房间尺寸是否满足使用需求,例如卧室、客厅、厨房等空间是否符合人体工程学及日常使用习惯。

③核对门窗位置、大小和开启方向,确保采光通风良好,同时不妨碍室内空间利用,且满足安全疏散要求。

(2)空间结构审核。

①分析建筑立面,查看建筑外观造型是否符合设计效果图,线条、比例是否协调美观。

②研究剖面图,确认建筑层数、层高是否准确,不同楼层之间的竖向关系是否合理,有无空间浪费或不合理的高差。

③审查楼梯、电梯等竖向交通设施的位置、尺寸和设计,保证通行顺畅,符合消防和使用规范。

(3)建筑结构审核。

①检查基础形式是否适合工程地质条件,例如桩基础、筏板基础等设计是否安全可靠。

②核实主体结构体系,例如框架结构、剪力墙结构等是否稳定,构件尺寸、配筋是否满足承载要求和结构规范。

③关注结构节点的设计,例如梁柱节点、板墙节点等,确保连接牢固、施工工艺可行。

(4)建筑构造审核。

①查看墙体、地面、屋面等部位的构造,是否满足防水、防潮、保温、隔

热等功能要求。

②审核门窗、幕墙等围护结构的构造设计，确保其密封性、隔音性和安全性。

③检查建筑变形缝的设置，例如伸缩缝、沉降缝、防震缝，位置和构造是否合理，能否有效应对建筑变形。

（5）专业系统审核。

①给排水系统。核对管道走向、管径大小、卫生器具位置，确保排水通畅，供水压力满足需求。

②电气系统。审查线路布置、配电箱位置、灯具插座设置，保证用电安全，符合电气设计规范。

③暖通系统。检查通风管道、空调设备的布局和选型，确保室内空气流通和温湿度调节达标。

（6）消防与安全审核。

①核查防火分区划分是否合理，防火墙、防火门的设置是否符合消防规范，有效阻止火灾蔓延。

②确认疏散通道、安全出口的数量、宽度和位置，保证人员在紧急情况下能够迅速疏散。

③检查消防设施的配置，例如消火栓、灭火器、火灾报警系统等是否齐全且符合要求。

（7）图纸一致性审核。

①进行各专业图纸之间的交叉复核，检查建筑、结构、给排水、电气等图纸之间的尺寸、位置是否一致，有无矛盾冲突。

②核对图纸说明与图纸内容是否相符，技术参数、材料选用等信息是否准确无误。

③确认不同版本图纸之间的变更内容是否清晰明确，避免图纸混乱导致施工错误。

4.3.1.2 会审多方沟通

（1）设计单位答疑。图纸会审是施工准备阶段解决图纸问题的重要会议，设计单位在其中起着关键的答疑作用。施工单位应提前将在图纸自审过程中发现的问题整理汇总，提交给设计单位。设计人员在会审时，对施工单位提出的关于建筑功能、结构安全和设备系统等方面的疑问进行详细解答。例如，对于复杂的节点构造，设计人员应说明设计意图和施工要点，确保施工单位能够准确理解和实施。

对于施工单位提出的一些优化建议，设计单位应认真考虑。例如在不影响结构安全和使用功能的前提下，施工单位可能根据现场施工条件和经验，对某些构件的尺寸或施工工艺提出调整建议，设计单位若认为合理，应及时进行设计变更，以提高施工的可行性和效率，同时保证工程质量。

（2）施工与监理意见交流。施工单位和监理单位在会审中应积极交流意见。施工单位要向监理单位和设计单位说明施工过程中的技术难点和可能遇到的问题，如在深基坑施工中，可能面临的地质条件复杂、地下水位高等问题，以及相应的施工方案和质量控制措施，寻求监理单位的指导和支持。

监理单位则要从质量控制和规范施工的角度，对图纸中的一些关键部位和施工工艺提出监理要求和建议。例如，对于钢筋的连接方式和焊接质量，监理单位应明确验收标准和检验方法，要求施工单位在施工过程中严格执行，确保工程质量符合规范要求。同时，三方应共同商讨施工过程中的协调配合问题（如施工顺序的安排、交叉作业的管理等），避免在施工过程中出现冲突和质量隐患。

4.3.1.3 材料进场验收流程

（1）检验报告审查。材料进场验收的首要步骤是审查材料的检验报告。对于每一批进场的材料（例如钢材、水泥、防水材料等），施工单位应要求供应商提供相应的质量检验报告。检验报告应来自具有资质的第三方检测机构，内容需涵盖材料的各项关键性能指标。以水泥为例，其检验报告应包括水泥的强度等级、凝结时间、安定性等指标的检测结果，且检测结果必须符合国家标准或设计要求。

对于钢材，检验报告应详细说明钢材的屈服强度、抗拉强度、伸长率、冷弯性能等参数。施工单位的材料管理人员要仔细核对报告中的数据与材料的实际应用要求是否一致，若发现数据异常或不完整，应拒绝接收该批材料，并要求供应商补充或重新提供检验报告。

（2）规格型号核对。在审查检验报告合格后，需对材料的规格型号进行核对。根据设计图纸和施工规范，对进场材料的尺寸、规格、型号等进行严格检查。例如，对于钢筋，要检查其直径是否符合设计要求，钢筋的外形尺寸（例如肋高、肋距等）是否规范。不同规格的钢筋在工程中承担着不同的受力作用，使用错误的规格可能导致结构承载能力不足。

对于建筑用砖，要检查其尺寸偏差是否在允许范围内，砖的强度等级是否符合设计规定。例如设计要求使用MU10的页岩砖，现场进场的砖必须达到这一强度标准，否则不能用于工程施工。在核对过程中，若发现材料的规格型号与要求不符，应及时与供应商沟通，进行退换货处理，确保进入施工现场的材料完全符合工程需要。

4.3.1.4 构配件抽样检验

（1）模板质量抽检。模板是混凝土浇筑成型的关键构配件，其质量直接影响混凝土结构的外观和尺寸精度。在模板进场时，应进行抽样检验。首先检查模板的材质，例如木模板的材质应坚韧、无腐朽、无变形，多层板的层数和厚度应符合设计要求。

对于模板的平整度和垂直度，可采用 2 m 靠尺和塞尺进行测量。平整度偏差一般不应超过 5 mm，垂直度偏差在每层高度上不应超过 3 mm。同时，检查模板的拼接缝是否严密，拼接处不应有明显的缝隙，防止混凝土浇筑时出现漏浆现象。对抽样检验不合格的模板，应进行修复或退场处理，确保模板安装后的质量符合混凝土施工要求。

（2）脚手架扣件质量抽检。脚手架扣件的质量关系到脚手架的稳定性和施工安全。在抽样检验时，主要检查扣件的外观质量，例如扣件表面应无砂眼、气孔、裂纹等缺陷。同时，对扣件的力学性能进行抽检，按照相关标准进行抗滑性能、抗破坏性能等试验。

通过以上施工准备阶段的质量把控措施，能够从源头上减少质量问题的发生，为后续施工过程的质量控制奠定坚实的基础，确保建筑工程施工质量符合要求，保障工程的顺利进行和最终交付。

4.3.2 施工工序质量监控

4.3.2.1 混凝土浇筑旁站监督要点

（1）振捣质量把控。混凝土浇筑过程中的振捣环节对混凝土的密实度和结构强度起着关键作用。在振捣时，应选用合适的振捣棒，并根据混凝土的浇筑部位和厚度确定振捣棒的插入深度和移动间距。一般情况下，振捣棒的插入深度应为混凝土浇筑层厚度的 3/4 左右，移动间距不宜大于振捣棒作用半径的 1.5 倍。

振捣过程中要密切观察混凝土表面的气泡排出情况，当混凝土表面不再出现气泡且泛浆时，表明振捣已密实。对于一些特殊部位，例如梁柱节点、钢筋密集区等，应采用小型振捣棒或辅以人工振捣，确保混凝土能够充分填充各个角落，避免出现蜂窝、麻面等质量缺陷。

（2）养护措施监督。混凝土浇筑完成后的养护是保障混凝土强度增长和耐久性的重要工序。在旁站监督过程中，要检查养护措施的执行情况。对于普通混凝土，在浇筑后的 12 小时内应进行覆盖和浇水养护，浇水次数应能保持混凝土处于湿润状态。对于采用硅酸盐水泥、普通硅酸盐水泥或矿渣硅酸盐水泥拌制的混凝土，养护时间不得少于 7 天；对掺用缓凝型外加剂或有抗渗要求的混凝土，养护时间不得少于 14 天。

同时，要关注养护覆盖材料的选择和使用，例如当采用土工布、塑料薄膜等进行覆盖时，应确保覆盖严密，防止水分过快蒸发。在冬季施工时，还要检查混凝土的保温养护措施，例如采用蓄热法、暖棚法等，确保混凝土在适宜的温度环境下硬化，避免因受冻而降低强度。

4.3.2.2 钢筋绑扎隐蔽前检查重点

（1）规格与间距核查。钢筋绑扎完成后，在隐蔽前必须对钢筋的规格和间距进行严格检查。根据设计图纸，逐一核对钢筋的直径、级别是否符合要求。例如，在框架梁中，纵向受力钢筋的直径和根数应与设计计算书一致，若设计要求采用 HRB400 级直径 20 mm 的钢筋，现场实际使用的钢筋必须与之相符。

对于钢筋的间距，采用钢尺进行测量。在板筋中，钢筋的间距偏差应控制在 ±10 mm 以内；在梁、柱钢筋中，箍筋的间距偏差也应符合相应的规范要求。同时，要检查钢筋的排距是否均匀，确保钢筋在混凝土中能够有效发挥其承载能力，防止钢筋间距过大或过小影响结构受力性能。

（2）锚固长度确认。钢筋的锚固长度是保证钢筋与混凝土协同工作的关键因素。检查钢筋在支座、节点等部位的锚固长度是否满足设计和规范要求。对于不同的钢筋级别、混凝土强度等级和抗震等级，钢筋的锚固长度有不同的计算方法和最小值规定。

例如在抗震设防地区，纵向受拉钢筋的抗震锚固长度应根据相关公式计算，并满足规范的最小锚固长度要求。在检查过程中，若发现钢筋锚固长度不足，应要求施工单位采取焊接、机械连接等方式进行加长处理，确保钢筋在结构中的锚固可靠，增强结构的抗震性能和整体稳定性。

4.3.2.3 防水施工工序验收关键环节

（1）基层处理质量验收。防水施工的基层处理是确保防水层质量的基础。首先检查基层的平整度，采用 2 m 靠尺和塞尺进行测量，平整度偏差一般不应超过 5 mm，否则会影响防水层的施工质量和防水效果。

基层应保持干燥、清洁，无起砂、起皮、松动等现象。对于屋面防水基层，要检查其坡度是否符合设计要求，排水坡度一般不应小于 2%，天沟、檐沟的纵向坡度不应小于 1%，确保雨水能够顺利排出，防止积水导致防水层渗漏。对于卫生间等室内防水基层，要检查阴阳角是否做成圆弧或钝角，圆弧半径一般不应小于 50 mm，以增强防水层在这些部位的粘贴效果和抗裂性能。

（2）防水层施工质量把控。在防水层施工过程中，要监督施工单位严格按照施工工艺和操作规程进行操作。对于卷材防水层，检查卷材的铺贴方向、搭接宽度和黏结牢固程度。卷材应平行屋脊铺贴，上下层卷材不得相互垂直铺贴；搭接宽度应符合设计要求和规范规定，一般不小于 100 mm，且相邻两幅卷材的接头应相互错开。

对于涂料防水层，要检查涂料的涂刷厚度和均匀性。一般应分遍涂刷，每遍涂刷厚度应符合产品说明书要求，且总厚度应达到设计厚度。涂刷过程中应确保无漏刷、流坠等现象，涂层应均匀、平整。同时，要注意各遍涂料之间的涂刷间隔时间，应按照产品说明进行操作，保证涂层间有良好的黏结性。

在防水层施工完成后，应进行闭水试验或淋水试验。对于屋面防水，进行淋水试验时，应在雨后或持续淋水 2 小时后，观察屋面有无渗漏、积水现象；对于卫生间等室内防水，进行闭水试验时，蓄水深度一般不小于 20 mm，蓄水时间不少于 24 小时，检查楼下对应部位有无渗漏，若发现渗漏点，应及时标记并要求施工单位进行修补，直至试验合格为止。

4.3.2.4 管道安装压力测试流程与记录

（1）给水管道测试流程。给水管道安装完成后，需进行压力测试以确保管道系统的密封性和耐压能力。首先，将管道系统内的空气排净，然后向管道内缓慢注水，同时检查管道有无渗漏现象。注水完成后，对管道进行升压，升压速度不宜过快，一般控制在 0.3 MPa/min 左右。

当压力升至试验压力后（一般为工作压力的 1.5 倍，但不得小于 0.6 MPa），稳压 10 分钟，检查有无压力降和渗漏现象。若压力降不超过 0.02 MPa，且无渗漏，则将压力降至工作压力，进行外观检查，无渗漏为合格。在测试过程中，应详细记录压力上升、稳压和降压过程中的数据，以及管道的渗漏情况和处理措施。

（2）排水管道测试流程与记录。排水管道主要进行通水试验和通球试验。通水试验时，向排水管道内注入适量的水，观察水流是否通畅，有无堵塞现象，检查各排水口的排水情况，确保排水系统能够正常运行。

通球试验则采用直径不小于排水管道管径 2/3 的塑料球或木球，从管道的起始端投入，在管道的末端检查球是否顺利通过。若球能顺利通过，表明管道无堵塞；若球受阻，应查明堵塞位置并进行清理，直至通球试验合格。在试验过程中，应记录试验的时间、球的规格和通过情况等信息，作为管道安装质量的重要依据。

通过对上述施工工序的严格质量监控，能够及时发现和纠正施工过程中的质量问题，确保每一道工序的质量符合要求，从而为整个建筑工程的质量提供有力保障，减少后期维修和整改的成本，提高工程的可靠性和耐久性。施工管理人员应高度重视施工工序质量监控工作，严格按照规范和标准执行，确保工程质量目标的实现。

4.4 施工质量验收管理

4.4.1 分项工程质量验收流程

分项工程质量验收流程如图 4.1 所示。

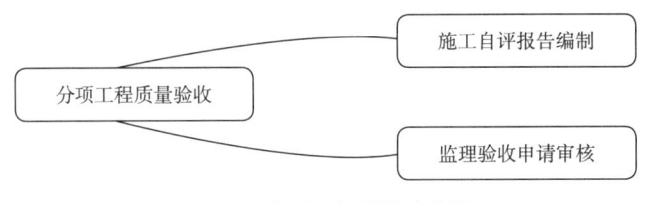

图 4.1 分项工程质量验收图

4.4.1.1 施工自评报告编制

（1）内容要求。施工自评报告是施工单位对分项工程施工质量的自我评估文件，其内容应全面且翔实。

首先，报告需涵盖工程概况，包括分项工程的名称、位置、规模、施工起止时间等基本信息，使验收人员能够快速了解该分项工程的背景。

其次，详细描述施工过程中所采用的材料、构配件及设备情况（包括其规格、型号、生产厂家、进场检验情况等），证明施工材料的质量符合要求。同时，阐述施工所依据的标准、规范和设计文件，以及施工过程中执行的质量控制措施，例如质量检验制度、施工技术交底情况、关键工序的质量控制方法等。

最后，对分项工程的质量情况进行自我评价，包括各项质量指标的完成情况（例如混凝土的强度等级、钢筋的间距和保护层厚度等是否符合设计及规范要求），并提供相应的检测数据和试验报告作为支撑。

（2）格式与提交时间。在格式方面，施工自评报告应结构清晰、条理分明。通常采用文字叙述与图表相结合的方式，例如附上施工过程中的质量检验记录表格、试验报告图表等，使报告内容更加直观。报告的字体、字号、行距等应符合规范要求，一般采用宋体小四号字，1.5倍行距。

提交时间应在分项工程施工完成后，施工单位经过内部质量检查和评定，认为具备验收条件时及时提交。一般要求在分项工程完工后的7个工作日内，将自评报告提交给监理单位，以便监理单位有足够的时间进行审核和安排后续验收工作。

4.4.1.2 监理验收申请审核

（1）审核要点。监理单位在收到施工单位的自评报告后，应进行严格审核。要审核报告的内容完整性，确保涵盖工程概况、施工过程、质量控制措施及自我评价等关键方面，且各项内容表述清晰、数据准确。

重点审查施工过程中是否严格按照设计文件和施工规范进行操作，例如施工工艺是否符合要求、施工顺序是否合理等。对于材料和构配件的使用情况，审核其质量证明文件是否齐全，进场检验记录是否规范，是否存在未经检验或检验不合格的材料用于工程施工的情况。

同时，对施工单位提供的检测数据和试验报告进行复核，检查检测单位的资质是否合法有效，检测方法是否符合标准规范，检测结果是否真实可靠。例如对于混凝土试块强度报告，要核对试块的制作、养护和试压过程是否符合规定，强度评定是否正确。

在分项工程质量验收流程中，现场实测实量是关键环节之一，需要使用各种专业工具并掌握正确的使用方法。以下介绍一些常用的实测实量工具及其使用步骤。

①水准仪是用于测量标高和高差的重要工具。使用方法：

a. 在使用水准仪前，应先进行仪器的校验和校正，确保其精度符合要求。

b. 将水准仪安置在稳定的三脚架上，调整仪器脚螺旋，使圆水准器气泡居中。

c. 在已知高程点上立水准尺，作为后视点，读取后视读数。

d. 在待测点上立水准尺，作为前视点，读取前视读数。

e.根据后视读数和前视读数以及已知高程点的高程,通过公式计算出待测点的高程。例如,已知后视点高程为 H_1,后视读数为 a,前视点读数为 b,则待测点高程 $H_2=H_1+a-b$。

在测量过程中,应注意保持水准仪的水平状态,视线应与水准尺垂直,读数应准确无误。

②靠尺主要用于检测墙面、地面等的平整度和垂直度。使用方法:

a.墙面平整度检测。

当所选墙长度小于 3 m 时,同一面墙 4 个角(顶部及根部)中取左上及右下 2 个角。按 45° 斜放靠尺,累计测 2 次表面平整度。跨洞口部位及墙长度中间距地面 20 cm 处必测。这 4 个实测值分别作为该指标合格率的 4 个计算点。

当所选墙长度大于 3 m 时,还需在墙长度中间水平放靠尺测量 1 次表面平整度。这 5 个实测值分别作为判断该指标合格率的 5 个计算点。

b.墙面垂直度检测。

混凝土墙:当墙长度小于 3 m 时,同一面墙距两端头竖向阴阳角约 30 cm 位置,分别按以下原则实测 2 次:一是靠尺顶端接触上部混凝土顶板位置时测 1 次垂直度,二是靠尺底端接触下部地面位置时测 1 次垂直度。混凝土墙体洞口一侧为垂直度必测部位。这 3 个实测值分别作为判断该实测指标合格率的 3 个计算点。当墙长度大于 3 m 时,需在墙长度中间位置靠尺基本在高度方向居中时测 1 次垂直度。混凝土墙体洞口一侧为垂直度必测部位。这 4 个实测值分别作为判断该实测指标合格率的 4 个计算点。

混凝土柱:任选混凝土柱四面中的两面,分别将靠尺顶端接触上部混凝土顶板和下部地面位时各测 1 次垂直度。这 2 个实测值分别作为判断该实测指标合格率的 2 个计算点。

③激光扫平仪可与塔尺配合使用,用于测量水平度和高差。使用方法:

a.检查激光扫平仪、塔尺的完整性。

b.激光扫平仪气泡调平居中,使用 1 m 核校仪器水平线光线和垂直光线。

c.进行实测。例如,测量顶棚水平度时,塔尺刻度尺读数应取上口最小值。

塔尺与激光扫平仪配合,用于测量高程。使用时需注意保持塔尺的垂直状态,读取刻度时要准确。

④阴阳角尺用于测量阴阳角的方正度。使用方法:

a.检查阴阳角尺的完整性。

b.阴阳角尺校尺(需要激光扫平仪打出十字线)。

c.进行实测,应在实测体上进行读数。

⑤激光测距仪用于测量距离。使用方法：

a. 检查激光测距仪的完整性。

b. 激光测距仪校尺调尺（需要钢卷尺校尺，将仪器调为测直线轴距）。

c. 进行实测，实测体表面应当平整。

⑥游标卡尺用于测量外径、内径、深度等。使用方法：

a. 检查游标卡尺的完整性。

b. 游标卡尺调零。

c. 将被测物体置于测量爪之间，移动测量爪，夹紧物体。

d. 得出读数，测量完毕之后应将紧固螺钉拧紧，以防数值在量具移动过程中发生变化。

⑦楼板测距仪用于测量混凝土结构厚度。使用方法：

a. 检查楼板测厚仪完整性。

b. 进入主菜单设置基本信息（编号、设计厚度）。

c. 发射探头与接收探头调零后进行实测。

d. 进行实测得出读数，移动接收探头，当主机发出滴的声音，说明发射探头就在附近，应缓慢移动接收探头，信号越强，则当前板厚读数越小，主机将记录最小值。

⑧回弹仪+酚酞试液用于测量混凝土结构强度。使用方法：

a. 确定测量部位。

b. 画出测量方格，进行回弹。

c. 凿破混凝土面，喷洒酚酞试液计算碳化深度。

d. 根据回弹值和碳化深度计算混凝土强度。

在进行现场实测实量时，应严格按照工具的使用方法和操作规程进行操作，确保测量数据的准确性和可靠性。同时，要注意对测量工具进行定期校验和维护，以保证其精度和性能。

（2）实测数据记录分析。数据记录应详细、准确、清晰，包括测量部位、测量工具、测量数值、测量时间等信息。记录时应使用规范的表格或记录纸，确保数据的完整性和可追溯性。

对于实测数据的分析，要判断数据是否符合相关标准和规范的要求。例如，对于混凝土结构的截面尺寸偏差，要检查实测数值是否在允许的偏差范围内。偏差统计是数据分析的重要内容之一。通过对多个测点数据的统计，可以得到偏差的分布情况，如最大值、最小值、平均值等。这些统计数据能够直观地反映出施工质量的整体水平。

合格判定是根据相关标准和规范，结合实测数据的分析结果，确定分项工程是否合格。如果存在不合格的测点或数据超出允许偏差范围，应进行标记，并要求施工单位进行整改。整改后需要重新进行测量和验收。

在数据分析过程中，还应注意对数据的异常情况进行分析和处理。异常数据可能是由测量误差、施工问题或其他因素导致的。对于异常数据，需要进行进一步的核实和确认，必要时可以增加测量点数或采用其他测量方法进行验证。

通过对实测数据的认真记录和科学分析，可以全面了解分项工程的施工质量状况，为质量评价和验收提供有力的依据。同时，能够及时发现问题并采取有效的措施进行整改，确保工程质量符合要求。

（3）验收结果的判定与处理。根据实测数据的记录分析结果，对分项工程的验收结果进行判定。

若各项实测指标的合格率达到规定要求，且不存在严重质量问题，则可判定该分项工程验收合格。然而，如果发现有部分实测数据不符合标准或存在严重质量缺陷，应采取相应的处理措施。对于一般质量问题，要求施工单位制定整改方案，明确整改责任人和整改期限，及时进行整改。整改完成后，需重新进行实测实量，以验证整改效果。对于严重质量缺陷，可能需要对相关部位进行返工处理。返工后同样要进行再次验收，确保问题得到彻底解决。

在验收结果判定和处理过程中，应保持客观、公正、严谨的态度。验收人员要严格按照相关标准和规范进行操作，不随意放宽或降低验收标准。同时，要及时将验收结果告知施工单位，并做好相关记录。对于验收合格的分项工程，应予以签字确认；对于不合格的分项工程，要详细说明存在的问题和处理要求，督促施工单位认真整改，直至达到合格标准。此外，验收结果还应作为工程质量评估和后续施工的重要参考依据。通过对各个分项工程验收结果的综合分析，可以了解整个工程的质量状况，为进一步提高工程质量提供指导。

总之，准确判定验收结果并妥善处理存在的问题，是保证工程质量的关键环节之一，有助于确保建筑工程的整体质量和安全。

4.4.2　分部工程质量汇总评定

4.4.2.1　分项权重分配原则

（1）主体结构权重设定。在分部工程质量汇总评定中，主体结构的权重设定至关重要。主体结构作为建筑物的核心承重部分，其质量直接关系到整个工程的安全与稳定。一般而言，主体结构在分部工程质量评定中的权重可设定在40%~60%。对于高层建筑或结构复杂的建筑，主体结构权重宜偏向60%。

在混凝土结构分项中，混凝土强度、钢筋配置及连接等关键指标应占较大比重。例如混凝土强度的权重可设定为30%，钢筋配置及连接权重为25%，模板工程权重为15%等。这是因为混凝土强度是保证结构承载能力的关键因素，钢筋的合理配置与可靠连接确保了结构在受力时的协同工作，模板工程则对混凝土构件的外形尺寸和外观质量起到重要作用。

对于砌体结构分项，砌体的强度、砌筑质量及构造措施等应是重点考量内容。例如砌体强度权重可设为35%，砌筑质量如灰缝饱满度、组砌方法等权重为30%，构造柱与圈梁设置权重为20%等。这些因素共同影响砌体结构的稳定性和抗震性能。

（2）装饰装修权重设定。装饰装修分部工程在提升建筑物美观性和使用功能方面具有重要意义，其权重通常设定在20%~40%。在墙面装饰分项中，基层处理质量、装饰材料的性能及粘贴或安装质量是关键。例如，基层平整度和垂直度权重可设为20%，装饰材料的环保性能和耐久性权重为30%，粘贴或安装牢固程度权重为25%等。

在地面装饰分项里，地面基层的强度和防潮处理、面层材料的耐磨性和防滑性等是重点。例如地面基层强度权重可设为25%，防潮处理权重为20%，面层材料相关性能权重为35%等。对于门窗安装分项，门窗的气密、水密、保温性能以及安装的牢固性和开启灵活性等权重较大。例如门窗三性权重为40%，安装牢固性权重为30%，开启灵活性权重为20%等。

4.4.2.2 质量资料完整性核查

（1）检验批记录汇总。检验批记录是反映各分项工程施工质量的基础资料。在核查过程中，首先要确保检验批的划分符合规范要求，数量应涵盖所有施工部位和施工批次。对于每个检验批，应检查其质量验收记录的完整性，包括主控项目和一般项目的检验结果。

主控项目（例如钢筋的品种、级别、规格和数量）必须符合设计要求，混凝土试块的强度评定必须合格等，这些项目的检验记录必须详细、准确且全部合格。一般项目（例如钢筋的间距、保护层厚度等）允许有一定的偏差范围，但偏差值应在规范规定的范围内，其检验记录也应完整无缺。

同时，要检查检验批记录中的施工单位自检记录、监理单位验收记录是否齐全，签字盖章是否规范。检验批记录应按照施工时间顺序进行整理，便于追溯和查询。

（2）隐蔽工程记录汇总。隐蔽工程记录是分部工程质量评定的重要依据之一。对于地基与基础分部工程中的钢筋混凝土灌注桩施工，隐蔽工程记录应包括钢筋笼的制作与安装情况，例如钢筋笼的直径、长度、钢筋规格、间距及焊接质量等；灌注桩的成孔过程记录，例如孔深、孔径、垂直度等；混凝土浇筑记录，包括混凝土的配合比、浇筑时间、浇筑量等。

在主体结构分部工程中，钢筋的隐蔽工程记录要详细记录钢筋的连接方式、接头位置、接头数量及质量情况，以及钢筋的锚固长度、保护层厚度等。对于砌体结构，隐蔽工程记录应涵盖砌体拉结筋的设置情况、构造柱的钢筋配置与浇筑情况等。隐蔽工程记录应配有相应的影像资料，以便更直观地反映隐蔽工程的实际施工情况。

4.4.2.3 观感质量量化评价

（1）制订打分表。为实现观感质量的量化评价，需制订科学合理的打分表。打分表应涵盖分部工程的各个主要方面，例如混凝土结构的外观质量、砌体结构的组砌效果、装饰装修的整体效果等。

对于混凝土结构外观，可从表面平整度、色泽一致性、有无蜂窝麻面及裂缝等方面进行评价。表面平整度偏差在规定范围内得一定分数，色泽基本一致得相应分数，无明显蜂窝麻面及裂缝得满分等。砌体结构组砌效果可从灰缝的均匀度、饱满度、组砌方法的正确性以及有无通缝等方面进行评价。灰缝均匀饱满、组砌方法符合规范且无通缝可获得较高分数，反之则根据缺陷情况相应扣分。装饰装修的整体效果可从墙面、地面、顶棚的平整度、色泽协调性、阴阳角的顺直度以及装饰材料的拼接效果等方面进行考量。

打分表应明确每个评价项目的分值范围和扣分标准，确保评价过程具有可操作性和公正性。例如，混凝土结构外观质量满分为20分，表面平整度占6分，色泽一致性占4分，蜂窝麻面及裂缝情况占10分。若表面平整度偏差超出规定范围每处扣1分，色泽明显不一致扣2分，出现一处蜂窝麻面或裂缝根据其严重程度扣2~5分等。

（2）评价维度。在进行观感质量评价时，应从多个维度进行综合考量。

首先是视觉效果，包括建筑物各部位的颜色、光泽、纹理等是否协调美观。例如，在墙面涂料施工中，相邻墙面的颜色应均匀一致，无明显色差，光泽度应符合设计要求，纹理应清晰自然。

其次是工艺细节，如装饰线条的顺直度、收口部位的处理等。在门窗安装的收口处，密封胶应涂抹均匀、光滑，与门窗框和墙体的结合紧密，无漏缝或开裂现象。对于建筑构配件的安装（例如栏杆、扶手等），其安装位置应准确，高度符合规范，连接牢固，表面无毛刺、变形等缺陷。

最后是整体协调性，建筑物的各个部分应相互呼应，形成一个有机的整体。例如，建筑的外立面造型与内部空间布局应相匹配，不同功能区域的装修风格应过渡自然。在公共建筑的大堂装修中，吊顶的造型、灯具的布置应与地面的拼花图案、墙面的装饰风格相协调，营造出舒适、大气的空间氛围。

4.4.2.4 分部验收报告出具

（1）结论判定。根据分项权重分配计算结果、质量资料完整性核查情况以及观感质量量化评价结果，对分部工程质量进行综合判定。如果各项指标均符合要求，且得分达到规定的合格分数线以上，就可判定分部工程质量合格。

若存在部分分项工程质量不达标或资料不完整等问题，应详细列出存在的问题，并根据问题的严重程度判定分部工程是否需要整改后重新验收。对于一些关键指标不合格或存在严重安全隐患的情况，必须要求施工单位进行全面整改，直至符合质量要求。

在结论判定中，应明确说明判定的依据和理由，使各方能够清楚了解分部工程质量的实际情况。例如，某分部工程在主体结构分项中，部分混凝土试块强度未达到设计要求，但经过回弹检测和结构实体检测，其强度能够满足结构安全使用要求，且其他分项工程质量合格，质量资料完整，观感质量评价得分在合格范围内，综合考虑后可判定该分部工程合格，但需对混凝土强度问题进行详细记录，并要求施工单位在后续施工中加强质量控制。

（2）问题整改要求。对于判定为需要整改的分部工程，应明确提出具体的整改要求。针对质量资料不完整的问题，要求施工单位按照规范要求补充完善相关资料，例如检验报告的缺失部分应及时委托有资质的检测机构进行检测并出具报告，隐蔽工程记录应补充详细的施工过程描述和相关影像资料等。

对于质量缺陷问题，应制订详细的整改方案，明确整改措施、整改责任人及整改期限。例如对于混凝土结构的蜂窝麻面问题，要求施工单位采用高强度水泥砂浆进行修补，修补前应将缺陷部位清理干净并湿润，修补后应进行养护，确保修补质量。整改责任人应具备相应的技术能力和经验，能够确保整改工作的顺利进行。整改期限应根据整改工作的难易程度合理确定，一般小型质量问题整改期限可为3~5天，较为复杂的问题整改期限可适当延长，但应确保不影响整个工程的施工进度。

在施工单位完成整改后,应组织相关人员对整改情况进行复查,复查合格后方可通过分部工程验收。复查过程应严格按照验收标准和程序进行,确保整改工作的有效性和工程质量的可靠性。

4.4.3 单位工程竣工验收组织与实施

4.4.3.1 建设单位牵头职责

(1)组织流程。建设单位作为单位工程竣工验收的牵头组织者,肩负着重要责任。在工程完工且施工单位完成自查自评后,建设单位应首先确定竣工验收的时间,并提前通知勘察、设计、施工、监理以及工程质量监督机构等相关各方。其次,组织成立竣工验收小组,成员应包括建设单位项目负责人、勘察单位项目负责人、设计单位项目负责人、施工单位项目经理及技术负责人、监理单位总监理工程师等专业人员。制定详细的验收流程,一般先由施工单位进行工程竣工情况汇报,然后按照工程的不同专业和部位,分组对工程实体进行现场检查,包括建筑外观、结构安全、使用功能等方面。

在检查过程中,验收小组应依据相关标准和规范,对工程质量进行严格评估。最后,召开验收会议,汇总各小组的检查意见,形成竣工验收报告。

(2)时间安排。建设单位应合理安排竣工验收时间,确保工程具备验收条件。一般情况下,在工程完工后,施工单位应进行不少于7天的自查自评,整改完善后向建设单位提交竣工报告。建设单位收到报告后,应在15天内组织竣工验收。

对于一些大型复杂工程,可适当延长自查自评和验收准备时间,但应确保整个过程高效有序。避免时间安排不合理导致验收仓促或拖延,影响工程交付使用和后续的质量保障。

4.4.3.2 勘察设计单位汇报

(1)设计意图说明。勘察单位应详细汇报工程场地的地质勘察情况,包括地层结构、岩土物理力学性质、地下水位等关键信息。解释这些地质条件对基础设计和施工的影响,以及在勘察过程中所采取的技术手段和措施。

设计单位要重点阐述工程的设计意图,从建筑功能布局、空间规划、结构选型等方面进行说明。例如,在建筑功能布局上,如何满足业主的使用需求,不同功能区域的流线设计是如何考虑的;在结构选型方面,为何选择特定的结构体系,如何保证结构在各种荷载作用下的安全性和稳定性。

通过设计意图的说明，使验收人员更好地理解工程设计的合理性和科学性，为工程质量评估提供背景依据。

（2）变更说明。在工程建设过程中，难免会出现设计变更。设计单位需对设计变更情况进行全面梳理和说明，包括变更的原因、内容和审批程序。变更原因可能是地质条件变化、业主需求调整或施工过程中的实际困难等。

对于每一项变更，应详细说明变更前后的设计方案对比，以及变更对工程质量、进度和造价的影响。同时，要提供设计变更的相关文件和审批记录，证明变更的合法性和合规性。确保验收人员了解工程的实际建设情况与原设计的差异，以便准确评估工程质量是否符合变更后的设计要求。

4.4.3.3　施工单位竣工自评

（1）质量自评报告内容。施工单位的竣工自评报告是对工程施工质量的全面总结和自我评价。报告内容应涵盖工程概况，包括工程名称、地点、规模、结构类型、开工和竣工日期等基本信息。

详细描述施工过程中的质量控制措施，如原材料和构配件的采购、检验和使用情况，施工工艺的执行情况，各分项工程和分部工程的质量检验评定情况等。提供质量检验数据和试验报告，包括混凝土试块强度、钢筋力学性能、防水材料的检测结果等，以证明工程质量符合设计和规范要求。

对工程存在的质量问题及整改情况进行说明，确保所有问题都已得到妥善处理。最后，给出工程质量的自评结论，明确工程质量是否合格。

（2）报告编制与提交。施工单位应在工程完工后，按照规定的格式和要求编制竣工自评报告。报告应语言规范、数据准确、内容详实，并经施工单位技术负责人审核签字。

在提交时间上，应在完成自查自评且整改合格后，及时向建设单位提交自评报告，以便建设单位组织竣工验收。同时，施工单位应做好与建设单位、监理单位等的沟通协调，确保报告内容的完整性和准确性得到各方认可。

4.4.3.4　竣工资料清单整理

（1）档案分类。竣工资料应进行科学分类，一般可分为工程管理资料、施工技术资料、质量控制资料、工程验收资料、竣工图等五大类。

工程管理资料包括工程立项文件、招投标文件、合同文件、施工许可证等；施工技术资料涵盖施工组织设计、施工方案、技术交底等；质量控制资料包括原材料和构配件的质量证明文件、检验报告、隐蔽工程验收记录、分项分部工程质量检验评定记录等；工程验收资料有检验批验收记录、分项分部工程验收记录、单位工程竣工验收记录等；竣工图需如实反映工程竣工后的实际情况，包括建筑、结构、设备等各专业图纸。

每一类资料应进一步细分。例如，质量控制资料中的原材料质量证明文件可按照钢筋、水泥、砂、石等不同材料分别归类；隐蔽工程验收记录按照基础、主体结构、防水工程等不同部位进行整理。这样的分类方式有助于资料的管理和查阅，确保资料的系统性和完整性。

（2）装订规范。在装订竣工资料时，应遵循一定的规范。资料应采用统一的纸张规格，一般为A4纸。封面应注明工程名称、建设单位、施工单位、监理单位、资料类别、编制日期等基本信息，且字体应清晰、规范、醒目。

资料应按照分类目录顺序依次排列后装订，确保逻辑清晰。装订方式可采用左侧装订或胶装，装订要牢固，避免资料松散或脱落。对于页数较多的资料，可分册装订，并在每册封面注明册数和总册数。

在每页资料上，应标注页码，页码位置应统一，便于查找和翻阅。同时，对于一些重要的文件或图纸，如有需要可进行彩色打印或复印，以保证资料的清晰度和可读性。施工单位应安排专人负责竣工资料的整理和装订工作，确保资料符合归档要求，为工程的竣工验收和后续的维护管理提供有力的支持。

单位工程竣工验收组织与实施是建筑工程施工与项目管理的关键环节，各参与方需严格按照规定的职责和流程进行操作，确保竣工验收工作的顺利进行和工程质量的有效保障。

第 5 章　施工安全与应急管理

5.1　建筑工程安全管理概述

建筑工程安全管理是指为达到工程项目安全生产的目的而采取各种措施的系统化管理活动，包括制定、实施、评审和保持安全与环境方针所需的组织机构、计划活动、职责、惯例、程序、过程和资源。

5.1.1　建筑工程安全管理的目的

保障产品生产者和使用者的健康与安全；控制影响工作场所内员工、临时工作人员、合同方人员，以及访问者和其他有关部门人员健康和安全的条件和因素；避免因向员工及访问者等提供的场地、设施（如通道、消防设施、用电设施等）、防护设备（如 PPE）本身的不当设置、维护缺失或被违规使用，而对其健康安全造成影响。

5.1.2　建筑工程安全管理的特点

5.1.2.1　复杂性

建筑施工生产的流动性大，其受外部影响因素多，决定了工程项目安全与环境管理的复杂性。

5.1.2.2　多样性

产品的多样性和生产的单件性决定了安全与环境管理的多样性，主要表现在以下几个方面：

（1）生产模式的独特性。建筑工程与常见工业产品生产截然不同，无法凭借同一套图纸、同一种施工工艺以及同一批生产设备来实施大规模的重复制造。由于每个建设项目都受到地理位置、地质条件、设计规划以及施工环境等因素的制约，使其建设过程具有显著的独特性，难以实现如同工业产品那样的批量生产。

（2）组织变动与一次性特质。施工生产所涉及的组织体系和相关机构始终处于频繁的动态变化之中。建筑工程的生产经营活动彰显出极为鲜明的"一次性"属性，从项目的筹备策划、建设实施直至最终交付使用，整个过程都具有不可重复性。这种特性使得在项目推进过程中，所采用的管理架构、运营策略以及人员调配方案等，都需要依据实际情况持续作出调整与优化，以适应项目不断变化的需求。

（3）技术创新带来的管理挑战。在建筑工程的生产运作过程中，试验性研究课题层出不穷。随着行业的不断发展，大量新技术、新工艺、新设备以及新材料被广泛应用于建设实践。这些创新元素虽然有力地推动了建筑行业的进步，但同时给安全管理和环境管理工作增添了诸多复杂且棘手的难题。由于这些新元素在实际应用中的效果和潜在影响存在一定的不确定性，无疑大幅提升了管理过程中的风险系数和应对难度。

5.1.2.3 协调性

建筑产品不能像其他许多工业产品那样可以分解为若干部分同时生产，而必须在同一固定场地按严格程序连续生产，上一道工序不完成，下一道工序不能进行。上一道工序的结果往往会被下一道工序所掩盖，而且每一道程序由不同的人员和单位来完成。因此，在安全与环场管理中要求各单位和各专业人员积极配合，协调工作，共同注意产品生产过程接口部分的安全与环境管理的协调性。

5.1.2.4 持续性

一个建设项目从立项到投产使用要经历项目可行性研究阶段、设计阶段、施工阶段、竣工验收和试运行阶段。每个阶段都要十分重视项目的安全和环境问题，持续不断地对项目各个阶段可能出现的安全与环境问题实施管理。

5.1.2.5 环境管理的经济性

环境管理在工程使用期内主要关注以下成本，如能耗、水耗、维护、保养、改建更新的费用。并通过比较分析，判定工程是否符合经济要求。另外，环境管理要求节约资源，以减少资源消耗来降低环境污染，二者是完全一致的。

5.2 建筑工程安全管理分类

5.2.1 基坑工程安全管理

5.2.1.1 应采取支护措施的基坑（槽）

基坑深度较大，且不具备自然放坡施工条件；
地基土质松软，并有地下水或丰富的上层滞水；
基坑开挖会危及邻近建（构）筑物、道路及地下管线的安全与使用。

5.2.1.2 基坑（槽）支护的主要方式

简单水平支撑，钢板桩，水泥土桩，钢筋混凝土排，土钉，锚，地下连续墙，逆作拱墙，原状土放坡，桩、墙加支撑系统，以及上述两种或两种以上方式的合理组合等。

5.2.1.3 基坑工程监测

基坑工程监测包括支护结构监测和周围环境监测。支护结构监测包括对围护墙侧压力、弯曲应力和变形的监测，对支撑（锚杆）轴力、弯曲应力的监测，对腰梁（围檩）轴力、弯曲应力的监测，对立柱沉降、抬起的监测等。周围环境监测包括：坑外地形的变形监测、邻近建筑物的沉降和倾斜监测、地下管线的沉降和位移监测等。

5.2.1.4 基坑支护安全控制要点

基坑支护与降水、土方开挖必须编制专项施工方案，并出具安全验算结果，经施工单位技术负责人、监理单位总监理工程师签字后实施。基坑支护结构必须具有足够的强度、刚度和稳定性。基坑支护结构（包括支撑等）的实际水平位移和竖向位移，必须控制在设计允许范围内。控制好基坑支护与降水、止水帷幕等施工质量，并确保位置正确。控制好基坑支护、降水与开挖的顺序。控制好管涌、流砂、坑底隆起、坑外地下水位变化和地表的沉陷等。控制好坑外建筑物、道路和管线等的沉降、位移。

5.2.1.5 基坑施工应急处理措施

（1）基坑渗水或漏水处理。在基坑开挖作业进程中，倘若遭遇渗水或漏水状况，需依据渗漏水流量大小，灵活选用适宜方法予以妥善处理。当水量较小时，可在坑底设置排水沟进行排水；若情况稍复杂，可采用引流修补手段。对于较为严重的渗漏，可尝试运用密实混凝土进行封堵，或者借助压密注浆、高压喷射注浆等专业技术加以解决。

（2）重力式支护结构位移处理。水泥土墙等重力式支护结构，一旦出现位移超出设计预估数值的情况，必须予以高度关注，即刻开展位移监测工作，严密掌控位移发展态势。倘若位移持续增大，且远超设计值，此时可采取在水泥土墙背后实施卸载操作，加快垫层施工进度并加厚垫层，以及增设支撑等措施，及时处理位移问题。

（3）悬臂式支护结构位移与深层滑动处理。当悬臂式支护结构发生位移时，可通过加设支撑或锚杆，以及在支护墙背进行卸土等方式加以应对。若悬臂式支护结构出现深层滑动现象，应迅速浇筑垫层，必要情况下，可加厚垫层，以此形成下部水平支撑，稳定支护结构。

（4）支撑式支护结构墙背土体沉陷处理。若支撑式支护结构出现墙背土体沉陷问题，可采取增设坑内降水设备以降低地下水位、对坑底进行加固、随挖随浇筑垫层、加厚垫层或者采用配筋垫层、设置坑底支撑等一系列方法，及时解决土体沉陷难题。

（5）流砂处理。对于轻微流砂状况，在基坑开挖完成后，可借助加快垫层浇筑速度或加厚垫层的方式，有效压制流砂。对于较为严重的流砂状况，需增添坑内降水措施，以缓解流砂影响。

（6）管涌处理。一旦发生管涌，可在支护墙前方额外打设一排钢板桩，随后在钢板桩与支护墙之间进行注浆作业，以此应对管涌问题。

（7）邻近建筑物沉降控制。针对邻近建筑物沉降问题，通常可采用跟踪注浆的手段加以控制。若建筑物沉降幅度较大，且压密注浆无法达到预期控制效果，同时该建筑基础为钢筋混凝土材质，此时可考虑采用静力锚杆压桩方法进行处理。

（8）基坑周围管线保护应急措施。基坑周围管线保护的应急举措一般涵盖打设封闭桩或开挖隔离沟，以及采用管线架空，以此保障基坑周边管线安全。

5.2.2 脚手架工程安全管理

5.2.2.1 一般脚手架安全控制要点

(1) 脚手架搭设方案制定。在开展脚手架搭设作业前，需要依据工程自身特性以及施工工艺的具体要求，精心确定脚手架的搭设（涵盖拆除环节）施工方案。此方案应全面考量各类因素，确保脚手架搭建工作的顺利进行以及后续使用的安全性。

(2) 脚手架搭设高度限制。单排脚手架的搭设高度不应超出 24 m。而双排脚手架一次性搭设高度，适宜控制在不超过 50 m。若双排脚手架的设计高度超过 50 m，则应当采用分段搭设的策略，以此保障脚手架结构的稳定性与安全性。

(3) 脚手架地基与基础施工要点。脚手架地基与基础的施工操作，必须严格按照脚手架的搭设高度、搭设场地的土质状况，以及现行国家标准中的相关规定来执行。当脚手架基础下方存在设备基础、管沟等情况时，在脚手架正常使用期间，一般不应进行开挖作业。若因特殊情况必须开挖，则务必采取有效的加固措施，以维持脚手架基础的稳固。

若脚手架立杆基础处于不同高度位置，此时必须将高处的纵向扫地杆向低处延伸两跨，并与立杆稳固连接。高低差应控制在不大于 1 m 的范围内。同时，靠边坡上方的立杆轴线与边坡之间的距离不得小于 500 mm。

(4) 脚手架主节点构造要求。在脚手架的主节点位置，必须设置一根横向水平杆，且需使用直角扣件牢固地扣接在纵向水平杆之上，严禁随意拆除。主节点处两个直角扣件的中心间距不应大于 150 mm。在双排脚手架体系中，横向水平杆靠墙一端的外伸长度不应超过杆长的 0.4 倍，同时，其长度也不应大于 500 mm。

(5) 脚手架扫地杆设置规范。脚手架务必设置纵向和横向扫地杆。纵向扫地杆应运用直角扣件，固定在距离底座上皮不超过 200 mm 处的立杆之上。横向扫地杆同样需采用直角扣件，固定在紧邻纵向扫地杆下方的立杆位置。

(6) 脚手架剪刀撑设置规定。对于高度在 24 m 以下的单排和双排脚手架，均需在外侧立面的两端各自设置一道剪刀撑，并且要从底部至顶部连续设置。各道剪刀撑之间的净间距不应大于 15 m。而高度达到 24 m 及以上的双排脚手架，则应在外侧立面的整个长度和高度方向上，连续设置剪刀撑。剪刀撑以及横向斜撑的搭设工作，应与立杆、纵向和横向水平杆等同步开展。各底层斜杆的下端，都必须支承在垫块或者垫板之上。

（7）脚手架连墙件设置要求。高度在 24 m 以下的单排和双排脚手架，优先采用刚性连墙件与建筑物进行可靠连接，也可采用拉筋和顶撑协同配合的附墙连接方式，但严禁仅使用拉筋作为柔性连墙件。对于高度在 24 m 及以上的双排脚手架，必须采用刚性连墙件与建筑物实现可靠连接，且连墙件必须具备承受拉力和压力的构造性能。对于高度在 50 m 以下（包含 50 m）的脚手架，连墙件应按照 3 步 3 跨的方式进行布置；高度在 50 m 以上的脚手架，连墙件则应按照 2 步 3 跨的方式进行布置。开口型脚手架的两端，必须设置连墙件，连墙件的垂直间距不应超过建筑物的层高，同时也不应大于 4 m。

5.2.2.2 一般脚手架检查与验收程序

（1）脚手架的检查与验收应由项目经理组织，项目施工、技术、安全、作业班组负责人等有关人员参加，按照技术规范、施工方案、技术交底等有关技术文件，对脚手架进行分段验收，在确认符合要求后，方可投入使用。

（2）脚手架及其地基基础应在下列阶段进行检查和验收。

①基础完工后，架体搭设前。

②每搭设完 6~8 m 高度后。

③作业层上施加荷载前。

④达到设计高度后。

⑤遇有六级及以上大风或大雨后。

⑥冻结地区解冻后。

⑦停用超过一个月的，在重新投入使用之前。

（3）脚手架定期检查的主要项目包括如下内容。

①杆件的设置和连接，连墙件、支撑、门洞桁架等的构造是否符合要求。

②地基是否有积水，底座是否松动，立杆是否悬空。

③扣件螺栓是否松动。

④高度在 24 m 及以上的脚手架，其立杆的沉降与垂直度的偏差是否符合技术规范的要求。

⑤架体的安全防护措施是否符合要求。

⑥是否有超载使用的现象等。

5.2.2.3 附着式升降脚手架（整体提升脚手架或爬架）作业安全控制要点

（1）专项施工方案编制。针对附着式升降脚手架（包含整体提升脚手架或者爬架）的作业活动，必须依据其独特的提升工艺以及施工现场的实际作业环境条件，精心编制专项施工方案。此专项施工方案需全面涵盖从设计构思、具体施工操作、过程检查监督、日常维护保养到整体管理等各个阶段的详细内容，确保方案的完整性与可行性，为脚手架作业提供全方位指导。

（2）安装与验收流程。附着式升降脚手架的安装搭设工作，务必严格依照预先设计的要求以及既定的规范程序有序推进。在安装完成之后，需组织专业验收，并开展荷载试验。只有当试验结果确认脚手架完全符合设计要求后，脚手架才能够正式投入使用，以此保障脚手架在后续使用过程中的安全性与稳定性。

（3）作业荷载控制。在进行附着式升降脚手架的提升和下降作业时，脚手架上的人员数量以及承载的材料重量，均不得超出设计所规定的限额，并且应尽可能减少额外荷载。严格控制荷载，有助于降低脚手架在升降过程中的风险，确保作业安全。

（4）升降前检查要点。在每次进行升降作业之前，必须对附着连接部位以及提升设备的运行状态展开细致检查。一旦发现任何异常情况，应即刻深入查找原因，并迅速采取切实有效的措施。只有在确保附着连接牢固、提升设备正常运行的前提下，方可开展升降作业。

（5）升降作业指挥协调。附着式升降脚手架的升降作业应实行统一指挥，确保各个环节的操作能够协调一致。统一指挥有助于提升作业效率，避免因操作混乱而引发安全事故，保障升降作业平稳、有序进行。

（6）安全警戒与监护设置。在附着式升降脚手架进行安装、升降、拆除等作业期间，必须明确划定安全警戒范围，并安排专人负责现场监护。通过设置安全警戒范围与专人监护，能够有效隔离无关人员，及时发现并处理潜在安全隐患，保障作业区域内人员与设备的安全。

5.2.3　模板工程安全管理

5.2.3.1　模板设计要求

在开展模板工程施工之前，需依据工程的设计图纸、施工现场的实际条件、混凝土结构施工与验收所遵循的规范，以及相关模板技术规范，展开全面且细致的模板设计工作。模板设计内容主要涵盖模板面的构造规划、支撑系统的搭建方案以及连接配件的选用与配置等方面。通过精心设计，确保模板在后续施工中能够稳固承载混凝土浇筑产生的压力，满足施工工艺要求，保障工程质量与施工安全。

5.2.3.2 模板工程施工前安全审查验证

在模板工程正式施工前,对模板的设计资料进行严格审查验证是极为关键的环节。审查过程中,需全面核查设计资料的完整性、准确性以及是否符合相关标准规范。重点关注模板设计在力学计算、结构稳定性等方面是否合理,支撑系统与连接配件的选型是否恰当,确保模板设计能够切实满足施工现场的实际需求与安全要求,为模板工程施工筑牢安全根基。

审查验证的项目主要包括以下内容:

①模板结构设计计算书的荷载取值是否符合工程实际,计算方法是否正确,审核手续是否齐全。

②模板设计图(包括结构构件大样及支撑体系、连接件等)的设计是否安全合理,图纸是否齐全。

③模板设计中的各项安全措施是否齐全。

5.2.3.3 现浇混凝土工程模板支撑系统的选材及安装要求

(1)支撑系统选材与安装,务必严格遵循设计规范。在基土上设置支撑点时,稳固和平整是关键。实际安装支撑时,应根据现场情况,拟订并执行临时固定措施,以此确保施工时支撑系统的稳定。

(2)支撑系统的立柱可采用钢管、门形架或木杆。所选材料的材质和规格,必须满足设计与安全标准,坚决不让不合格材料进入工地。

(3)立柱底部的支承结构,需有足够强度承载上层荷载。为让荷载传递更合理,立柱底部要铺设木垫板,绝不能用砖或脆性材料替代。若支撑体系以地基为基础,应马上对地基土的承载力进行验算。

(4)立柱接长严禁采用搭接,必须用对接扣件连接。相邻立柱的对接接头不能在同一施工阶段出现。而且,接头沿竖向错开距离不得小于 500 mm,各接头中心与主节点距离不宜超过步距的三分之一。这是为了保障立柱连接部位的受力合理,防止集中受力导致安全隐患。

(5)为保障立柱整体稳定,安装立柱的同时,要及时增设水平拉结与剪刀撑。这些结构能有效增强支撑体系的空间稳定性,防止立柱在受力时出现倾斜或晃动。

(6)立柱间距要依据精确计算确定,按施工方案施工。采用多层支模时,上下层立柱需垂直对齐,确保在同一垂直线上,保证荷载能顺利传递到基础。

（7）当层高在 8~20 m 时，应在最顶部距两水平拉杆间增设一道水平拉杆；当层高超 20 m 时，需在最顶部距两水平拉杆间各加设一道水平拉杆。水平拉杆端部要与四周建筑结构顶紧。若无处可顶，就在端部和中部沿竖向设连续式剪刀撑，增强支撑体系的整体稳定性，避免水平力作用导致支撑体系失稳。

5.2.3.4　影响模板钢管支架整体稳定性的主要因素

主要因素有立杆间距、水平杆的步距、立杆的接长、连墙件的连接、扣件的紧固程度。

5.2.3.5　保证模板安装施工安全的基本要求

（1）当模板工程作业高度达 2 m 及以上时，必须搭建安全稳固的操作架或者操作平台，同时按照相关要求做好防护工作。

（2）操作架以及平台上，原则上不应堆放模板。若因特殊情况需短时间堆放，则务必码放整齐、平稳，堆放数量严格控制在架子或平台所能承受的允许荷载范围之内。

（3）冬期开展施工作业前，需清理操作区域以及人行通道上的冰雪。雨期施工阶段，针对高耸结构的模板作业，应安装避雷装置；在沿海地区施工，还需充分考量抗风与加固措施。

（4）若遇五级及以上大风天气，不适合进行大块模板的拼装与吊装作业。

（5）在架空输电线路下方进行模板施工，若无法停电操作，必须采取切实有效的隔离防护手段。

（6）进行夜间施工作业，现场必须配备充足的照明设施。

5.2.3.6　保证模板拆除施工安全的基本要求

（1）现浇混凝土结构模板及其支架拆除时的混凝土强度应符合设计要求。当设计无要求时，应符合下列规定：

①对于承重模板而言，承重模板支撑系统的拆除，必须在同等条件养护混凝土试块达到规定强度后方可进行。

②后张预应力混凝土结构的底模，必须在完成预应力张拉工序之后，才能够实施拆除工作。

③在模板拆除进程中，一旦发现实际混凝土强度未满足要求，且存在影响结构安全的质量隐患时，应立即暂停拆除操作。待采取妥善处理措施，使实际强度满足要求后，方可继续拆除模板。

④已经拆除模板及其支架的混凝土结构，需在混凝土强度达到设计所规定的标准值之后，才准许承受全部设计使用荷载。

⑤拆除芯模或者预留孔的内模时，应确保在混凝土强度足以保证不会出现塌陷与裂缝的情况下，方可进行拆除。

（2）在进行拆模操作前，务必办理拆模申请手续。只有当相同条件养护试块的强度记录符合规定要求时，技术负责人才能批准进行拆模工作。

（3）各类模板拆除的顺序与方法，需依据模板设计要求执行。若模板设计未明确具体要求，可遵循先支后拆、后支先拆的原则，优先拆除非承重模板，再拆除承重模板及支架。

（4）严禁采用猛撬致使模板大片塌落的方式拆除模板。

（5）应在拆模作业区域设置安全警戒线，防止人员误入。拆除后的模板需及时清理。

（6）利用起重机吊运拆除的模板时，模板要码放整齐并捆绑牢固，方可吊运。吊运大块或整体模板，竖向吊运时吊点不少于两个，水平吊运时吊点不少于四个。吊运过程必须使用卡环连接，做到稳起稳落。待模板就位且连接稳固后，才能摘除卡环。

5.2.4 高处作业安全管理

5.2.4.1 高处作业的定义

高处作业是指凡在坠落高度基准面 2 m 以上（含 2 m）有可能坠落的高处进行的作业。

5.2.4.2 高处作业的分级

根据国家标准规定，建筑施工高处作业分为四个等级：

当高处作业高度在 2~5 m 时，划定为一级高处作业，其坠落半径为 2 m。

当高处作业高度在 5~15 m 时，划定为二级高处作业，其坠落半径为 3 m。

当高处作业高度在 15~30 m 时，划定为三级高处作业，其坠落半径为 4 m。

当高处作业高度大于 30 m 时，划定为四级高处作业，其坠落半径为 5 m。

5.2.4.3 高处作业的基本安全要求

（1）施工前，要对登高设备，如升降机、吊篮的运行状况进行全面检查，确保设备无故障，各项安全防护装置完好无损，如升降机的制动装置、吊篮的安全锁等，符合安全标准才能投入使用。

（2）从事高处作业的人员必须正确穿戴合格的安全帽、安全带，安全带要高挂低用，且要系在牢固可靠之处。同时，应配备防滑性能良好的工作鞋，避免在高处行走时滑倒。

（3）恶劣天气下，比如遇到暴雪天气，在雪停后要及时清理作业面上的积雪与结冰，确认安全后再恢复高处作业。在六级及以上强风、雷电、大雾等恶劣天气时，严禁露天高处作业。

（4）高处作业区域的通道应保持畅通无阻，不得堆放任何杂物。所使用的工具、材料等应放置在安全位置，避免意外掉落。工具使用完毕后，要及时放入工具袋，严禁抛掷。

（5）夜间高处施工时，除了保证足够的照明，还需在照明灯具的布局上多留意，避免出现照明死角，同时在危险区域设置明显的反光警示标识。

（6）高处作业时，上下之间务必建立有效的联络机制，可以使用对讲机等通信设备，并且指定专人负责沟通协调，保障信息传递及时准确。

5.2.4.4 攀登与悬空作业安全控制要点

（1）登高作业前，务必对梯子、高凳、脚手架以及建筑结构自带的登高梯道等设施进行细致查验。查看梯子有无断裂隐患、高凳支脚是否稳固、脚手架搭建是否合规等，只有经检查确认安全无虞的，方可用于攀登作业。

（2）施工现场人员必须严格遵循指定通道通行，绝不可在阳台间私自开辟路径登高，也严禁借助起重机起重臂、脚手架零散杆件等非正规设施攀爬，防止意外坠落。

（3）高空开展固定、连接、焊接等作业时，应提前搭建符合安全标准的操作架或平台。同时，作业人员要系好安全带，设置防护网，配备灭火器，全方位落实安全防护措施。

（4）高空管道安装过程中，管道仅作安装用途，严禁人员在上面停留、站立或走动，避免因管道晃动、承重不足引发危险。

（5）绑扎钢筋及安装钢筋骨架时，施工人员不可立足在钢筋骨架之上作业，更不能在骨架间穿梭行走，防止钢筋变形、人员失衡摔倒。

（6）进行框架、过梁、雨篷、小平台混凝土浇筑时，禁止施工人员踩踏模板架攀登，也不能在模板支撑杆上施工作业，以防模板坍塌。此外，在浇筑过程中要密切留意模板变形情况，发现异常立即停止作业。

（7）高处作业使用的工具必须有防掉落措施，比如系上安全绳，避免工具掉落砸伤下方人员。作业结束后，及时清理作业面，将工具、材料归位存放。

（8）当在高处进行交叉作业时，不同作业面之间要设置有效的防护隔离层，防止物体坠落造成人员伤害，各作业班组间需做好沟通协调，避免上下垂直交叉作业。

5.2.5 洞口、临边防护管理

5.2.5.1 一般脚手架安全控制要点

（1）脚手架搭设之前，应根据工程的特点和施工工艺要求编制搭设（包括拆除）专项施工方案。

（2）坑槽、桩孔的上口，柱形基础、条形基础等的上口以及天窗等处，都要按洞口标准采取符合规范的防护措施。

（3）楼梯口、楼梯边应设置防护栏杆，或者用正式工程的楼梯扶手代替临时防护栏杆。

（4）电梯井口除设置固定的栅门外，还应在电梯井内每隔两层（不大于10 m）设一道安全平网防护。

（5）在建工程的地面入口处和施工现场人员流动密集的通道上方，应设置防护棚，防止因落物发生物体打击事故。

（6）施工现场大的坑槽、陡坡等处，除需设置防护设施与安全警示标牌外，夜间还应设红灯示警。

5.2.5.2 洞口的防护设施要求

（1）针对楼板、屋面以及各类平台表面，短边尺寸介于 2.5~25 cm 区间的孔口，必须采用坚固耐用的盖板进行严密封盖处理。为有效预防盖板出现位移情况，可在盖板周边精准打孔，借助螺栓进行锚固作业，确保盖板稳固贴合孔口。

（2）若洞口边长处于 50~150 cm，应当搭建由扣件连接钢管构成的网格栅结构，并在其上方完整满铺竹笆或者脚手板。另外，也能够利用贯穿于混凝土板内部的钢筋来构建防护网栅，在此过程中，要严格把控钢筋网格间距，使其不超过 20 cm，从而有效阻挡物体经由洞口坠落。

（3）垃圾井道与烟道部分，应随着楼层的砌筑施工或者安装工作逐步推进，逐个对洞口实施封堵作业。具体操作应严格依照预留洞口的防护要求进行，确保每一处洞口的防护措施均落实到位。

（4）对于窗台之类竖向洞口，若其下边沿至楼板或者底面的距离小于80 cm，并且侧边落差大于2 m，此时应增设一道高度为1.2 m高的临时护栏。临时护栏的搭建必须稳固可靠，能够切实发挥防护作用，避免人员意外坠落。

（5）当在潮湿环境下处理洞口防护时，所选用的盖板、防护网等材料须具备良好的防锈、防潮性能。例如，可采用经过防锈处理的金属盖板，或者使用特殊防潮材质的塑料盖板，防止环境因素导致防护设施损坏，降低防护效果。

（6）对于一些不规则形状且面积较小的洞口，应定制专用的防护模具进行覆盖。防护模具要紧密贴合洞口轮廓，通过在周边涂抹强力胶水或者使用小型膨胀螺栓固定，保证防护模具稳固，防止物体从洞口缝隙掉落。

（7）在有防火要求的施工区域，洞口防护材料必须选用防火等级高的产品。如使用防火阻燃的木质盖板，或者采用具备防火性能的金属网栅，一旦发生火灾，可有效阻止火势通过洞口蔓延，保障人员和建筑安全。

（8）当洞口周边有电气设备或线路时，防护设施要具备绝缘性能。可采用绝缘橡胶制作的盖板，或者在金属防护设施表面包裹绝缘材料，避免因防护设施接触电气设备引发触电事故，确保施工安全。

5.2.5.3 临边作业安全防护基本规定

（1）临边作业开展期间，必须在显著位置设置安全警示标牌。安全警示标牌应具备醒目性与耐久性，确保过往人员能清晰看到，从而对潜在危险起到有效警示作用，提升现场人员的安全防范意识。

（2）针对基坑周边，如尚未安装栏杆或栏板的阳台周边，缺乏外脚手架防护的楼面与屋面周边，分层施工的楼梯及楼梯段边，龙门架、井架、施工电梯或外脚手架通往建筑物的通道两侧边，框架结构建筑的楼层周边，斜道两侧边，料台与挑平台周边，雨篷与挑檐边，水箱与水塔周边等各类临边区域，都需要严格设置防护栏杆与挡脚板，同时封挂安全立网实现封闭防护。防护栏杆要具备足够强度，材质符合安全标准，安装牢固可靠，高度达到规定要求；挡脚板需紧密贴合地面，高度适宜，防止杂物滚落；安全立网应完整无破损，张挂平整且固定牢固，全方位隔绝危险，保障施工环境安全。

（3）当临边外侧临近街道时，除了常规设置防护栏杆、挡脚板以及封挂立网之外，其立面还需采用荆笆等硬质材料进行封闭处理。荆笆的安装要紧密、牢固，确保无间隙，有效阻挡施工过程中可能掉落的物件，避免对街道上的行人造成伤害，维护公共区域安全。

5.2.5 施工用电安全管理

(1)若施工现场临时用电设备数量达到5台及以上,或者设备总容量在50 kW及以上,必须编制用电组织设计方案。而当临时用电设备数量少于5台,且设备总容量小于50 kW时,则应制定安全用电以及电气防火相关措施。

(2)在变压器中性点直接接地的低压电网临时用电工程中,务必采用TN-S接零保护系统,以此保障用电安全。

(3)一旦施工现场与外电线路共用同一供电系统,电气设备的接地与接零保护方式必须与原系统保持一致。严禁出现一部分设备采用保护接零,而另一部分设备采用保护接地的情况。

(4)配电箱的设置。施工用电配电体系需依次设置总配电箱(配电柜)、分配电箱以及开关箱,严格遵循"总—分—开"的顺序进行分级布局,构建起三级配电的标准模式。

施工用电配电体系里,各个配电箱、开关箱的安装选址极为关键。总配电箱(配电柜)应尽可能靠近变压器或者外电电源接入点,这样能够极大地方便电源引入。分配电箱则适宜安装在用电设备集中或者负荷相对聚集区域的中心位置,以此确保三相负荷维持均衡状态。开关箱的安装位置,要依据现场实际状况与施工工况,尽可能地靠近其所控制的用电设备,减少线路损耗与故障风险。

为切实保障临时用电配电体系的三相负荷均衡,施工现场的动力用电与照明用电应分别构建独立的用电回路。动力配电箱与照明配电箱务必分开设置,防止因混用导致负荷不均,影响用电安全与设备正常运行。

施工现场的所有用电设备,都必须配备专门为其服务的开关箱,实现"一机一箱",杜绝多个设备共用一个开关箱的情况,避免因相互干扰引发电气故障。

各级配电箱的箱体构造与内部设置,都必须严格符合安全规范要求。开关电气需清晰标注用途,方便操作人员识别与操作。箱体应统一编号,便于管理与维护。对于暂时停止使用的配电箱,必须及时切断电源,并锁好箱门,防止无关人员误操作。固定式配电箱周围应设置防护围栏,同时配备防雨、防砸的保护措施,避免自然因素或外力破坏导致配电箱损坏,保障用电安全。

(5)电气装置的选择与装配。施工用电回路与设备必须配置两级漏电保护器。在总配电箱(配电柜)内,应安装总漏电保护器,以此作为初级漏电防护手段。而末级漏电保护器则务必安装在开关箱内部,形成完整的漏电保护体系,有效保障用电安全。

施工用电配电体系的各个配电箱以及开关箱当中，均须装配隔离开关、熔断器或者断路器。这些电气元件应按照顺序，依次设置在电源的进线端，确保电路的正常通断与保护功能得以有效实现。

开关箱内所装配的隔离开关，仅适用于直接控制现场照明电路，以及容量不超过 3 kW 的动力电路。一旦动力电路的容量大于 3 kW，那么在开关箱中就应当采用断路器进行控制。对于那些需要频繁进行通断电操作的开关箱，还应额外附设接触器或者其他类型的启动控制装置，专门用于启动电气设备，保障设备稳定运行。

施工用电配电系统的各级配电箱、开关箱内的电气装置，其额定值与动作整定值必须相互适配。通过精准匹配，确保在出现异常情况时，能够实现分级分段动作，有效切断故障电路，避免事故扩大。

作为开关箱中末级保护的漏电保护器，其额定漏电动作电流不得超过 30 mA，额定漏电动作时间不能长于 0.1 s。倘若处于潮湿环境或者有腐蚀性介质的场所，必须选用防溅型漏电保护器产品。在此类特殊环境下，其额定漏电动作电流应不大于 15 mA，额定漏电动作时间依旧不应超过 0.1 s，以此增强在恶劣环境中的漏电保护能力。

（6）施工现场照明用电。在坑洼、洞穴、竖井等特殊空间作业，以及夜间施工，或在厂房、仓库等功能性场所作业，还有在采光不佳的区域作业，都应依据实际状况，合理设置一般、局部或混合照明系统。常规场所优先选用 220 V 额定电压的照明灯具，以满足普通环境照明需求。

在隧道、人防工程、高温、多尘、潮湿环境，以及灯具安装高度距地不足 2.5 m 的场所，为保障用电安全，照明电源电压需严格控制在 36 V 以内，防止电压过高引发安全事故。

在潮湿且易接触带电体的危险场所，为最大限度保障人员安全，照明电源电压不得超过 24 V，以此降低触电风险。

在特别潮湿的场所（如长期积水的地下室）、导电良好的地面（如金属地面），以及锅炉、金属容器内部等特殊环境，照明作业时电源电压必须限制在 12 V 以下，这是保障作业人员安全的关键。

照明系统所用变压器，必须采用双绕组型安全隔离变压器，严禁使用自耦变压器，因其结构存在较大安全隐患。

室外 220 V 灯具距地面不得低于 3 m，以避免影响行人、车辆通行，并确保灯具稳固安全；室内 220V 灯具距地面不得低于 2.5 m，符合室内空间使用与人员活动需求。

碘钨灯及钠、铊、铟等金属卤化物灯具，因发光特性，安装高度宜在 3 m 以上，且灯线要牢固固定在接线柱上，与灯具表面保持安全距离，预防过热引发线路故障。

照明灯具的选择，除考虑电压等电气参数，还需结合场所特殊需求，如防爆场所选防爆型灯具，防尘场所选防尘型灯具，确保照明系统适配环境，保障安全。

各类施工活动应与内、外电线路保持安全距离，达不到规范要求的最小安全距离时，必须采取可靠的防护和监护措施。

现场金属架（照明灯架、塔吊、施工电梯等垂直提升装置、高大脚手架）和各种大型设施必须按规定装设避雷装置。

5.3 施工安全控制

5.3.1 安全生产和安全控制的概念

5.3.1.1 安全生产的概念

安全生产意味着要让生产进程处于一种能够规避人身伤亡、设备损毁以及其他不被认可的损害风险的状态。所谓不被认可的损害风险，一般涵盖以下情形：超越法律法规以及规章所设定的标准；与企业方针、目标及其他内部规定的要求相背离；超出大众普遍能够接受的范畴。所以说，安全生产实则是一个具有相对性的概念。

5.3.1.2 安全控制的概念

安全控制指的是在生产过程中，针对计划制订、组织协调、监督把控、调节优化以及改进完善等一系列旨在实现生产安全目标所开展的管理工作。

5.3.2 安全控制的方针、目标与特点

5.3.2.1 安全控制的方针

安全控制的目的在于推动安全生产的实现，所以其方针必须与安全生产方针紧密相符，也就是遵循"安全为首，预防先行"的准则。"安全为首"充分体现了"以人为本"这一核心理念，把人的生命安全摆在最为关键的位置，任

何生产活动都得将保障人员安全作为首要前提。而"预防先行"则是实现"安全为首"这一目标的重要途径，它要求在开展安全控制工作时，把工作重点往前移，借助提前察觉风险、拟订防范办法，将可能引发安全事故的各类因素消灭在初始阶段，是安全控制工作里极为核心、关键的指导理念。

5.3.2.2 安全控制的目标

安全控制的目标是降低甚至消除生产过程中的事故，全力守护人员的健康与安全，保证财产不遭受损失。具体来讲，包含以下几个方面：其一，努力减少或者消除人的不安全行为，借助安全教育培训、订立严苛操作规程以及加强监督管理等方式，促使人员形成良好的安全行为习惯；其二，力求降低或消除设备、材料的不安全状态，对设备实施定期维护保养、及时更替老旧设备，严格管控材料质量，确保其符合安全标准；其三，实现改善生产环境、保护自然环境的目标，打造安全舒适的作业环境，在生产进程中重视环境保护，实现安全生产与生态保护的同步发展。

5.3.2.3 安全控制的特点

（1）控制面广。由于建筑工程规模较大，生产工艺复杂，建造过程中流动作业多，高处作业多，作业位置多变，不确定因素多，安全控制工作涉及范围大，控制面广。

（2）控制的动态性。由于工程项目的单件性和施工的分散性，在面对具体的生产环境时，有些工作制度和安全技术措施会有所调整。

（3）控制系统交叉性。工程项目建造过程受自然环境和社会环境影响很大，安全控制需要把这些系统结合起来。

（4）控制的严肃性。安全状态一旦失控，损失较大，其控制措施必须严谨。

5.3.3 施工安全控制的程序和基本要求

5.3.3.1 施工安全控制的程序

（1）确定项目的安全目标。

（2）编制项目安全技术措施计划。

（3）安全技术措施计划的落实和实施。

（4）安全技术措施计划的验证。

（5）持续改进，直至完成工程项目的所有工作。

5.3.3.2 施工安全控制的基本要求

（1）施工前，必须获取安全行政主管部门核发的安全施工许可证，方可开展施工作业。

（2）无论是总承包单位，还是各个分包单位，均须持有施工企业安全资格审查认可证明。

（3）各类岗位人员只有具备对应的执业资格，才允许上岗作业。

（4）所有新入职员工都要接受完整的三级安全教育，涵盖进厂、进车间以及进班组三个阶段的教育内容，以此确保员工掌握基础安全知识。

（5）特殊工种作业人员必须持有特种作业操作证书，并严格依据规定按时进行复查，保证操作资格始终有效。

（6）一旦排查出安全隐患，需落实"五定"原则：确定整改责任人，制定整改措施，规定整改完成时间，确定整改完成人员，指定整改验收人员，形成安全隐患处理闭环。

（7）务必严守安全生产"六关"：落实措施关，做好交底关，强化教育关，把控防护关，严格检查关，推动改进关，全方位保障施工安全。

（8）施工现场应配备齐全的安全设施，且这些设施需符合国家以及地方的相关规定，为施工安全提供硬件保障。

（9）施工机械（尤其是现场安装的起重设备等关键设备）必须经安全检查合格后方可投入使用，防止机械故障引发安全事故。

5.3.4 施工安全技术措施计划的内容、编制及实施

5.3.4.1 施工安全技术措施计划的内容和编制

（1）施工安全技术措施计划的主要内容具体包括：工程概况、控制目标、控制程序、组织机构、职责权限、规章制度、资源配置、安全技术措施、检查评价、奖惩制度等。

（2）施工安全技术措施计划的编制原则。

①针对结构复杂、施工难度较高且专业性突出的工程项目，不仅要拟订项目整体的安全保障计划，还得专门为单位工程或者分部分项工程制定相应的安全技术手段。

②对于高处作业、井下作业这类专业性极强的作业，以及电气、压力容器等特殊工种作业，需要编制单项安全技术规范。同时，要对管理和操作人员的

安全作业资质以及身体状况展开合格审查。

③构建并完善施工安全操作规范，详细编写各施工工种，尤其是危险性较大工种的安全施工操作要求，将其作为规范与考核员工安全行为的重要依据。

④施工安全技术措施包含安全防护设施的搭建以及安全预防办法，主要涵盖防火、防毒、防爆、防洪、防尘、防雷击、防坍塌、防物体打击、防机械伤害、防起重设备滑落、防高空坠落、防交通事故、防寒、防暑、防滑、防环境污染等方面的措施。

5.3.4.2 施工安全技术措施计划的实施

（1）建立安全生产责任制。安全生产责任制是指企业对项目经理部各级领导、各个部门、各类人员所规定的在他们各自职责范围内对安全应负责任的制度，是施工安全技术措施计划实施的重要保证。

（2）广泛开展安全教育。

（3）安全技术交底。

①安全技术交底的根本要求。安全技术交底是施工负责人向施工作业人员落实责任的法定需求，必须在正式开展作业之前完成。该交底工作务必做到详细、精准，且具有极强的针对性，不仅不能走过场，更不能采用毫无变化的通用版本敷衍了事。

②安全技术交底的核心内容。详细说明工程施工方案的具体要求；阐述工程施工作业的特点以及潜在危险点；针对危险点提出切实可行的具体预防手段；强调施工过程中应留意的各类安全事项；明确与之对应的安全操作规程与标准；告知发生事故后需及时采取的避难方法和急救措施。

5.3.5 安全检查

安全检查的目的是消除隐患、防止事故、改善劳动条件及提高员工安全生产意识，是安全控制工作的一项重要内容和手段。通过安全检查可以发现工程中的危险因素，以便有计划地采取措施，保证安全生产。

5.3.5.1 安全检查的类型

安全检查分为日常性、专业性、季节性及节假日前后的检查和不定期检查。

5.3.5.2 安全检查的要求及主要规定

（1）依据施工流程的特性以及安全目标的规定，来明确安全检查所涵盖的具体内容，确保检查内容贴合实际施工情况。

（2）针对安全控制计划的实际执行状况，展开全面的检查、评估与考核。一旦发现作业中存在不安全行为以及安全隐患，须即刻签发安全整改通知书，拟订详尽的整改方案，切实落实整改举措，待整改完成后必须进行复查，保证问题得到妥善解决。

（3）安全检查工作需要配备必要的设备或工具，确定专门的检查负责人，并清晰阐明检查的各项要求，保障检查工作有序推进。

（4）安全检查应采用随机抽样、现场实地观察以及实际检测等方法，同时做好检查结果的记录工作，为后续分析提供准确依据。

（5）对检查所得到的结果深入剖析，精准找出安全隐患，并对其危险程度进行合理判定，以便采取针对性措施。

（6）完成检查后，需编写详实的安全检查报告，并按规定向上级部门报送。

5.4 建筑施工安全事故

5.4.1 建筑施工安全事故的分类

安全事故分为两大类型，即职业伤害事故与职业病。

5.4.1.1 职业伤害事故

职业伤害事故是指生产过程及工作原因或与其相关的其他原因造成的伤亡事故。

5.4.1.2 职业病

经诊断因从事接触有毒有害物质或不良环境的工作而造成的急慢性疾病，属职业病。

5.4.2 建筑施工安全事故的处理

5.4.2.1 安全事故处理的原则

（1）若事故原因尚未查明，绝不轻易放过。务必深入调查，直至将事故发生的根源彻底厘清，杜绝不明不白了结事故的情况。

（2）事故责任者以及相关员工若未接受全面且深刻的教育，处理工作不能结束。通过安全教育，让他们充分认识到事故的严重性与危害性，避免类似行为再次发生。

（3）对于事故责任者，若未依法依规进行严肃处理，绝不罢休。要依据责任大小和情节轻重，给予相应的惩处，彰显对事故责任追究的严肃性。

（4）若未制定切实可行的防范措施，坚决不能放过此次事故。需针对事故原因和暴露的问题，制订完善的防范方案，防止类似事故再次发生。

5.4.2.2　安全事故处理程序

（1）一旦发生安全事故，需即刻上报，争分夺秒对伤员展开紧急救治，同时妥善保护事故现场，确保现场原始状态不受破坏。

（2）立即采取行动排除危险状况，有效遏制事故进一步恶化与蔓延，尽可能降低事故造成的损失范围。

（3）迅速组建事故调查组，全力开展安全事故调查工作，力求全面、准确地了解事故全貌。

（4）对事故现场进行细致勘察，从多方面深入剖析事故产生的原因，不放过任何可能的因素。

（5）清晰界定事故责任，依据责任认定结果，对事故责任者依规进行严肃处理。

（6）精心撰写事故调查报告，在报告中明确提出合理的处理意见以及切实可行的防范措施建议。

（7）完成事故审定工作，做好结案手续，并对事故信息进行详细登记备案，为后续总结经验教训提供完整资料。

5.5　建筑工程项目应急管理

5.5.1　项目应急管理的概念和突发事件的类别

5.5.1.1　项目应急管理概述

突发事件，泛指那些突如其来、事先难以预见且具有严重破坏性的事件。在项目范畴内，项目突发事件指的是在项目推进过程中，未曾预估到其发生且未提前筹备应对，却又亟须迅速作出决策的紧急状况或灾害事故。

应急管理融合了科学知识、技术手段、规划安排以及管理策略，专门用以应对可能引发重大人员伤亡、巨额财产损失或严重扰乱社会秩序的极端事件。项目应急管理是针对项目实施期间所遭遇的各类突发事件所开展的应急管理工作。

5.5.1.2 突发事件的类别划分

准确识别突发事件是应急管理得以有效开展的首要条件与根基。只有明晰不同突发事件的特性，并对其进行精准分类，才能实现对突发事件的有效监测与妥善处置。依据突发事件的成因，可将其划分为以下几类：

（1）技术类突发事件。主要源于技术层面的失误、漏洞，进而引发危害后果。

（2）自然类突发事件。多由自然环境的突然变化所致，如气候异常波动、地震等自然灾害。

（3）政治类突发事件。通常因政治体系变动、战争冲突或者公共事业政策调整等因素引发。

（4）社会类突发事件。往往是社会各利益群体之间的矛盾激化产生，比如环保组织发起的抗议活动。

（5）组织类突发事件。一般由组织内部的架构问题、人员特性等因素引发，如工作人员因不同民俗文化背景产生的冲突。

5.5.2 项目应急管理动态过程分析

5.5.2.1 项目应急管理动态模式

针对建筑工程项目本身的复杂性、多阶段性，将项目进行的全过程（项目定义阶段、项目设计阶段、项目实施阶段、竣工验收阶段、运营维护阶段）实行动态管理，将应急管理划分为监控察觉、核查认定、决策制定、贯彻实施、反馈跟进、修复恢复、总结评价七个阶段，这个模式对建筑工程整个全过程和全过程的每一个阶段均实行动态管理。

（1）监控察觉。对突发事件作出快速响应，依赖于早期对其的监控察觉。监控察觉通过对潜在风险的追踪把控，以及相关信息的收集获取来实现。在工程项目的每一个阶段，都需要针对本阶段以及之前阶段遗留的所有潜在隐患展开监控。从纵向视角看，监控内容涵盖工程过往情况的回溯、当前状态的研究以及未来趋势的预估；从横向层面来讲，涉及与工程直接关联的利益群体、存在间接联系的外部团体，还有政策动态等方面。

（2）核查认定。一旦监控过程中发现问题，就需进入核查认定阶段。该阶段的主要任务是对问题的性质与条件展开深入分析研究，并撰写详细的问题分析报告。若经分析发现问题对工程目标的影响微乎其微，不足以造成实质性损害，便重新回到监控察觉阶段。

（3）决策制定。在确认突发事件确实存在后，为了扭转局面或阻止其进一步恶化，必须构建一套应急方案。决策的难点在于突发事件呈现出多样化与复杂性的特征，这必然会对工程的多目标体系产生影响。当各目标之间出现冲突时，按照目标优先级来筛选确定方案。通过对突发事件的诊断评估，判断其严重程度，进而明确应由哪个层级的管理人员行使决策权。若突发事件由外部重大事件引发，或者事件本身极为重要，决策权应归属于主要领导；若问题仅为现场局部隐患，经监控和核查认定后，应即刻采取措施予以化解或控制，防止其扩大。

（4）贯彻实施。在应急方案的执行过程中，要建立完善的管理信息系统，明确各方责任与风险分担。同时，充分考虑其他方面可能出现的阻碍因素，确保方案得以有效施行。

（5）反馈跟进。执行阶段同时伴随着反馈机制的运行。在此过程中，不仅要及时获取方案执行的反馈信息，还需对执行过程中出现的新变化进行信息采集，深入研究潜在的变动情况。一旦发现新问题，应再次进入监控察觉阶段。反馈回来的内容极具价值，它能够将决策阶段未曾预见到的问题一一呈现出来。

（6）修复恢复。灾难性突发事件常常会对项目的人际关系以及物质层面造成损害。针对这些损害，必须及时进行弥补与修复，促使组织和项目尽快回归正常运行轨道。

（7）总结评价。突发事件为人们提供了极为宝贵的学习契机。它能够暴露出组织内部的薄弱环节，而这些弱点在常规状态下往往不易被察觉。从这个角度而言，借助突发事件，可以摒弃那些可能长期存在于组织内部、容易引发突发事件的行为和流程，进而提升组织运行效率，同时为后续的应急管理积累宝贵经验。

5.5.2.2 影响应急管理过程的重要因素

影响应急管理进程的四个核心要素，分别是战略规划、企业氛围、应急管理团队与组织举措。战略规划明确了企业与外部环境的互动模式，全方位融入组织运转的各个环节，从本质上对应急管理的最终效果产生决定性影响。企业氛围既会因突发事件的冲击而波动，也是应对危机的内在支撑。应急管理团队作为关键的执行单元，在整个应急体系里承担着举足轻重的职责。战略规划、企业氛围和应急管理团队彼此关联，共同推动组织举措得以切实施行。

组织举措旨在通过顶层设计（责任、体系）、过程控制（风险、隐患、培训）、应急准备（预案、资源、演练）、动态监督（检查、科技）、闭环改进（反馈、问责、提升）及协同保障（沟通、投入），系统性地提升组织安全风险防控能力与突发事件响应效能，为项目顺利实施构筑坚实屏障。

第6章 绿色文明施工管理

6.1 绿色工程概述

6.1.1 绿色工程项目管理的概念

在研究工程项目建设如何与环境协调发展时，我们可以从"绿色运动"和"绿色产业"入手，发现绿色理念主要包含三个核心要素。

一是节约。节约包括两个层次的含义：其一是减少原材料的消耗；其二是降低能源的使用量，以提升资源利用效率。

二是回用。美国系统论哲学家欧文.拉兹洛指出，在系统层次由低向高推进时，其内部结合度呈递减趋势。遵循这一原理，绿色回用要求产品具备可拆卸性，以便资源能在系统解体后重新组合，实现循环利用。

三是循环。生态系统是一个"生产—消费—复原"的闭合循环系统，而传统工业模式则存在"原料—产品—废料"的断裂链条，导致资源浪费和环境污染。绿色工程管理强调通过改进生产模式，使废弃物能够重新成为生产原料，减少污染，实现人与自然的和谐共生，如图6.1所示。

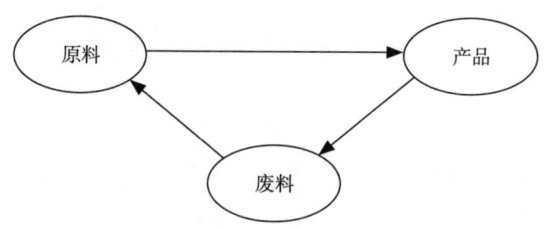

图6.1 循环示意图

结合绿色理念及我国可持续发展目标，绿色工程项目管理可定义为通过系统化的规划、控制和协调，从项目构思到竣工全过程进行管理，确保项目在满足质量和生态标准的基础上，于规定时间和预算内完成。从微观角度看，绿色工程管理有助于提高项目经济效益，推动企业可持续发展；从宏观角度看，它能够改善人类生活质量，同时保护生态环境，促进社会与自然的协调发展。

6.1.2 实现绿色工程项目管理的意义

绿色工程项目管理在多个领域具有深远影响。

（1）环境保护。减少污染排放，降低施工对生态环境的破坏。

（2）资源节约。优化资源配置，提高原材料的综合利用率。

（3）生态平衡。确保施工过程符合生态系统物质、能量流通规律，不破坏生态稳定性。

（4）经济效益。通过节约成本和提高资源利用效率，提升项目的整体经济回报。

（5）管理优化。强化施工全过程的资源调度，提高工程管理的科学性和合理性。

（6）社会效益。推动工程建设向绿色化、低碳化方向发展，实现社会经济可持续增长。

绿色工程项目管理不仅代表着技术进步，也是社会迈向生态经济时代的重要标志。

6.1.3 绿色工程项目管理与传统工程项目管理的区别

绿色工程项目管理与传统工程项目管理的显著不同体现在以下几个方面。

（1）目标导向。传统工程项目管理以经济效益为核心，而绿色工程项目管理则强调经济效益与环境效益并重。

（2）资源利用。传统工程项目管理往往造成资源浪费，而绿色工程项目管理更注重资源的优化配置和高效利用。

（3）污染控制。传统工程项目管理中，建筑垃圾通常直接丢弃，而绿色工程项目管理强调建筑废料的回收与再利用，降低污染。

（4）污染治理方式。传统工程项目管理先污染后治理，而绿色工程项目管理采取污染预防与治理并举的策略，在源头上减少污染。

（5）施工与环保融合。传统工程项目管理施工与环保是相互独立的，而绿色工程项目管理将环保措施融入施工全过程。

（6）成本控制。传统工程项目管理成本一次性投入较高，而绿色工程项目管理通过节能、节材等方式降低成本，提高可持续性。

6.2 文明施工概述

6.2.1 文明施工的概念

文明施工指的是在施工过程中，保持作业环境整洁有序，减少施工对周围环境的影响，并确保施工人员的安全与健康。

6.2.1.1 文明施工的主要内容

（1）规范施工现场。保持施工区域干净整洁，合理布局各类设施。

（2）科学组织施工。优化施工流程，提高施工效率。

（3）减少环境影响。采取降噪、防尘等措施，降低施工对周边居民和生态环境的不良影响。

（4）保障职工健康。提供安全的作业条件，预防职业病和意外事故。

6.2.1.2 文明施工的意义

（1）提升管理水平。文明施工能够促进企业管理制度的规范化，提高整体施工管理能力。

（2）降低环境污染。减少施工对空气、水源、土壤等生态环境的破坏，符合绿色施工要求。

（3）维护企业形象。文明施工有助于塑造企业的良好社会形象，提高行业竞争力。

（4）保障员工福祉。提供安全、舒适的工作环境，提高施工人员的健康水平和工作满意度。

6.2.2 现场文明施工的基本要求

（1）设置施工标牌，明确项目信息。

（2）施工人员佩戴身份标识，加强现场管理。

（3）科学布置临时设施，保障施工秩序。

（4）规范电力设施使用，确保施工安全。

（5）机械设备合理摆放，避免阻碍施工道路通行。

（6）现场垃圾及时清理，保持作业环境整洁。

（7）配备足量劳动防护用品，确保安全施工。

（8）设置员工生活设施，保障用餐、饮水等基本需求。

（9）加强安全管理，制定防火防盗措施。

6.3 绿色文明施工管理内容

绿色文明施工管理涵盖组织、规划、实施、评价及安全管理五个方面。

6.3.1 组织管理

（1）建立绿色施工管理体系。建筑工程施工项目应构建完善的绿色施工管理体系，并制定相应的管理制度，实行目标管理。该管理体系由建设单位、监理单位、施工单位及政府相关主管部门共同组成，形成多方协作的管理网络，以确保绿色施工目标顺利实现。其中，施工单位作为绿色施工的主要责任主体，需全面负责具体实施工作。绿色施工目标是施工项目总体目标（涵盖进度、成本、质量等）的一部分，对项目的可持续发展至关重要。

（2）各参建方的责任分工。建筑工程项目的参与方（建设单位、监理单位、施工单位等）需各自承担相应的绿色施工责任，以保证绿色施工的有效落实。

①建设单位的责任。建设单位应向施工方提供完整、真实的绿色施工相关资料，并在工程预算编制及招标文件中明确绿色施工要求，确保工程建设符合环保标准。同时，建设单位需在场地、环境、工期、资金等方面提供支持，并联合各参建方接受政府监管，协调各方共同推进绿色施工管理工作。

②监理单位的责任。监理单位需对施工方的绿色施工工作进行严格监督，审查施工组织设计中的绿色施工方案或专项措施，确保其科学合理，并符合环保要求。在施工过程中，监理单位需定期检查施工现场绿色施工的执行情况，并对落实情况进行评估，督促施工单位改进不足之处，确保绿色施工措施得以有效实施。

③施工单位的责任。作为绿色施工的核心执行者，施工单位需全面负责绿色施工的推进和落实。对于总承包管理的工程，总承包单位需对整个绿色施工过程负总责，专业承包单位则需接受管理，并确保施工范围内的绿色施工符合标准。施工项目部应建立健全的绿色施工管理体系，由项目经理作为第一责任人，制定相关管理制度，并定期组织自查、考核与评估。此外，施工单位还应安排专人负责绿色施工的监督，确保施工过程符合环保要求，提高资源利用率，减少环境污染。

6.3.2 规划管理

（1）制订绿色施工方案。绿色施工方案应在施工组织设计中独立成章，并按照相关审批流程进行审核。方案编制前，需进行详细的策划，明确绿色施工的目标，并在设计文件中以量化指标呈现，如节约材料的具体数量、资源利用率的提升幅度、施工噪声降低的数值等。同时，应结合整体施工方案，标明各个施工阶段的绿色施工管控重点，并列出具体的专项管理措施，以确保绿色施工理念得到有效落实。

（2）绿色施工方案的核心内容。

①环境保护措施。制订环境管理计划及应急预案，采取科学有效的手段降低施工对环境的影响，同时保护地下管线、文物资源等关键设施。

②节约材料措施。在确保工程质量和施工安全的前提下，优化施工工艺，减少建筑废弃物，并尽可能选用可循环利用的材料，提升资源使用效率。

③节水管理策略。根据项目所在地的水资源情况，合理规划用水方案，采用节水型施工工艺，减少水资源浪费。

④节能措施。制订施工节能计划，设定具体的节能目标，并采取合理的节能技术，如优化施工设备能耗、减少不必要的电力浪费等。

⑤施工用地保护策略。科学合理规划施工现场的用地布局，优化临时设施的安排，最大限度减少土地资源的浪费，并采取有效措施保护场地环境。

通过上述措施，绿色施工方案不仅能减少资源消耗和环境污染，还能提高施工管理效率，实现工程的可持续发展。

6.3.3 实施管理

在施工过程中，绿色施工管理应贯穿始终，通过目标管理与动态管理相结合的方式，强化施工策划、施工准备、材料采购、现场施工以及工程验收等各环节的监督与优化，确保绿色施工要求落到实处。

（1）强化绿色施工宣传与培训。结合项目特点，制订针对性的绿色施工宣传计划，营造良好的施工环保氛围。定期组织施工人员开展绿色施工培训，增强环保意识。在技术交底、作业培训及考核中，明确绿色施工相关要求，使施工人员充分认识到环境保护的重要性，提高其责任意识和执行能力。

（2）加强施工现场环保管理。施工现场是绿色施工管理的关键区域，施工过程中产生的污染及资源消耗主要集中于此。因此，加强现场管理、优化资源配置、减少能源浪费，是实现绿色施工目标的重要环节。

（3）科学规划施工用地。在施工组织设计阶段，应合理规划施工现场平面布局，确保场地资源得到高效利用。当现有施工场地有限，需要额外用地时，必须经过建设单位协调，并获得规划部门或相关主管单位的审批后方可使用。此外，施工现场的办公区和生活区应设置明显的环保标识（如节水、节能、节约材料等提示），以提醒施工人员严格遵守环保管理规定，养成绿色施工的良好习惯。

通过以上措施，绿色施工管理能够在施工全过程中有效落实，提高资源利用率，减少环境污染，实现可持续发展的施工目标。

6.3.4 评价管理

为确保绿色施工的有效性，建筑工程项目需建立科学的绿色施工评价体系。评价对象主要针对单位工程施工过程，按照"施工批次—施工阶段—单位工程"的顺序依次进行评估。评价原则上，施工单位需先进行自查，随后由建设单位、监理单位或政府主管部门等相关机构进行最终验收。

6.3.4.1 绿色施工项目标准

符合绿色施工项目标准的建筑工程需满足以下基本要求：

①建立绿色施工管理体系，并制定相应的管理制度，实行目标管理。

②开展绿色施工深化设计，对施工图纸进行审核，以确保其符合绿色施工要求。

③编制施工组织设计与施工方案，其中需单独设置绿色施工章节，明确绿色施工目标，并涵盖"四节一环保"要求。

④落实工程技术交底，确保施工团队理解并执行绿色施工措施。

⑤采用绿色施工技术，包括新型环保材料、新技术、新工艺和先进设备，以减少施工对环境的影响。

⑥建立绿色施工培训机制，并形成培训记录，以提升施工人员的环保意识和执行能力。

⑦实施持续改进措施，根据检查结果不断优化施工管理方式。

⑧建立绿色施工档案，记录施工过程中的环保管理情况，包括见证资料、自检评价记录及相关影像资料。

6.3.4.2 绿色施工评价框架体系

绿色施工评价框架体系主要由评价阶段、评价要素、评价指标和评价等级四部分构成，具体内容如下。

①三个评价阶段。地基与基础工程，评估基础施工的绿色施工执行情况；结构工程，考察结构施工阶段的环保措施落实情况；装饰装修与机电安装工程，针对精装修及设备安装阶段的绿色施工措施进行评估。

②五个评价要素。依据《绿色施工导则》，从节能、节地、节水、节材及环境保护五个方面对施工过程进行考核。

③三类评价指标。控制项，绿色施工过程中必须达到的基本要求；一般项，根据施工实际情况进行评分的考核指标；优选项，施工难度较大、环保要求更高的加分项。

④三个评价等级。不合格，达不到绿色施工基本标准；合格，符合绿色施工标准要求；优良，环保措施执行上表现突出，达到较高的绿色施工水平。

6.3.5 安全管理

制定施工防尘、防毒、防辐射等职业危害的防范措施，保障施工人员的长期职业健康。合理布置施工场地，保护生活及办公区不受施工活动的有害影响。施工现场建立卫生急救、保健防疫制度，在安全事故和疫情出现时提供及时救助。提供卫生、健康的工作与生活环境，加强对施工人员的住宿、膳食、饮用水等生活与环境卫生管理，明显改善施工人员的生活条件。

6.4 实现绿色文明施工的途径

6.4.1 大气污染的防治

6.4.1.1 大气污染的类别

施工过程中，大气污染物主要以气态污染物和颗粒污染物两种形态存在，其中部分物质对生态环境及人体健康有较大危害。

（1）气态污染物。分子状态污染物指在常温常压下，以气体分子形式扩散在空气中的污染物，如燃烧化石燃料时释放的二氧化硫、氮氧化物和一氧化碳等。蒸气状态污染物指易挥发的物质，如机动车尾气、沥青烟雾等，其中含有大量碳氢化合物，容易造成空气污染。

（2）颗粒污染物。颗粒污染物指悬浮在空气中的细小固体颗粒或液滴，主要来源于锅炉燃烧、熔化炉排放、厨房煤烟，以及建筑材料的粉碎、筛分、运输等过程产生的扬尘。

6.4.1.2 大气污染防治措施

（1）除尘技术。施工现场应配备高效除尘设备，例如在锅炉排放口安装除尘装置，并通过遮盖、洒水等措施降低粉尘污染。

（2）气态污染物治理技术。采用吸收法、吸附法、催化法、燃烧法、冷凝法及生物降解法等方式减少空气中的有害气体。

6.4.1.3 施工现场空气污染防控措施

（1）施工道路维护。安排专人定期洒水、清扫，减少地面粉尘。

（2）细颗粒材料储存。如水泥、粉煤灰等，应采用密封或遮盖存放，防止飞扬。

（3）施工车辆管理。进出工地的车辆应清洗车轮及车身，防止扬尘扩散。

（4）禁止露天焚烧废弃物。如塑料、橡胶、建筑垃圾等，以避免释放有害气体。

（5）施工机械环保改造。工地车辆应安装尾气净化装置，确保排放符合环保标准。

（6）搅拌站管理。在大城市区域，施工现场禁止搅拌混凝土；若设置搅拌站，应封闭处理，并安装除尘设备。

（7）建筑拆除防尘措施。拆除作业前适量洒水，以减少粉尘扩散。

6.4.2 水污染的防治

6.4.2.1 施工废水的主要来源

施工现场的水污染主要来源于以下几类废水：

（1）建筑材料废水。如混凝土外加剂、油漆残留等。

（2）化学污染物。如酸碱盐、重金属溶液等。

（3）油类污染。如机械设备泄漏的柴油、润滑油等。

6.4.2.2 水污染控制措施

（1）有害废弃物管理。禁止将含有毒有害物质的废弃物用于填埋，防止地下水污染。

（2）废水沉淀处理。施工产生的污水（如混凝土搅拌废水、电石废水等），应通过沉淀池处理后达标排放或回收用于降尘等用途。

（3）油料存放区防渗处理。存放油料的区域应采取防渗措施，如铺设防渗地面，防止油污泄漏。

（4）食堂污水处理。施工现场的餐厨污水应经过隔油池处理，以减少油脂污染。

（5）厕所及化粪池管理。临时厕所及化粪池应设防渗措施，确保废水不会渗透污染土壤。

（6）化学品与外加剂存储。化学品及混凝土外加剂应存放于专用仓库，避免泄漏导致水污染。

6.4.3 固体废弃物处理

6.4.3.1 施工现场常见的固体废弃物

施工现场会产生多种固体废弃物，主要包括如下几种：

（1）建筑废料。如砖石碎块、混凝土块、钢筋废料等。

（2）包装废弃物。如塑料薄膜、木托盘、纸箱等。

（3）生活垃圾。如食品包装、厨余垃圾等。

（4）设备维修废弃物。如废机油、金属屑、旧电线等。

6.4.3.2 固体废弃物的处理措施

（1）分类回收利用。对可回收的建筑材料（如废钢筋、玻璃、木材等）进行分类存放，提高资源利用率。

（2）减量化处理。采用压缩、脱水、破碎等方式减少固体废弃物体积，降低运输成本和填埋占地。

（3）焚烧处理。对于不可回收的有机废弃物，可采用环保焚烧技术进行处理，减少垃圾堆积。

（4）稳定化与固化。利用水泥或化学试剂将有害废弃物固化，降低其毒性和渗透性。

（5）安全填埋。对于无法回收或处理的固体废弃物，需进行无害化处理后填埋，并做好环境保护措施，以防止二次污染。

6.4.4 施工噪声控制

6.4.4.1 施工噪声的来源与影响

施工过程中,机械运转、敲击、切割等作业会产生噪声,影响周围居民生活,并可能对施工人员健康造成损害,如听力下降、睡眠障碍等。

6.4.4.2 施工噪声控制措施

(1)降低噪声源的声级强度。选用低噪声设备,并对机械设备安装消声器或减震垫。

(2)减少噪声传播。在施工现场外围设置隔音屏障或吸声墙,降低噪声传播范围。

(3)保护施工人员。施工人员在高噪声环境下作业时,应佩戴耳塞或隔音耳罩,以减少听力损害。

(4)减少人为噪声。施工现场应避免大声喧哗、敲击金属等不必要的噪声污染。

(5)合理安排施工时间。避免夜间(22:00—次日6:00)进行强噪声施工,在特殊情况下需夜间作业的,须提前向相关部门报批,并采取降噪措施。

6.4.4.3 施工噪声限值

根据《建筑施工场界环境噪声排放标准》(GB 12523—2011),不同施工阶段的噪声限值见表6.1。

表6.1 建筑施工场界噪声限值

施工阶段	主要噪声源	噪声限值/dB	
		昼间	夜间
土石方	推土机、挖掘机、装载机等	70	55
打桩	各种打桩机械等	70	禁止施工
结构	混凝土搅拌机、振捣棒、电锯等	70	55
装修	吊车、升降机等	65	55

第 7 章 智能建造信息管理

7.1 智能建造信息管理概述

7.1.1 建筑工程项目中的信息

建筑工程项目的施工周期较长，涉及多个建设单位，施工任务复杂，且参与人员众多。因此，为确保施工过程的顺利推进和有效管理，各参建单位及内部管理部门之间需要保持高效的信息交流。在这些信息中，施工单位承担的接收、处理和存储任务最为繁重，随着项目推进，信息量呈指数级增长，工程资料也随之增加，给管理带来了巨大挑战。

7.1.1.1 建筑工程项目中的信息类别

（1）项目基本资料。包括工程勘察报告、设计文件、项目手册、合同协议、管理规划、作业计划等。

（2）现场施工信息。涵盖施工进度、成本控制、质量管理等，通常以日报、月报、专题报告、突发事件报告等形式记录，同时涉及设备、人员、材料的使用情况。此外，这些信息还包含对施工问题的分析、计划执行情况以及趋势预测等内容。

（3）管理指令与决策信息。包括施工过程中发布的各类管理指令、决策调整、优化方案等。

（4）外部环境信息。涉及影响工程施工的外部因素（如国家政策法规、行业标准、市场动态、气候变化、政治环境等），以便施工单位及时调整管理策略。

7.1.1.2 建筑工程项目信息的基本要求

（1）建筑工程项目信息的管理需遵循以下原则，以确保信息的准确性和实用性。

（2）内容完整。提供全面的工程数据，确保施工管理有据可依，避免因信息缺失影响施工决策。

（3）精准适量。避免信息过载或冗余，确保关键信息得到高效利用。

（4）分类明确。按照不同的管理需求进行信息分类，以提高信息流转的便捷性。

（5）真实有效。施工报告及工程数据应真实、客观地反映实际情况，确保管理层能够据此作出合理决策。

（6）及时传递。信息的高效传递是确保施工顺利进行的关键，只有及时更新数据，管理者才能迅速作出调整，施工人员也能准确执行最新指令。

7.1.2 项目信息管理的任务

在工程施工过程中，信息管理的主要任务包括以下几点：

（1）制订并执行信息管理计划，明确信息的采集、传递和存储方式。

（2）规范项目报告制度，确保数据格式、内容和结构的标准化，便于信息的分析与决策。

（3）建立项目管理信息系统，优化数据处理流程，提高信息共享效率。

（4）加强文档管理，分类存档工程资料，确保信息可追溯、可查询，提高施工管理的有序性。

7.1.3 现代信息科学带来的影响

随着信息技术的不断发展，建筑工程的信息管理逐步向数字化和智能化方向迈进。现代信息技术对施工管理的影响主要体现在以下几个方面：

（1）加快信息反馈速度。提高施工进度数据的获取效率，使管理层能够迅速发现问题并采取相应对策。

（2）提高施工透明度。实时监控施工进展，使管理者能够全面掌握项目情况，增强管理的可控性。

（3）促进施工目标落实。智能化信息管理系统可帮助管理层及时发现施工偏差，确保工程按计划推进。

（4）增强信息的准确性。利用数字化技术减少人为错误，提高数据的可靠性。

（5）拓宽信息获取渠道。借助互联网技术，施工单位能够快速获取行业动态、市场行情等关键信息，提升决策的科学性。

（6）提升风险管理能力。智能化信息分析工具可对项目风险进行预测和评估，提高施工安全性和工程质量管理水平。

7.2 建筑工程项目报告系统

7.2.1 建筑工程项目报告种类

在建筑工程项目中，报告是管理和决策的重要工具，按照不同的分类方式，可将其划分如下：

7.2.1.1 按时间周期分类

日报、周报、月报、年报：用于定期记录施工进度、质量控制、安全状况及成本管理等关键信息，以便管理层及时掌握项目情况。

7.2.1.2 按项目层级分类

工作包报告、单位工程报告、单项工程报告、整体项目报告：针对不同管理层级，提供相应的施工信息，确保工程管理的系统性和层次清晰。

7.2.1.3 按内容类型分类

质量报告、成本报告、工期报告：分别用于跟踪施工质量、安全状况及进度执行情况，确保项目各项指标达标。

7.2.1.4 按特殊情况分类

风险分析报告、总结报告、专题报告、突发事件报告：用于应对施工中的异常情况，如重大安全事故、技术难题或环境因素导致的进度变更，同时用于阶段性总结和经验归纳。

7.2.2 报告的要求

为了让项目组织间顺利沟通，发挥作用，报告必须符合以下要求：

（1）与目标一致。报告的内容和描述，主要说明目标的完成程度和围绕目标存在的问题。

（2）符合特定的要求。包括相应层次的管理人员对项目信息需要了解的程度，以及各个职能人员对专业技术工作和管理工作的需要。

（3）规范化、系统化。即在管理信息系统中应完整地定义报告系统结构和内容，对报告的格式、数据结构进行标准化，确保报告的形式统一。

（4）处理简单化。内容清楚明了，易于理解，不会产生歧义。

（5）侧重点鲜明。报告通常包括概况说明和重大的差异说明，主要的活动和事件的说明。报告侧重实际效用，而不过多注重信息的完整性。

项目初期，建立项目的报告系统时，要解决以下两个问题：

（1）系统化。罗列项目过程中应有的各种报告并系统化。

（2）标准化。确定各种报告的形式、结构、内容、数据、采集和处理方式，并标准化。设计报告时事先应对各层次（包括上层系统组织和环境组织）的人员列表提问：需要什么信息？从哪里获得？怎样传递？怎样标识它的内容？最终，建立如表7.1所示的报告目录表。

在编制工程计划时，应当考虑需要的各种报告及其性质、范围和频次，可以在合同或项目手册中确定。

原始资料应一次性收集，以保证相同的信息、相同的来源。在将资料纳入报告前，应对相关信息进行可信度检查，并将计划值引入，以便对比。

表 7.1　报告目录表

报告名称	报告时间	提供者	接收者		
		A	B	C	D

原则上，报告从最底层开始，它的资料最基础的来源是工程活动，包括工

期、质量、安全、人力、材料消耗、费用等情况的记录,以及试验验收检查记录。上层的报告应在此基础上,按照项目结构和组织结构层层归纳、提炼,作出分析和比较,形成金字塔形的报告系统,如见图 7.1 所示。这些报告的内容由下而上不断提炼。

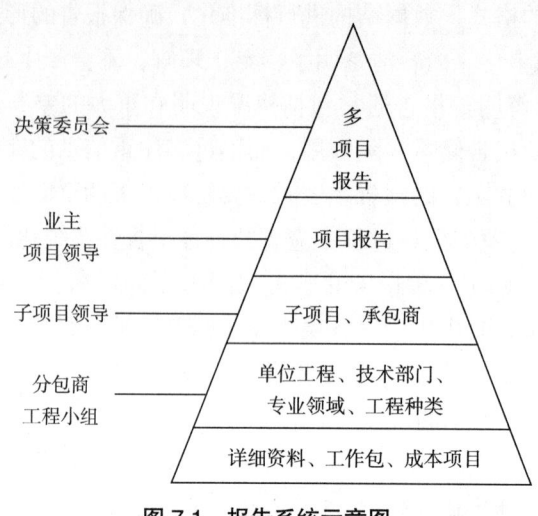

图 7.1　报告系统示意图

7.3　建筑工程项目管理信息系统

7.3.1　项目管理信息系统概述

在建筑工程管理过程中,信息的收集、处理和传递构成项目管理信息系统(PMIS)的核心内容。该系统类似于工程管理的神经网络,负责连接和协调各管理职能,使工程项目运行更加高效和有序。

构建完善的信息管理系统并确保其稳定运行,是项目管理者的重要任务,同时是保障工程顺利推进的关键。管理者作为信息中心,需确保施工过程中各类信息的有效传递,并对繁杂的数据进行筛选、分析和归纳,以辅助决策。如果信息系统运行不畅,可能导致管理人员无法及时获取重要数据,甚至因信息混乱而影响施工进度和工程质量。

项目管理信息系统通常具备通用信息系统的基本特性,其结构可参考图 7.2。此外,系统的实施需经过规划、设计、执行及优化控制等阶段,以确保其在工程建设中的高效运作。

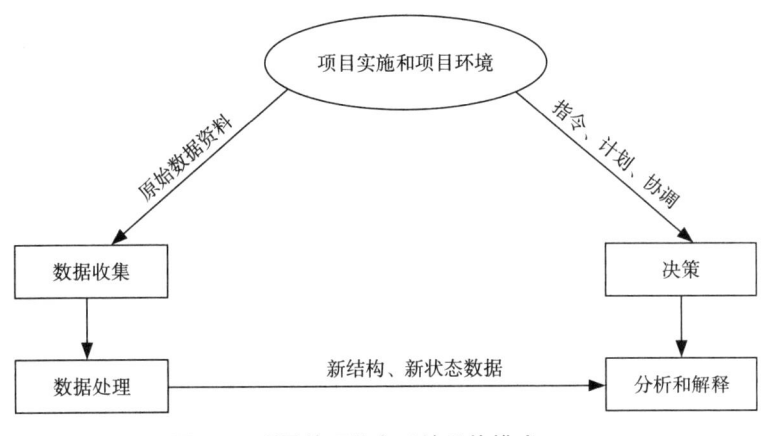

图 7.2　项目管理信息系统总体模式

项目管理信息系统必须经过专门的策划和设计，并在项目实施中控制其运行。

7.3.2　项目管理信息系统的建立过程

项目管理信息系统的建立基于项目组织模式、管理流程及执行机制，这些要素相互关联，共同影响系统的运行。在搭建信息系统时，需要重点关注以下几个方面：

7.3.2.1　确定信息需求

不同管理层次和职能部门所需的信息各不相同，因此在系统构建前，必须明确以下几点：

（1）施工管理人员、项目领导及外部监管机构需要哪些信息？

（2）信息应如何分类？如何存储和获取？

（3）何时、从何渠道获取这些信息？

此外，还需考虑政府监管部门、行业标准机构等外部单位的管理需求，以确保系统的数据输出满足行业和法律要求。

7.3.2.2　信息收集与处理

（1）数据收集。施工过程中每天都会产生大量数据，如施工日志、记工单、材料领用单、任务单、设计图纸、会议纪要、管理指令等。

需要明确数据的采集渠道，并指定专人负责整理、归档，确保信息的完整性和准确性。

该任务通常由施工班组长、材料管理员、项目核算员、分包单位负责人等共同承担。

（2）数据处理。由于工程数据庞杂，需对原始信息进行分类、筛选、统计分析，并根据管理需求进行整理归档。

数据处理方法包括几下几种：
①基本数据操作。排序、合并、插入、删除、修改等。
②统计与分析。利用数学模型或软件工具进行计算、分析、生成报表。
③逻辑判断。评估数据的准确性、来源的可靠性，并据此进行风险评估和工程诊断。

7.3.2.3 建立索引及数据存储体系

（1）施工项目的各种数据应进行分类存储，并建立索引，以方便随时查询和调用。

（2）许多数据具有长期保存的价值，如合同文档、设计变更记录、工程验收报告等，这些资料应存放在安全的存储介质中（如纸质档案、电子数据库、云存储系统），确保数据的安全性和可追溯性。

7.3.2.4 信息传递与共享机制

（1）高效的信息传递是确保工程管理灵活性的关键，管理者需要在最短时间内获取关键信息。

（2）信息系统应避免冗余传输，仅传递有效内容，减少数据混乱，提高管理效率。

（3）施工单位可利用内部数据库、云计算平台、移动端信息共享系统等现代化工具，提高信息流转的速度和准确性。

7.4 建筑工程项目文档管理

7.4.1 文档管理的任务和基本要求

在建筑工程项目管理中，施工资料的收集、存储与流转至关重要。文档管理的核心目标是确保各类工程资料井然有序，使相关人员能够及时、准确地获取信息。高效的文档管理不仅是施工组织顺利运行的重要保障，也是工程管理信息系统的基础。

7.4.1.1 文档管理的基本要求

（1）系统化管理。所有施工资料均需纳入统一的管理体系，并提前制订分类、存储及流转方案，以确保信息管理的规范性和高效性。

（2）文档编号。每份文件均需设立唯一编码，以避免重复存储或混淆，通常采用标准化的编号体系进行区分。

（3）责任明确。需指定专人负责文档的收集、归档和维护，确保资料的完整性和安全性，防止数据丢失或误用。

7.4.1.2 建筑工程项目中的三类文档

（1）企业层面管理的项目资料。包括项目经理向公司提交的各类报告、财务报表、施工日志等，通常用于企业整体管理和决策支持。

（2）项目集中存档的文件。主要涵盖整个工程的核心资料（如合同文件、设计图纸、质量验收报告等），一般由项目档案室或电子文档系统统一管理。

（3）部门内部存储的专用文件。由各职能部门独立管理，主要涉及采购记录、材料管理台账等，与部门日常运作密切相关。在某些情况下，同一文档可能会在多个存储系统中备案，如合同文件可能同时存于企业级、项目级及相关部门的档案系统中。

7.4.2 建筑工程项目文档分类

建筑工程项目文档主要用于记录和管理项目信息，按数据类别可分为以下两种。

7.4.2.1 内容性文档

内容性文档包括施工图纸、合同文本、会议纪要等，通常涉及技术细节，且可能会随着施工进度的推进进行调整或更新。

7.4.2.2 说明性文档

说明性文档主要用于辅助文档管理，如文件目录、索引表、分类标签等。这类文档由档案管理人员维护，内容相对稳定。

为提高文档管理效率，可根据以下方法进行分类：

（1）按重要性划分。可分为必须存档、建议存档和无须存档三类；

（2）按数据来源区分。可分为内部文件和外部文件，如政府批文、供应商提供的技术资料等。

（3）按登记要求分。可分为需备案文件和无须需登记文件。

（4）按文件类型分。可分为书信、报告、图纸、电子数据等。

（5）按文件来源方式分。可分为原件和复印件两类。

7.4.3 文档系统建立

7.4.3.1 资料编码体系

高效的文档管理离不开科学的编码体系。在项目启动前，需制定统一的编码规则，以确保所有文档均能被清晰识别和高效检索。编码体系需符合以下要求：

（1）适用于项目全生命周期，确保文档编号的标准化和一致性。

（2）具备清晰的分类结构，以便对不同类别的文档进行管理。

（3）具备扩展性，以适应工程资料不断增长的需求。

（4）可用于人工检索和计算机管理，提高查阅效率。

7.4.3.2 文档编码规则

施工文档的编码通常由以下几个部分组成：

（1）适用范围。标识该文件适用于哪个项目、子项目或功能单元。

（2）档件类型。区分图纸、合同、报告、备忘录等不同类别。

（3）档件用途。标明文档的具体作用，如技术文档、商务文件或管理文件等。

（4）时间或编号。相同类型的文档可通过日期或序号进行区分，如信件可采用"日期+编号"进行标记。

这里必须对每部分的编码进行策划和定义。例如，某工程用12个字符作资料代码，如图7.3所示。其中，第15号指 BG-5-LT2-015。

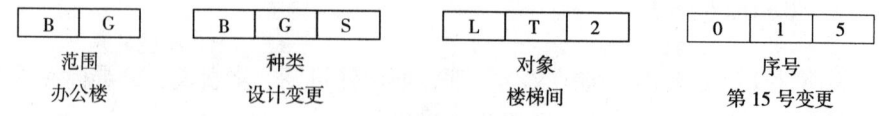

图 7.3 某工程资料编码结构

7.4.3.3 索引系统

为了资料使用的方便，必须建立资料的索引系统，它类似于图书馆的书刊索引。项目相关资料的索引一般可采用表格形式。在项目施工前，它就应被专门策划。表中的栏目应能反映资料的各种特征信息。不同类别的资料可以采用不同的索引表，当需要查询或调用某种资料时，即可"按图索骥"。

例如，信件索引可以包括如下栏目：信件编码、来（回）信人、来（回）信日期、主要内容、文档号、备注等。策划时应考虑来信和回信之间的对应关系，收到来信或回信后即可在索引表上登记，并将信件存入对应的文档中。

7.5 建筑工程项目管理的智能化

2020年7月3日，住房和城乡建设部等十三部门联合印发《关于推动智能建造与建筑工业化协同发展的指导意见》（以下简称《意见》），《意见》表示要以大力发展建筑工业化为载体，以数字化、智能化升级为动力，创新突破相关核心技术，加大智能建造在工程建设各环节的应用。

7.5.1 建筑工程项目管理中智能建造的概念

智能建造是一种融合智能科技的新型建造方式，旨在利用先进技术提升施工的自动化、数字化水平，减少人工依赖，增强工程安全性。从管理角度来看，智能建造以智能技术为核心，不仅满足工程的功能性需求，还能适应不同使用者的个性化要求。通过技术创新和管理优化，智能建造提升了整个工程生命周期的管理效率。

（1）智能建造的理论支撑。

①传统项目管理理论。

②工程全生命周期管理理论。

③精益建造理论。

（2）技术支撑体系主要内容。

①建筑信息模型（BIM）。

②物联网（IoT）。

③人工智能（AI）。

④云计算。

⑤大数据分析。

7.5.2 智能建造的技术支撑体系

智能建造的实施依赖多种先进技术的深度融合,其主要技术包括以下内容:

(1)建筑信息模型(BIM)。BIM技术具有可视化、参数化和协同管理等特点,能够提升施工效率,并支持工程全生命周期的管理自动化。随着计算机技术的发展,BIM已成为建筑行业智能化管理的重要支撑,通过各类工程软件的协同运作,实现信息共享和科学决策。

(2)物联网(IoT)。物联网技术依托智能传感器收集施工现场的数据,并通过无线网络传输至管理平台,以提高现场管理的可视化和智能化水平。其核心应用包括以下几点:

①人员定位。实时跟踪施工人员位置,确保作业安全。
②设备监控。追踪施工机械的运行状况,提升设备管理效率。
③环境监测。监测空气质量、噪声、温湿度等指标,以优化施工环境。

(3)人工智能(AI)。AI技术广泛应用于机器学习、智能机器人、计算机视觉等领域。在建筑施工中,AI通过分析现场数据,自动优化施工方案,并提供改进建议。例如,智能机器人可执行焊接、涂装、搬运等高精度施工任务,减少人工操作,提高工程质量。

(4)云计算与大数据分析。云计算能够提供高效的数据存储和共享能力,而大数据分析则通过对海量工程数据的挖掘,优化资源配置,结合AI技术实现智能决策,举例如下:

①施工进度预测。基于历史数据预测项目进度,优化施工计划。
②安全风险预警。分析施工安全数据,提前识别潜在风险。
③成本控制优化。实时监测施工成本,降低预算超支风险。

7.5.3 智能建造下项目管理的特征

(1)"零距离"远程管理。智能建造借助互联网和物联网技术,打破了地域限制,实现跨区域、跨层级的工程管理。管理者可通过工程管理平台远程监控施工进度,实时掌握项目动态,提高管理的精准度。

(2)"机器替代人工"管理。传统建筑管理模式主要依赖人工,而智能建造则强调技术集成。随着AI及自动化设备的发展,未来工程管理架构将进一步优化,"机器管理机器"模式将成为建筑业的重要趋势。例如,智能施工机器人、无人驾驶工程机械等的应用,使施工现场的自动化水平大幅提升。

7.5.4 基于智能建造的建筑工程项目管理发展前景

(1) 推动跨行业协作网络的建立。智能建造的发展将促使专业化企业之间建立协作网络,逐步取代传统的封闭型企业管理模式。企业之间的技术与经济合作将突破行业界限,形成资源共享机制。例如,智能建造产业链上的各参与方可以通过数字平台共享工程数据,提升行业整体效率。

(2) 工程总承包(EPC)模式的升级。智能建造的推广将进一步推动工程总承包模式的发展。未来,EPC 企业将不仅承担施工任务,还需管理从立项、策划、设计到施工和运维的全过程,提供更智能化、集成化的工程解决方案,以提升市场竞争力。

(3) 项目管理人才的升级。随着智能建造技术的发展,建筑行业对管理人才的要求也将发生变化。未来,项目管理者需具备数字化、智能化、信息化管理能力。《意见》强调,要加快智能建造专业人才培养,建立智能建造师职业体系。智能建造师需掌握 BIM 技术、装配式建筑管理、全过程工程咨询等现代化建筑技能,成为推动行业发展的核心力量。

7.6 智能建造项目案例——成达万高速铁路工程指挥部轨枕厂建设项目

7.6.1 项目概况

成达万高速铁路工程指挥部轨枕厂(简称成达万轨枕厂)位于四川省南充市营山县渌井镇,占地面积约 120 亩[①],承担全线 128 万根双块式轨枕的预制任务,总投资约 3.5 亿元人民币。该项目是国内高铁行业数字化程度最高、生产规模最大的临时轨枕生产基地之一。

该厂按照"四区域、五系统、十四工位"模式进行规划,充分融合数字仿真、工业机器人、视觉识别和大数据分析等先进技术,建成了一条高度智能化、标准化、信息化的轨枕生产线。整个生产过程仅需 6 名工人操作,日均产轨枕 1600~1920 根,月产量约 5 万根,生产效率相较传统轨枕厂提升了 80%。此外,该厂通过数字化、可追溯化和集中化管理,确保生产过程的绿色环保、高效稳定,并显著降低人工操作风险。

---

① 120 亩为 80000 m^2。

7.6.2 智能建造亮点

7.6.2.1 以智能设备工装应用为基础，实现轨枕厂智能制造

（1）桁架钢筋加工工艺（见图7.4）。桁架钢筋生产线集弯曲、切断、焊接、码垛于一体，从原材料到成品一气呵成。全过程只需一人巡检，自动化程度高、质量可靠、安全有保障。

图7.4　桁架钢筋加工工艺

（2）箍筋自动焊接检测工艺（见图7.5）。由两个智能机器人和一套人脸识别检测设备组成。能够实现箍筋的全自动检测，只需一人巡视，节省60%劳动力，避免人为干扰因素，大大提高产品质量。

图7.5 箍筋自动焊接检测工艺

（3）套管及螺旋筋安装工艺（见图7.6）。两个机器人配合完成螺旋筋弯制、套管整形、机械整合后，再由机械臂安装到模型定位柱位置。机械臂运动精度在 ±3 mm，且变频驱动，安装传感器和柔性工装，保证安装精度和紧固力度。

图7.6 套管及螺旋筋安装工艺

（4）箍筋与桁架筋悬挂入模工艺（见图7.7）。由两个机器人配合机械臂自动抓取桁架筋、箍筋，智能组装桁架，通过识别精准定位及"一模一档案"技术应用，将组合好的桁架进行安装，大大提高了安装精度，将设备状态、工序信息实时反馈给总控制系统。

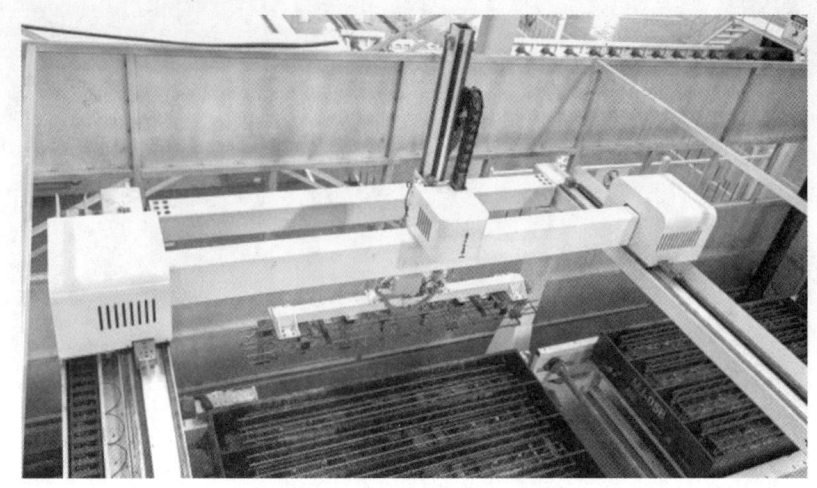

图7.7 箍筋与桁架筋悬挂入模工艺

（5）混凝土灌注工艺（见图7.8）。采用双控传感器精确控制混凝土用量，首次放料70%，经初步振捣后再放料30%，经密实振捣后，再转入二次振捣台。两次布料配合两次振捣，混凝土更密实，效率更高，使用多功能的布料口进行两次数据计算，精准布料，布料精度达95%，并自动感知布料后情况，减少混凝土浪费。

图7.8 混凝土灌注工艺

浇筑完成的模具编组后,由专用设备按程序放入养护坑内;在程序控制下,将养护好的模具从养护坑内取出,放置在缓存输送机上。全过程无人操作,作业区内全封闭。

(6)智能温度控制系统(见图7.9)。升级现有自动蒸养系统,达到智能蒸养条件,无需人为操控,在现有蒸养窑的基础上增加温度检测系统,实现对升温、恒温、降温这三个过程的全过程智能监控,将温度数据实时呈现,保证混凝土的蒸养效果,提高轨枕质量。

图 7.9　智能温度控制系统

(7)全自动脱模工艺(见图7.10)。该工艺设备由空中翻模运输桁架机器人、脱模台设备构成。空中翻模机器人将抓取、运输、翻转、入位等工序一气呵成。

图 7.10　全自动脱模工艺

（8）3D扫描检测及喷码工艺（见图7.11）。采用先进的激光图像扫描检测技术获取轨枕表面点云坐标，利用3D结构光原理，通过点云构建技术实现轨枕三维尺寸的快速建模，通过与标准尺寸的比对分析实现外形尺寸、棱角掉块等的自动检测及评判。

图7.11　3D扫描检测及喷码工艺

（9）智能封盖工艺（见图7.12）。使用多台六轴机器人协同作业，经3D视觉系统精准定位，机器人通过系统控制，将吹气除尘、抓盖、封盖等工序一气呵成，用时仅需1分钟。

图7.12　智能封盖工艺

（10）全自动轨枕码垛工艺（见图7.13）。轨枕四层一垛，由重量传感器判断码放数量，在指定程序指引下，全程无需人员操作，码放整齐，效率高。

图7.13　全自动轨枕码垛工艺

7.6.2.2　自主创新应用设备，助力轨枕厂智能制造

（1）借鉴双块式轨枕检测系统。创新应用了桁架钢筋检测工作台（见图7.14）。在检测平台上使用多摄像头远程检测桁架钢筋，通过智能识别对焊接位置漏焊、虚焊及桁架钢筋尺寸等进行监测。

图7.14　桁架钢筋检测工作台

（2）优化拆模工艺，减少脱模次数，降低轨枕因应力产生枕间裂纹。在脱模工位设置一种振动式脱模辅助装置，模具固定不动，通过底部加装的脱模振动台对模具施加一定激振力，通过模具传递给轨枕，从而使轨枕可同步、快

速脱出（见图7.15）。

图7.15　振动式脱模辅助装置

（3）率先推进智能化蒸汽养护技术，首次在铁路建设中应用低压蒸汽锅炉（见图7.16），以其智能化的排气、雾化、加湿等养护控制和温度探测系统，精确控制自动蒸汽阀，实时记录养护数据，生产更加科学高效。

图7.16　低压蒸汽锅炉

7.6.2.3　以智能管控系统为中心，实现轨枕厂智慧管理

（1）数字孪生轨枕厂打造。采集生产大数据，BIM模型实时准确标识，与现实厂区形成映射。

（2）生产大数据互通应用。以智能化轨枕生产线为基础的自动化监控系统，中心控制台操控整条生产线全部智能工位，做到总体、分部分项均可一键启停。同时包含数据采集与跟踪、参数调节、设备远程监控以及异常报警等多项功能。

（3）基于物联网应用的生产管理系统，助力轨枕厂智能制造。为轨枕制造提供综合的管理平台，将物资、试验、装备、生产、堆场、发运和决策等关键业务环节整合在一起，实现全面数字化转型。

7.6.3 智能建造心得

（1）减少人工依赖。传统轨枕生产线主要依靠人工操作，通常需要38名工人，而智能化生产线仅需10名工人进行巡检，极大降低了劳动强度，同时提高了安全生产水平。

（2）提升产品质量。传统人工操作模式容易导致产品质量不稳定，而智能化生产线通过精准控制每个工序，确保轨枕成品质量达到更高标准，使废品率降低至传统工艺的1/3。

（3）提高安全性。传统生产方式需要工人近距离接触大型机械设备，存在较高的安全风险，而智能生产模式采用远程操控与自动化作业，大幅减少人工干预，从而降低安全事故发生率。

第 8 章　建筑工程项目成本管理

8.1　建筑工程项目成本计划的系统性编制

8.1.1　项目成本的概念、构成及形式

8.1.1.1　项目成本的概念

在建筑工程领域，成本是指完成某项生产经营活动所产生的全部费用，它是一种资源耗费的货币化体现，包括物化劳动（如材料、设备）和活劳动（如人工费用）。

项目成本是指建筑工程项目在施工过程中产生的全部生产费用的总和。这些费用涵盖原材料、辅助材料、构配件的采购及使用成本，还包括周转材料的摊销或租赁费，施工机械的使用及租赁费，工人工资、奖金、津贴等。此外，为保障施工组织与管理正常运行而支出的费用也属于项目成本范畴。

8.1.1.2　建筑工程项目成本的构成

从财务管理的角度，建筑工程项目成本一般由直接成本和间接成本两部分构成。

按照国家现行财务管理制度，施工过程中发生的各项费用均应纳入施工项目成本。然而，在实际经济运行过程中，单一的成本概念难以适用于所有情境，不同的研究目的往往需要采用不同的成本分类方式。一般来说，按照成本的归属性，可将项目成本划分为直接成本和间接成本。

（1）直接成本。直接成本指的是施工过程中直接用于形成工程实体或促进工程实体完成的各项费用。这些费用可以直接归属于某一具体工程项目，主要包括以下几点：

①人工费用。支付给施工人员的工资、奖金、津贴等。

②材料费用。工程建设过程中使用的各类建筑材料（如水泥、钢筋、混凝土等）的费用。

③机械使用费用。施工机械的购置、租赁、燃料消耗及维修费用。

④施工措施费用。用于施工组织和安全保障的临时设施费用，如脚手架搭设、基坑支护等。

（2）间接成本。间接成本是指无法直接归属于某一具体施工任务，但仍然必须支出的管理与组织费用。主要包括以下几点：

①管理费用。项目经理部日常运作支出，如办公费、通信费、差旅费等。

②财务费用。贷款利息、融资成本等。

③企业管理费。由企业总部分摊至各个工程项目的行政管理费用。

此外，企业发生的部分财务支出，如购置固定资产、无形资产及对外投资等，不属于施工项目成本，应按照财务制度计入企业当期损益。

8.1.1.3 建筑工程项目成本的不同形式

从成本管理的角度来看，建筑工程项目成本可依据不同考量方式进行分类，以便进行成本控制和分析。常见的成本分类方式包括以下同几种：

（1）事前成本与事后成本。

①事前成本。指在工程施工开始前进行的成本预测和预算，具有计划性和指导作用。例如，施工图预算、标书合同预算、责任目标成本等均属于事前成本。

②事后成本。即实际成本，指项目在施工过程中实际产生的全部费用。通过将事后成本与计划成本进行对比，可分析成本超支或节约情况，并评估施工管理水平。

（2）固定成本与可变成本。按照成本与工程量的关系，可将建筑工程项目成本划分为固定成本和可变成本。

①固定成本。在一定期间或一定施工规模内，成本总额不会随工程量增减而变化的费用。例如，项目管理人员工资、办公场所租金、设备折旧费等。

②可变成本。成本总额随着工程量的变化而成比例增减的费用，如施工过程中消耗的建筑材料、按计件支付的人工费用等。

固定成本与可变成本的划分对成本管理和决策具有重要意义。降低单位工程的固定成本，可通过提高劳动生产率或扩大施工规模来实现，而降低可变成本，则需优化施工工艺，减少材料损耗，提高资源利用率。

8.1.2 项目成本计划的概念和重要性

成本计划是在多种成本预测的基础上，经过分析、比较、论证、判断之后，以货币形式预先规定计划期内项目施工的耗费和成本所要达到的水平，并且确定各个成本项目比预计要达到的水平的降低额和降低率，提出保证成本计划实施所需要的主要措施方案。项目成本计划是项目成本管理的一个重要环节，是实现降低项目成本任务的指导性文件，也是项目成本预测的继续。

项目成本计划的过程是动员项目经理部全体职工，挖掘降低成本潜力的过程，也是检验施工技术质量管理、工期管理、物资消耗和劳动力消耗管理等效果的全过程。

项目成本计划的重要性具体表现在以下几个方面：

（1）它是对生产耗费进行控制、分析和考核的重要依据。

（2）它是编制核算单位其他有关生产经营计划的基础。

（3）它是国家编制国民经济计划的一项重要依据。

（4）它可以动员全体职工深入开展增产节约、降低产品成本的活动。

（5）它是建立企业成本管理责任制、开展经济核算和控制生产费用的基础。

8.1.3 成本计划与目标成本

所谓目标成本，即项目（或企业）对未来产品成本所规定的奋斗目标。它比已经达到的实际成本要低，但又是通过努力可以达到的。目标成本管理是现代化企业经营管理的重要组成部分，是市场竞争的需要，是企业挖掘内部潜力、不断降低产品成本、提高企业整体工作质量的需要，是衡量企业实际成本节约或超支、考核企业在一定时期内成本管理水平高低的依据。

施工项目的成本管理实质就是一种目标管理。项目管理的最终目标是低成本、高质量、短工期，低成本是这三大目标的核心和基础。目标成本有很多形式，在以目标成本作为编制施工项目成本计划和预算的依据时，可以计划成本、定额成本或标准成本作为目标成本，目标成本将随成本计划编制方法的变化而变化。

一般而言，目标成本的计算公式如下：

项目目标成本 = 预计结算收入 – 税金 – 项目目标利润

目标成本降低额 = 项目的预算成本 – 项目的目标成本

目标成本降低率 = 项目成本降低额 / 项目的预算成本

8.1.4 项目成本目标的分解

通过计划目标成本的分解，项目经理部的所有成员和各个单位、部门都能明确自己的成本责任，并按照分工去开展工作。通过计划目标成本的分解，将各分部分项工程成本控制目标和要求、各成本要素的控制目标和要求，落实到成本控制的责任者。项目经理部进行目标成本分解，有两个方法：一是按工程成本项目分解，如图 8.1 所示；二是按项目组成分解，大中型工程项目通常由若干单项工程组成的，每个单项工程包括多个单位工程，每个单位工程由若干个分部分项工程构成。因此，首先要把项目总施工成本分解到单项工程和单位工程，再进一步分解到分部工程和分项工程中，如图 8.2 所示。

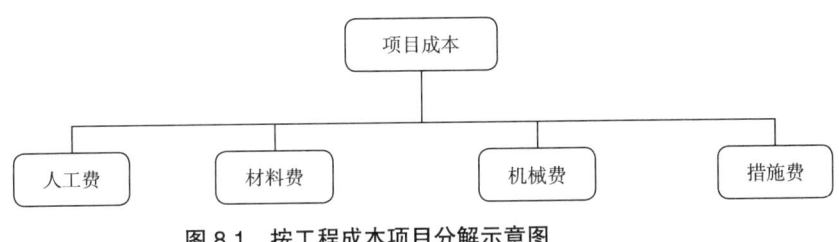

图 8.1 按工程成本项目分解示意图

在完成施工项目成本分解之后，接下来就要具体地分析成本，编制分项工程的成本支出计划，从而得到详细的成本计划表，见表 8.1。

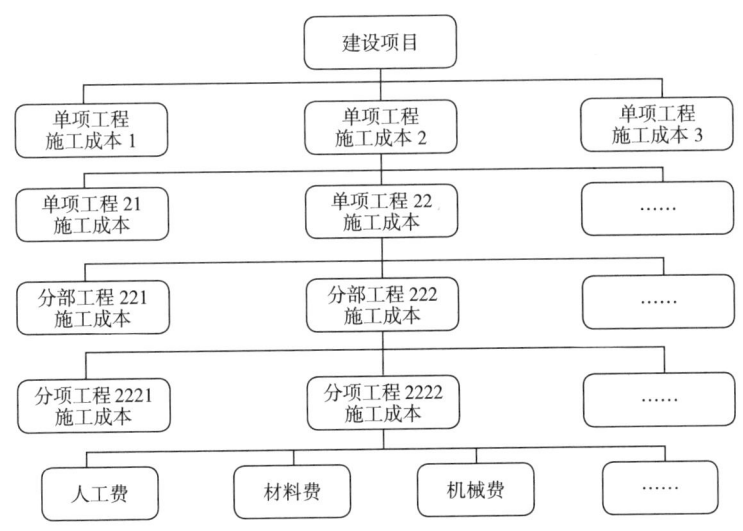

图 8.2 按项目组成分解示意图

表 8.1　分项工程成本计划表

分项工程编码	工程内容	计量单位	计划成本	工程数量	分项总计

8.1.5　成本计划的编制依据

项目成本计划的制订是一个动员全体施工项目管理人员共同参与的过程，也是深入挖掘降低成本潜力的关键环节。此外，该过程还可用于检验施工技术质量管理、工期管理、物资消耗及劳动力使用情况，确保各项管理措施得以落实，提高工程成本控制的科学性和合理性。

项目成本计划的编制需基于以下几个主要依据：

（1）承包合同。承包合同是工程项目成本计划的基本依据，除合同文本外，还包括招标文件、投标文件、设计文件等内容。合同规定了工程的范围、数量、规格、质量要求、工期安排及支付条款，这些因素都会对成本计划产生直接影响。因此，在签订合同前，承包方应对合同内容进行全面分析，确保在合法合规履约的前提下，制订最优的成本控制方案，以减少不必要的开支，提高经济效益。

（2）项目管理实施规划。项目管理实施规划，特别是施工组织设计，是制订成本计划的重要参考。施工组织设计是在详细考察现场条件、法规要求的基础上制定的，涉及技术方案、资源配置及管理措施等内容。施工组织方式的不同，将导致成本结构的变化，因此，合理优化施工技术方案和管理策略，可以有效降低项目成本，提高施工效率。

（3）可行性研究报告及相关设计文件。可行性研究报告及工程设计文件是项目决策的重要依据，其内容包括工程技术方案、施工难点、资源需求、成本测算等。这些文件为成本计划提供了基础数据，使成本预测和控制更具科学性。

（4）分包合同或估价书。在项目实施过程中，部分工程可能采用分包形式，因此已签订的分包合同或估价书也是成本计划的重要参考依据。分包工程的价格、付款方式、材料供应责任等因素都会影响项目的整体成本，因此，在制订成本计划时，应充分考虑分包内容，确保总成本的合理性和可控性。

（5）生产要素的市场价格信息。施工过程中涉及的人工、材料、机械台班等生产要素，其市场价格会直接影响项目成本。因此，成本计划需参考以下价格信息：当地市场的人工工资水平；主要建筑材料（如钢筋、水泥、砂石等）

的市场价格；机械设备的租赁价格及企业内部机械台班价格；周转材料（如脚手架、模板等）的内部租赁价格及摊销标准；结构件的外加工费用及相关合同内容。

（6）企业管理标准及历史工程成本数据。企业管理水平对成本控制能力有直接影响，因此，制订成本计划时，需参考以下两个因素：

①企业施工定额（即企业内部消耗定额），用于衡量各类资源的合理使用标准。

②类似工程的成本数据，通过对比分析以往类似项目的成本情况，为当前工程制定合理的成本预算提供依据。

8.1.6 项目成本计划的原则和程序

8.1.6.1 项目成本计划的原则

（1）合法性原则。
（2）先进可行性原则。
（3）弹性原则。
（4）可比性原则。
（5）统一领导、分级管理的原则。
（6）从实际出发的原则。
（7）与其他计划相结合的原则。

8.1.6.2 项目成本计划编制的程序

编制成本计划的程序因项目的规模大小、管理要求不同而不同。大中型项目一般采用分级编制的方式，即先由各部门提出部门成本计划，再由项目经理部汇总编制全项目工程的成本计划；小型项目一般采用集中编制方式，即由项目经理部先编制各部门成本计划，再汇总编制全项目的成本计划。

8.1.7 项目成本计划的内容

8.1.7.1 项目成本计划的组成

项目成本计划一般由直接成本计划和间接成本计划组成，如果项目设有附属生产单位，成本计划还包括产品成本计划和作业成本计划。

（1）直接成本计划。直接成本计划主要反映工程成本的预算价值、计降低额和计划降低率。直接成本计划的具体内容如下：

①编制说明。指对工程的范围、投标竞争过程及合同条件、承包人对项目经理提出的责任成本目标、项目成本计划编制的指导思想和依据等的具体说明。

②项目成本计划的指标。项目成本计划的指标应经过科学的分析预测确定，可以采用对比法、因素分析法等进行测定。

③按工程量清单列出的单位工程计划成本汇总表，见表8.2。

表8.2 单位工程计划成本汇总表

清单项目编码	清单项目名称	合同价格	计划成本

④按成本性质划分的单位工程成本汇总表，根据清单项目的造价分析，分别对人工费、材料费、机械费、措施费、企业管理费和税费进行汇总，形成单位工程成本计划表。

⑤项目计划成本应在项目实施方案确定和不断优化的前提下进行编制，因为不同的实施方案将导致直接工程费、措施费和企业管理费的差异。成本计划的编制是项目成本预控的重要手段，因此，应在开工前编制完成，以便将计划成本目标分解落实，为各项成本的执行提供明确的目标、控制手段和管理措施。

（2）间接成本计划。间接成本计划主要反映施工现场管理费用的计划数、预算收入数及降低额。间接成本计划应根据工程项目的核算期，以项目总收入的管理费为基础，制订各部门费用的收支计划，汇总后作为工程项目的管理费用的计划。在间接成本计划中，收入应与取费口径一致，支出应与会计核算中管理费用的二级科目一致。间接成本计划的收支总额应与项目成本计划中管理费一栏的数额相符。各部门应按照节约开支、压缩费用的原则，制定管理费用归口包干指标落实办法，以保证该计划的实施。

8.1.7.2 项目成本计划表

（1）项目成本计划任务表。项目成本计划任务表主要是反映项目预算、计划成本、计划成本降低额、计划成本降低率的文件，是落实成本降低任务的依据，见表8.3。

第8章 建筑工程项目成本管理

表8.3 项目成本计划任务表

工程名称： 项目经理： 日期： 单位：

项目	预算成本	计划成本	计划成本降低额	计划成本降低率
人工费（直接费用）				
材料费（直接费用）				
机械使用费（直接费用）				
措施费（直接费用）				
施工管理费（间接费用）				
合计				

（2）项目间接成本计划表。项目间接成本计划表主要指施工现场管理费计划表，反映发生在项目经理部的各项施工管理费的预算收入、计划数和降低额，见表8.4。

表8.4 施工现场管理费计划表

工程名称： 项目经理： 日期： 单位：

项目	预算收入	计划数	降低额
工作人员工资			
生产工人辅助工资			
工资附加费			
办公			
差旅交通费			
固定资产使用费			
工具用具使用费			
劳动保护费			
检验试验费			
工程保养费			
财产保险费			
取暖、水电费			
排污费			
其他			
合计			

（3）项目技术组织措施表。项目技术组织措施表由项目经理部有关人员分别就应采取的技术组织措施预测它的经济效益，最后汇总编制而成。编制项

目技术组织措施表是在不断采用新工艺、新技术的基础上提高施工技术水平，改善施工工艺过程，推广工业化和机械化施工方法，以及通过采纳合理化建议达到降低成本的目的，见表8.5。

表 8.5 项目技术组织措施表

工程名称：　　　　　项目经理：　　　　　日期：　　　　　单位：

措施项目	措施内容	涉及对象			降低成本来源		成本降低额				
		实物名称	单价	数量	预算收入	计划开支	合计	人工费	材料费	机械费	措施费

（4）项目降低成本计划表。根据企业下达给该项目的降低成本任务和该项目经理部自己确定的降低成本指标而制订出项目成本降低计划。它是编制成本计划任务表的重要依据，是由项目经理部商务和技术人员编制的。其根据是项目的总包和分包的分工，项目中的各有关部门提供的降低成本资料及技术组织措施计划。在编制项目降低成本计划表时，还应参照企业内外以同类项目成本计划的实际执行情况，见表8.6。

表 8.6 项目降低成本计划表

工程名称：　　　　　项目经理：　　　　　日期：　　　　　单位：

分项项目名称	成本降低额					
	合计	直接成本				间接成本
		人工费	材料费	机械费	措施费	

8.1.8 项目成本计划编制的方法

8.1.8.1 施工预算

施工预算方法以施工图纸中的工程实物量为基准，结合施工工料消耗定额，精确核算各工序的人工、材料消耗量，通过货币化形式反映施工成本构成。其核心在于通过单位工程预算与节约措施的结合，实现成本优化调整。

8.1.8.2 计算公式优化

项目计划成本＝施工预算工料费用总额－技术措施节约金额

计算公式优化方法通过优化施工预算中的各项成本要素，有效降低总体施工支出，提升项目经济收益。

8.1.8.3 技术节约措施法

技术节约措施方法通过测算技术组织措施产生的经济效益确定成本降低幅度，进而制订项目成本计划。关键计算公式调整为：

项目计划成本＝工程预算成本－技术措施预期节约额

成本降低率＝（技术措施节约额÷工程预算成本）×100%

实施要点在于优先确定降低成本指标与技术措施方案，再依此编制系统性成本计划。

8.1.8.4 成本性态分析法

基于成本与工程量变动关系，将成本要素划分为固定成本与变动成本两大类别。

（1）材料成本。随工程量增减呈正比例变化，属于典型变动成本。

（2）人工成本。

①计时工资制。与工程量无关，属于固定成本。

②计件工资制。随产量波动，归为变动成本。

③绩效奖金。根据生产效益浮动，纳入变动成本。

（3）机械使用费。

①燃料动力费。随作业量变化的变动成本。

②折旧维护费。与产量无关的固定成本。

③运输安拆费。采用比例分摊法分解为固定和变动成本。

（4）措施费用。多数与工程量正相关，属于变动成本。

（5）管理成本。

①固定部分。管理人员薪资、固定资产费用等。

②变动部分。检测试验费、外部管理费等。

③特殊费用。如劳保用品按性质分别归类。

综合计算公式：项目计划成本＝变动成本总和＋固定成本总和

8.1.8.5 实际核算法

以施工图预算的工料分析为基准,结合部门实际管理水平分项核算。

(1)人工费核算。

$$\text{计划人工成本} = \sum (\text{分项工程量} \times \text{定额工日}) \times \text{实际工资率}$$

注:定额工日可根据技术水平进行优化调整。

(2)材料费核算。

$$\text{计划材料成本} = \sum (\text{材料计划用量} \times \text{采购单价}) + \text{工程用水费}$$

(3)机械费核算。

$$\text{计划机械成本} = \sum (\text{机械计划台班} \times \text{台班单价}) + \text{施工用电费}$$

(4)措施费核算。涵盖二次搬运、临时设施摊销、工具用具等多项费用联合测算。

(5)间接费核算。根据管理人员编制,参照历史数据与费用压缩目标测算。

8.2 施工阶段成本管理的任务与具体措施

8.2.1 建筑工程项目成本管理的概念

建筑工程项目成本管理指在确保工程质量和工期前提下,通过组织、技术、经济、合同等综合措施,将成本控制在预算范围内并持续优化的管理过程。其核心价值体现在:项目经济效益的基础保障;项目综合管理水平的核心体现;经济责任制实施的有效载体。

8.2.2 成本管理核心任务体系

任务体系逻辑:预测→计划→控制→核算→分析→考核,形成闭环管理,各环节数据互通,共同支撑成本目标实现。

8.2.2.1 成本预测

成本预测运用专业方法对项目未来成本趋势进行科学预估,为决策提供依据,实质是施工前的预核算过程。

8.2.2.2 成本计划

任务体系逻辑:预测→计划→控制→核算→分析→考核,形成闭环管理,各环节数据互通，共同支撑成本目标实现。

成本计划以货币形式编制的施工费用规划方案，包含成本目标、降本措施等要素，是建立成本责任制的基础文件。

8.2.2.3 成本控制

成本控制是全周期动态管控过程，包括实时监控实际成本、分析成本偏差、实施纠偏措施、总结管理经验，覆盖招投标至竣工验收全流程。

8.2.2.4 成本核算

成本核算包含两个维度，为管理各环节提供数据支撑。
（1）费用归集。按规范归集实际支出。
（2）成本计算。确定总成本与单位成本。

8.2.2.5 成本分析

成本分析通过多维对比（计划、实际、行业等），揭示成本变动规律，挖掘降本潜力，评估计划合理性。

8.2.2.6 成本考核

成本考核指项目竣工后对照目标进行奖惩，通过激励机制提升全员成本意识。

8.2.3 建筑工程项目成本管理的措施

为了取得施工成本管理的理想成效，应当从多方面采取措施实施管理，通常可以将这些措施归纳为组织措施、技术措施、经济措施和合同措施。

8.2.3.1 组织措施

组织措施是从施工成本管理的组织方面采取的措施。施工成本控制是全员的活动，如实行项目经理责任制，落实施工成本管理的组织机构和人员，明确各级施工成本管理人员的任务和职能分工、权利和责任。施工成本管理不仅是专业成本管理人员的工作，各级项目管理人员也负有成本控制责任。

组织措施的另一方面是编制施工成本控制工作计划，确定合理详细的工作流程。要做好施工采购规划，通过生产要素的优化配置、合理使用、动态管理，有效控制实际成本；加强施工定额管理和施工任务单管理，控制活劳动和物化

建筑工程施工与项目管理

劳动的消耗；加强施工调度，避免因施工计划不周和盲目调度造成窝工损失、机械利用率降低、物料积压等而使施工成本增加。成本控制工作只有建立在科学管理的基础之上，具备合理的管理体制、完善的规章制度、稳定的作业秩序、完整准确的信息传递，才能取得成效。组织措施是其他各类措施的前提和保障，而且一般不需要增加什么费用，运用得当可以收到良好的效果。

8.2.3.2 技术措施

施工过程中降低成本的技术措施，包括：进行技术经济分析，确定最佳的施工方案；结合施工方法，进行材料使用的比选，在满足功能要求的前提下，通过代用、改变配合比、使用添加剂等方法降低材料消耗的费用；确定最合适的施工机械、设备使用方案。结合项目的施工组织设计及自然地理条件，降低材料的库存成本和运输成本；应用先进的施工技术，运用新材料，使用新开发的机械设备等。在实践中，也要避免仅从技术角度选定方案而忽视对其经济效果的分析论证。

技术措施不仅是解决施工成本管理过程中的技术问题不可缺少的，而且对纠正施工成本管理目标偏差也有相当重要的作用。因此，运用技术纠偏措施的关键，一是能提出多个不同的技术方案，二是对不同的技术方案进行技术经济分析。

8.2.3.3 经济措施

经济措施是最易为人们接受和采用的措施。管理人员应编制资金使用计划，确定、分解施工成本管理目标。对施工成本管理目标进行风险分析，并制定防范性对策。对各种支出，应认真制订资金的使用计划，并在施工中严格控制各项开支。及时准确地记录、收集、整理、核算实际发生的成本。对各种变更及时增减账，及时落实业主签证，及时结算工程款。通过偏差分析和未完工程预测，可发现一些潜在的会引起未完工程施工成本增加的问题，对这些问题应以主动控制为出发点，及时采取预防措施。由此可见，经济措施的运用绝不仅仅是财务人员的事情。

8.2.3.4 合同措施

采用合同措施控制施工成本应贯穿整个合同周期，包括从合同谈判开始到合同终结的全过程。首先，选用合适的合同结构，对各种合同结构模式进行分析、比较，在合同谈判时，要争取选用适合于工程规模、性质和特点的合同结构模式。其次，在合同的条款中应仔细考虑一切影响成本和效益的因素，特别是潜在的风险因素。通过对引起成本变动的风险因素的识别和分析，采取必要的风险对策，如通过合理的方式，增加承担风险的个体数量，降低损失发生的比例，并最终使这些策略反映在合同的具体条款中。在合同执行期间，合同管理的措施既要密切关注对方合同执行的情况，以寻求合同索赔的机会，也要密切关注自己履行合同的情况，以防止被对方索赔。

8.3 建筑工程项目成本预测

8.3.1 项目成本预测的概念

成本预测，就是依据成本的历史资料和有关信息，在认真分析当前各种技术经济条件、外界环境变化及可能采取的管理措施的基础上，对未来的成本与费用及其发展趋势所作的定量描述和逻辑推断。

项目成本预测是通过成本信息和工程项目的具体情况，对未来的成本水平及其发展趋势作出科学的估计，其实质就是工程项目在施工以前对成本进行预先核算。通过成本预测，项目经理部能在满足业主和企业要求的前提下，确定工程项目降低成本的目标，克服盲目性，提高预见性，为工程项目降低成本提供决策与计划的依据。

8.3.2 项目成本预测的意义

（1）成本预测是投标决策的依据。建筑施工企业在选择投标项目过程中，往往需要根据项目是否盈利、利润大小等诸因素确定是否对工程投标。

（2）成本预测是编制成本计划的基础。计划是管理的第一步。正确可靠的成本计划，必须遵循客观经济规律，从实际出发，对成本作出科学的预测。这样才能保证成本计划不脱离实际，切实起到控制成本的作用。

（3）成本预测是成本管理的重要环节。推算项目成本水平变化的趋势及其规律性，预测实际成本。它是预测和分析的结合，是事后反馈与事前控制的结合。通过成本预测，能够发现问题、找出薄弱环节、有效控制成本。

8.3.3 项目成本预测程序

科学、准确地预测必须遵循合理的预测程序。

（1）制订预测计划。制订预测计划是预测工作顺利进行的保证。预测计划的内容主要包括组织领导及工作布置、配合的部门、时间进度、收集材料范围等。

（2）收集整理预测资料。根据预测计划，收集预测资料是进行预测的重要条件。预测资料一般有纵向和横向两方面的数据。纵向资料是企业成本费用的历史数据，据此分析其发展趋势；横向资料是指同类工程项目、同类施工企业的成本资料，据此分析所预测项目与同类项目的差异，并作出估计。

（3）选择预测方法。成本的预测方法可以分为定性预测法和定量预测法。

①定性预测法是根据经验和专业知识进行判断的一种预测方法，常用的定性预测法有管理人员判断法、专业人员意见法、专家意见法及市场调查法等。

②定量预测法是利用历史成本费用资料以及成本与影响因素之间的数量关系，通过一定的数学模型来推测、计算未来成本的可能结果。

（4）成本初步预测。根据定性预测的方法及一些横向成本资料的定量预测，对成本进行初步估计。这一步的结果往往比较粗略，需要结合当前的成本水平进行修正，才能保证预测结果的质量。

（5）影响成本水平的因素预测。影响成本水平的因素主要有物价变化、劳动生产率、物料消耗指标、项目管理费开支、企业管理层次等。可根据近期内工程实施情况、本企业及分包企业情况、市场行情等，推测未来哪些因素会对成本费用水平产生影响，其结果如何。

（6）成本预测。根据初步的成本预测以及对成本水平变化因素的预测结果确定成本情况。

（7）分析预测误差。成本预测往往与实施过程中及其后的实际成本有出入，而产生预测误差。预测误差的大小，反映预测准确程度的高低。如果误差较大，应分析产生误差的原因，并积累经验。

8.3.4 项目成本预测方法

（1）定性预测方法。成本的定性预测是指成本管理人员根据专业知识和实践经验，通过调查研究，利用已有资料，对成本的发展趋势及可能达到的水平所作的分析和推断。由于定性预测主要依靠管理人员的素质和判断能力，因而这种方法必须建立在对项目成本耗费的历史资料、现状及影响因素深刻了解的基础之上。

定性预测偏重于对市场行情的发展方向和施工中各种影响项目成本因素的分析，发挥专家经验和主观能动性，比较灵活，可以较快地得出预测结果。进行定性预测时，也要尽可能地收集数据，运用数学方法，其结果通常也是从数量上测算。这种方法简便易行，在资料不多、难以进行定量预测时最为适用。

在项目成本预测的过程中，经常采用的定性预测方法主要有经验评判法、专家会议法、德尔斐法和主观概率法等。

（2）定量预测方法。定量预测方法也称统计预测方法，是根据已掌握的比较完备的历史统计数据，运用一定数学方法进行科学的加工整理，借以揭示有关变量之间的规律性联系，从而推断未来发展变化情况。

定量预测偏重于数量方面的分析，重视预测对象的变化程度，能准确描述数量上的变化程度。它需要以历史统计数据、客观实际资料作为预测的依据，并运用数学方法对它们进行处理分析。受主观因素影响较少。

定量预测的主要方法有算术平均法、回归分析法、高低点法、量本利分析法和因素分析法。

8.3.5 回归分析法和高低点法

8.3.5.1 回归分析法

在具体的预测过程中经常会涉及几个变量或几种经济现象，并且需要探索它们之间的相互关系。例如，成本与价格及劳动生产率等都存在数量上的一定相互关系。对客观存在的现象之间相互依存关系进行分析研究，测定两个或两个以上变量之间的关系，寻求其发展变化的规律性，从而进行推算和预测，称为回归分析。在进行回归分析时，不论变量的个数多少，必须选择其中的一个变量为因变量，而把其他变量作为自变量，然后根据已知的历史统计数据资料，研究测定因变量和自变量之间的关系。利用回归分析法进行预测，称为回归预测。

在回归分析预测中，所选定的因变量是指需要求得预测值的变量，即预测对象。自变量则是影响预测对象变化的、与因变量有密切关系的变量。

回归分析有一元线性回归分析、多元线性回归分析和非线性回归分析等。这里仅介绍一元线性回归分析在成本预测中的应用。

（1）一元线性回归分析预测的基本原理。一元线性回归分析预测法是根据历史数据在直角坐标系上描绘出相应点，再在各点间作一直线，使直线到各点的距离最小，即偏差平方和为最小，因而，这条直线就最能代表实际数据变化的趋势（或称倾向线），用这条直线适当延长来进行预测是合适的。

一元线性回归分析预测的基本公式为：

$$Y=a+bX$$

式中，X——自变量；

Y——因变量；

a，b——回归系数，亦称待定系数。

（2）一元线性回归分析预测的步骤。

①先根据 X、Y 的历史统计数据，把 X 与 Y 作为已知数，寻求合理的 a、b；然后，依据 a、b 来确定回归方程。这是运用回归分析法的基础。

②利用已求出的回归方程中 a、b 的经验值，把 a、b 作为已知数，根据具体条件，测算 Y 值随着 X 值的变化而呈现的未来演变。这是运用回归分析法的目的。

③回归系数 a 和 b 的求解。

求解回归直线方程式中 a、b 两个回归系数要运用最小二乘法。计算公式为：

$$b = \frac{N \sum X_i Y_i - \sum X_i \cdot \sum Y_i}{N \sum X_i^2 \left(\sum X_i^2 \right)}$$

$$a = \frac{\sum Y_i - b \sum Y_i}{N}$$

式中，X_i——自变量的历史数据；

Y_i——相应的因变量的历史数据；

N——所采用的历史数据的组数。

8.3.5.2 高低点法

高低点法是成本预测的一种常用方法，它是根据统计资料中完成业务量（产量或产值）最高和最低两个时期的成本数据，通过计算总成本中的固定成本、变动成本和变动成本率来预测成本的。其基本公式为

变动成本率 =［（最高点总成本 − 最低点总成本）÷（最高点产值 − 最低点产值）］× 100%

总成本 = 固定成本 + 变动成本，即 $Y=a+bX$

8.4 建筑工程项目成本控制

8.4.1 成本控制核心框架

8.4.1.1 基本内涵

成本控制指项目实施过程中对人力、机械、材料消耗及费用支出的动态监

管,通过成本预测、计划、核算等管理活动实现成本目标。其重要性体现在以下几点:

(1)保障预期利润实现。
(2)指导施工过程决策。
(3)优化资金资源配置。
(4)积累投标参考数据。

8.4.1.2 实施依据

(1)承包合同文件:作为成本控制基准。
(2)成本计划方案:包含目标及实施路径。
(3)进度跟踪报告:反映实际支出与进度。
(4)变更索赔资料:涉及成本调整因素。

8.4.1.3 管理要求

(1)控制生产要素采购价格与质量。
(2)执行消耗定额与风险预控机制。
(3)建立成本责任与激励制度。
(4)完善财务审批支付体系。

8.4.1.4 执行原则

(1)全要素控制:全员、全过程、全部门参与。
(2)动态管控:事前预防与过程监控结合。
(3)目标导向:制定阶段性成本基准。
(4)效益优先:开源节流并举。

8.4.2 实施流程

(1)计划与实际对比:识别成本偏差。
(2)偏差诊断:分析成因及影响。
(3)趋势预测:估算完工成本。
(4)纠偏措施:调整实施方案。
(5)效果验证:形成管理闭环。

8.4.3 控制重点

8.4.3.1 控制维度

（1）建设全周期：投标→施工→保修。
（2）组织单元：部门或班组责任成本。
（3）工程结构：分部分项预算控制。
（4）合同管理：经济契约监管。

8.4.3.2 阶段要点

（1）投标阶段：建立成本目标体系。
（2）施工准备：优化施工方案价值。
（3）施工过程：动态核算与合同履约。
（4）竣工验收：结算办理与保修控制。

8.4.4 关键控制手段

8.4.4.1 目标分解法

人工费：量价分离＋劳务合同约束。
材料费：需用计划＋限额领料＋价格招标。
机械费：设备调度优化＋维护管理。
分包费：招标定价＋过程验收。

8.4.4.2 方案优化法

（1）施工组织设计评审。
（2）资源配置动态调整。
（3）价值工程应用。

8.4.5 挣值分析法

挣值分析法（见表8.7）

8.4.5.1 核心参数

计划值（BCWS）＝计划工作量 × 预算单价

挣得值（BCWP）= 实际完成工作量 × 预算单价
实际值（ACWP）= 实完工作量 × 实际单价 × 实际价

表 8.7 挣值分析应对策略矩阵

三参数关系	问题特征	改进措施
ACWP > BCWS > BCWP	效率低，进度滞后	更换低效团队
BCWP > BCWS > ACWP	高效，投入不足	维持现状
BCWP > ACWP > BCWS	超前施工	调整资源配置
ACWP > BCWP > BCWS	低效赶工	加强过程管控
BCWS > ACWP > BCWP	全面滞后	增加资源投入
BCWS > BCWP > ACWP	进度迟缓	加快施工节奏

注：本体系通过建立 PDCA 循环机制，实现成本动态控制与持续改进，适用于各类建筑工程项目的全过程成本管理。PDCA 循环机制是广泛应用于质量管理、项目管理及持续改进领域的科学方法论，由美国质量管理专家戴明提出并推广（故也称"戴明环"）。其核心是通过"计划→执行→检查→处理"四阶段的闭环循环，系统化地解决问题并实现持续提升。

8.4.5.2 评估指标

成本偏差（CV）=BCWP-ACWP
进度偏差（SV）=BCWP-BCWS
成本指数（CPI）=BCWP/ACWP
进度指数（SPI）=BCWP/BCWS

8.4.6 偏差分析的表达方法

（1）横道图对比法：直观显示差异量。
（2）多因素分析表：综合反映偏差参数（示例见表 8.8）。
（3）S 形曲线分析法：动态跟踪三线趋势。

表 8.8 费用偏差分析表示例

序号	项目名称	计划值	挣得值	实际值	成本偏差	进度偏差
1	外墙涂料	20	20	20	0	0
2	真石漆	20	35	45	−10	15

表 8.8（续）

序号	项目名称	计划值	挣得值	实际值	成本偏差	进度偏差
3	外墙砖	30	30	45	−15	0
	总计	70	85	110	−25	15

指标说明：

费用绩效指数（CPI）：真石漆 =0.78（35/45），外墙砖 =0.67（30/45）。

进度绩效指数（SPI）：真石漆 =1.75（35/20），其他项目 =1。

通过表格可清晰识别：真石漆存在显著费用超支（CV=−10），但进度超前（SV=15）。外墙砖费用控制问题突出（CV=−15）。

8.4.7　分析与建议

8.4.7.1　超支成因

（1）宏观层面：工期延误，物价波动。

（2）实施层面：工效低下，质量事故。

（3）管理层面：决策失误，协调不足。

（4）外部因素：设计变更，不可抗力。

8.4.7.2　纠偏措施

（1）技术优化：采用高效施工工艺。

（2）资源重组：调整供应商与分包商。

（3）范围控制：合理删减非必要工序。

（4）索赔管理：依法主张经济补偿。

8.5　建筑工程项目成本核算体系

8.5.1　核算体系框架

8.5.1.1　核心作用

成本核算是项目管理的基础性职能，贯穿成本管理的全流程，为成本预测、计划和控制提供数据支持，是成本分析与考核的根本依据和检验成本目标实现程度的最终标尺。

注：成本管理各环节（预测→计划→控制→核算→考核）形成闭环，核算为关键枢纽。

8.5.1.2 核算对象界定

根据项目特点与管理需求，核算对象划分方法包括：

（1）多单位协作工程：各施工单位独立核算其负责部分。
（2）大型长周期工程：按部位分段核算。
（3）同地同类项目：合并多个单位工程统一核算。
（4）零星改造工程：按单项工程或合并小规模项目核算。

8.5.1.3 核算基本要求

（1）建立规范核算制度：明确程序、方法、责任，设置台账记录原始数据。
（2）定期核算机制：按固定周期执行核算。
（3）三同步原则：产值统计（统计核算）；资源消耗统计（业务核算）；成本会计记录（会计核算）；三者动态匹配，避免异常盈亏。
（4）以单位工程为核算单元：作为独立考核对象。
（5）编制定期成本报告。

8.5.2 核算方法论

8.5.2.1 核算信息架构

核算需整合多方数据源（见图8.3）。

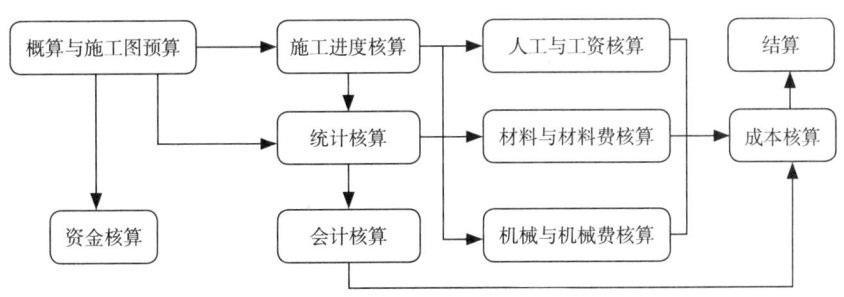

图 8.3　项目成本核算信息关系图

8.5.2.2 核算流程

预算分析→编制降本计划→执行成本计划→过程核算→竣工结算

8.5.3 核算实施过程

（1）核心步骤：通过归集与分配完成成本核算。
（2）归集：系统采集成本数据（按会计制度）。
（3）分配：将间接成本分摊至核算对象。
（4）具体核算内容：人工费归集分配、材料费归集分配、周转材料核算、结构件核算、机械使用费分配、施工措施费分摊、施工间接费分摊、分包工程成本核算。

通过"三账四表"（三账管理、四表输出）体系，实现成本数据的标准化归集与可视化呈现，支撑项目全周期成本管控决策，见表8.9和表8.10。

表8.9 三账管理

账目类型	核算内容	功能特点
工程施工账	建筑安装工程费用	按成本项目分栏记录
其他直接费账	临时设施费等专项费用	月末分配至受益单位工程
施工间接费账	项目管理类费用（组织与协调成本）	按间接成本项目分栏记录

表8.10 四表输出

报表类型	编制要求	核心作用
在建工程成本明细表	分单位工程汇总三账数据，按月填报	反映阶段性成本执行情况
竣工工程成本明细表	竣工后按单位工程列实际成本	项目最终成本核算依据
施工间接费表	按费用项目列示间接成本	监控管理类费用支出
工程项目成本总表	综合汇总所有成本项及结算数据	全面反映项目成本全貌

第 9 章 建筑工程项目合同管理

9.1 合同的概念及分类

9.1.1 合同的概念

合同是指平等民事主体（包括自然人、法人和其他组织）基于协商一致原则，为确立、调整或解除民事权利义务关系所订立的协议。

（1）合同的核心属性。作为规范交易行为的法律形式，合同具备以下核心属性：

①民事法律行为的属性。要求缔约双方必须具备完全民事行为能力，并在法律框架内实施合法行为。

②权利义务调控功能。其本质目的在于创设、变更或消除当事人之间的民事权利义务。

③合意形成机制。以当事人真实意思表示的契合为合同成立的实质要件。

（2）债的特征表现。在法律关系体系中，合同属于债的重要类型。债的概念涵盖依据合同约定或法律规定产生的特定主体间权利义务关系，其特征表现为以下几点：

①主体特定性。权利义务双方均为明确具体的法律主体。

②双向约束关系。债权人享有履行请求权，债务人承担对应履行责任。

③外延广泛性。除合同之债外，还包括无因管理、侵权责任等法定之债。

（3）债的构成要素。

①主体要素。由特定债权债务人组成，虽原则上具有稳定性，但通过债权让与、债务转移等法定程序可发生主体变更。

②内容要素。核心体现为合同约定的权利义务体系，即债权债务的具体配置。

③客体要素。学界存在"标的物说"与"给付行为说"的理论分野,后者强调债务人的特定履行行为对实现合同目的的决定性作用。

(4)合同相对性原则的具体表现。合同效力仅约束缔约双方,非合同当事人原则上既不能主张合同权利,亦无须承担合同义务,但法律特别规定或当事人特别约定的涉他条款除外。

9.1.2 合同的分类

合同按不同的标准可以进行如下不同的分类:

(1)双务合同与单务合同。

双务合同:双方互负权利义务(如买卖、租赁合同)。典型如建筑工程施工合同,甲方支付工程款获取工程成果,乙方施工获取报酬,权利义务相互依存。

单务合同:仅一方负担义务(如赠与、无偿保管合同)。

区别:双务合同涉及同时履行抗辩权、风险分配及复杂违约责任,单务合同则无此类问题。

(2)有偿合同与无偿合同。

有偿合同:以对价交换为基础(如买卖、租赁合同),体现交易本质。

无偿合同:单方给付利益(如赠与合同),属等价有偿原则的例外。

(3)有名合同与无名合同。

有名合同:法律明文规定类型及规则(如《中华人民共和国民法典》(以下简称《民法典》)中的19类典型合同)。

无名合同:法律未明确规定的新型合同(如旅游合同)。

法律适用:有名合同直接适用对应法律规定,无名合同可参照性质相近的有名合同规则处理。

(4)诺成合同与实践合同。

诺成合同:合意达成即成立(如买卖合同)。

实践合同:需交付标的物方成立(如寄存合同)。

(5)要式合同与不要式合同。

要式合同:法定形式要件(如中外合资合同需审批、抵押合同需登记)。

不要式合同:无形式限制,以意思自治为主。

(6)主合同与从合同。

主合同:独立存在(如施工合同)。

从合同:依附主合同生效(如履约担保合同),主合同无效则从合同无效。

（7）本约与预约。

本约：最终履行的正式合同。

预约：约定未来订立本约的协议，违约时可诉请强制缔约或赔偿。

（8）利己合同与利他合同。

利己合同：权利义务限于缔约双方。

利他合同：为第三人设定权利（如保险受益人条款），特征包括：第三人非合同当事人，无须参与订立；仅赋予权利，不附加义务；无须第三人预先同意。

9.2 合同法律框架及其适用规则

9.2.1 合同的法律概述

9.2.1.1 我国统一合同法律的制定及其特点

1999年3月15日，《中华人民共和国合同法》经第九届全国人民代表大会第二次会议审议通过。这部法律从1993年开始设计立法方案，历经6年完善后正式颁布。此前，我国的合同法律体系由《中华人民共和国民法通则》作为基础法，与《经济合同法》《涉外经济合同法》《技术合同法》三部法律并行。但随着经济的快速发展，这三部法律逐渐暴露出诸多问题：规范范围不一致、内容重复且存在矛盾；条文过少，缺乏操作性；保留计划经济规则，限制过多；合同欺诈现象突出；调整范围有限，无法适应新的经济需求（如融资租赁合同）。

《合同法》的特点为：总结国内立法经验并借鉴国际先进立法；体现合同意思自治原则；兼顾经济利益与社会公正；体现时代特点；强调规范性与可操作性。

注意：依据《民法典》第1260条，本法自2021年1月1日起废止，其精髓已纳入《民法典》合同编（第三编）。

9.2.1.2 合同法律的立法宗旨

合同法律的宗旨主要体现在三个方面：

（1）保护合同当事人的合法权益。保障自然人、法人及其他组织依法享有合同权利和利益。

（2）维护社会经济秩序。规范经济活动主体行为，防止无序状态，是维持市场经济秩序的重要工具。

（3）促进社会主义现代化建设。作为适应改革开放需求的法律文件，推动社会主义市场经济发展，助力现代化建设目标。

9.2.1.3　合同法律的调整对象

合同法律主要调整两类社会关系：

（1）平等主体间具有财产内容的社会关系，主要调整财产关系，不涉及身份关系（如婚姻、收养）。

（2）平等主体间以财产流转为特征的社会关系，调整动态财产关系，而非静态财产关系（由物权法调整）。

9.2.1.4　合同法律的基本原则

合同法律的基本原则是其主旨和根本准则，主要包括以下内容：

（1）合同自愿原则。当事人在订立、选择相对人、确定内容、变更和解除合同等方面享有自由，包括订立合同的自由、选择相对人的自由、确定合同内容的自由、选择合同形式的自由、协商变更或解除合同的自由以及选择违约补救方式的自由。

（2）诚实信用原则。要求当事人在民事活动中诚实守信，履行义务，不得滥用权利或规避法律。体现在合同订立阶段的保密、协助义务，履行前阶段的履约准备，履行阶段的通知、协助义务，终止阶段的保密义务，以及合同解释中的公平解决争议。

（3）合法原则。确保合同符合国家法律、社会公共利益，协调利益冲突。包括遵守全国性法律和行政法规，依据国家指令性计划订立合同，以及合同内容不得违背社会公德或公共利益。

（4）鼓励交易原则。通过减少无效合同的范围和类型，推动合法、自愿的交易，促进经济效率和财产安全。具体表现为：仅违反强制性规范的合同无效，避免因无效合同消灭交易；区分无效合同与可撤销合同，增加可撤销合同类型，减少无效合同数量，提高法律灵活性。

9.2.1.5　《民法典》合同结构体系

2020年5月28日，第十三届全国人民代表大会通过《中华人民共和国民法典》，自2021年1月1日起施行。《民法典》第三编为合同，共有3个分编29章526条。

第一分编为通则，规定合同订立、效力、履行、保全、变更和转让、权利义务终止、违约责任等一般规则，完善了合同总则制度；第二分编为典型合同，在15种现有合同基础上新增4种（保证合同、保理合同、物业服务合同、合伙合同），并完善了买卖合同、租赁合同等其他典型合同；第三分编为准合同，对无因管理和不当得利作出一般性规则规定。

9.2.2 合同的主要内容、形式与效力

9.2.2.1 合同条款体系

合同条款通过明确权利义务关系构建合同框架，分为三类：

（1）提示性条款。《民法典》第470条列举了八项参考性条款（如当事人信息、标的、数量、质量等），其功能在于引导缔约，但非强制必备内容。

（2）主要条款。决定合同成立的必备核心条款。

①借款合同。需明确币种、数额、利率、还款方式等。

②建筑工程合同。需规定工期、质量、造价等。

不同合同类型的主要条款具有特殊性，需根据交易性质具体确定。

（3）普通条款。补充合同内容的非核心条款。

①非必要条款。如包装物返还等次要约定。

②默示条款。虽未明示但依法或惯例推定存在，涵盖以下四条：实现合同目的的必要条件；行业惯例（如货物验收程序）；长期交易形成的习惯规则；法律直接规定（如质量保证义务）。

9.2.2.2 合同权利义务结构

（1）合同权利（债权）。债权人依法享有的请求债务人履行义务并保有给付的权利，其特性包括以下几点。

①请求性。需通过请求实现，不可直接支配债务人财产。

②相对性。仅对债务人有效，不可对抗第三人。

③平等性。多个债权并存时按比例受偿。

④权能复合性。涵盖强制执行、自力救济（紧急扣押）、债权转让及给付保有等权能。

（2）合同义务。分为以下两类义务体系。

①给付义务

a. 主给付义务。决定合同类型的核心义务（如买卖中的交付与付款）。

b. 从给付义务。辅助主义务实现（如技术保密、资料提供），源于法定、约定或诚信原则。

②附随义务。动态产生的辅助性义务（如保密、保管、协作），虽不履行通常不导致合同解除，但可追究赔偿责任，旨在保障交易安全与诚信。

9.2.2.3 合同效力解析

（1）合同生效定义。已成立的合同对当事人产生法律约束力，即权利义务关系正式受法律保护。

（2）成立与生效的区分。成立要件：以当事人就核心条款达成合意为标志；生效要件：需符合法律强制性规定及公序良俗。

成立与生效二者本质不同：成立仅解决合同存在问题，不涉及效力评价；生效是国家对合同合法性的认可，违法合同即使成立亦无效。关键结论：合同成立是生效的前提，但成立不等于必然生效，效力判定需结合法律强制要求。

9.2.3 合同的履行与保全

9.2.3.1 合同履行的核心内涵

合同履行是民事主体实现契约目的的核心环节，债务人通过交付标的物、完成特定工作或提供服务等方式，全面、适当地完成约定义务。该过程具有双重法律属性：既是合同法律效力的直接体现，也是契约关系存续的基础要件。合同成立构成履行的先决条件，而法律效力既为创设履行义务，也为实施履行提供制度保障和内在驱动力。

9.2.3.2 合同履行的指导准则

（1）精准履行原则。要求当事人严格按照合同条款的实质要求实施履行行为，包括但不限于以下几点：

①履行要素精准。标的物质量、数量、规格须符合约定标准。

②履行方式适当。选择符合交易习惯和合同目的的实现路径。

③时空要素匹配。在约定期间和指定地点完成履行。

④典型应用场景。建筑工程合同中，承包方除按时交付工程外，还需确保工程质量通过验收，施工工艺符合国家标准。

（2）协作履行原则。基于诚实信用原则衍生出以下协作义务。

①债权人应提供必要履行条件（如施工场地协调）。

②债务人应及时通报履行障碍。
③双方共同采取减损措施(《民法典》第591条明确规定怠于减损的扩大损失责任)。

(3) 效益最大化原则。倡导以经济合理方式实现合同目的。
①成本控制：选择最优履行方案。
②效率优先：缩短不必要履行周期。
③资源优化：避免重复投入和浪费。

9.2.3.3 合同权益保障体系

(1) 财产保全制度。通过法律手段防止债务人责任财产不当减损，具有以下特征：突破合同相对性原则，效力及于第三人；双轨制实施路径。

立法目的：防止债务人责任财产不当减损，保障债权人权利实现。核心功能：通过法律强制力维持债务人的责任财产现状，即"责任财产保全"。

财产保全制度与合同担保制度形成互补机制：

维度	财产保全制度	合同担保制度
设立方式	法定	约定
作用机理	维持责任财产	增加责任财产
启动条件	存在损害风险	事先约定

(2) 代位权行使要件。基础条件：存在合法有效的主债权；客体要件：次债权已届清偿期且非专属权；行为要件：债务人存在消极不作为；结果要件：危及债权人实现权利；程序要件：必须通过诉讼方式主张。

(3) 撤销权实施规范。
①客观要件。债务人实施财产处分行为；发生在债权成立后；导致责任财产不当减少。
②主观要件。债务人存在损害债权的故意；受让人明知损害情形(有偿行为时)。
③行权限制。除斥期间：1年或5年双重期限；范围限定：以债权额为限；费用承担：败诉方负担诉讼成本。

9.2.3.4 制度价值与功能

该制度体系通过以下维度维护交易安全：

（1）事前预防。建立履行激励机制。
（2）事中监督。设置风险防控机制。
（3）事后救济。提供权利恢复途径。

在平衡合同自由与公平原则的基础上，构建起完整的债权保障网络，有效维护市场交易秩序。

9.2.4 违约责任

9.2.4.1 违约责任的制度属性与功能特征

（1）概念界定。违约救济制度是契约法体系中对非诚信履约行为的矫正机制，指合同义务人因未依约履行义务所应承受的法律后果。其制度功能表现为三重救济路径：强制继续履行、采取补救措施或承担损害赔偿责任。

（2）功能特征。相对性原则；责任主体限定于缔约双方；不涉及合同外第三方法律责任；补偿性导向；以填补实际损失为基准（《民法典》第584条）；禁止通过违约责任获取不当得利；惩罚性赔偿需以法律特别规定为前提；约定优先性；允许当事人预先设定违约金条款（《民法典》第585条）；可协商确定损失计算方法；司法调整权受"过分高于损失"标准限制；民事责任属性；区别于刑事、行政责任；与侵权责任形成竞合关系。

9.2.4.2 违约责任构成要件体系

判断行为人是否最终承担违约责任，主要分为两步考察：

（1）违约行为的客观要件成立：存在违反合同约定的行为，且该行为可类型化识别。

（2）免责抗辩受阻（不具备免责事由）：法定免责事由（核心为不可抗力）缺失：需同时满足三个条件，①不可预见性，缔约时无法合理预见。②因果关系，不可抗力事件直接导致违约后果。③及时通知义务，依据《民法典》第590条履行通知义务。

（3）约定免责条款无效：①不得排除基本义务（如核心保障，依据《民法典》第506条）。②格式条款需符合公平原则（限制提供方因优势地位而拟定不公平免责条款）。

9.2.4.3 救济方式的协同适用规则

（1）实际履行优先。守约方原则上可要求违约方继续履行合同义务。法定例外阻却履行：出现《民法典》第580条规定情形（如履行不能、不适于强制履行（含人身专属性义务）、履行费用过高、债权人未及时请求、违背公序良俗）时，违约方可主张不实际履行。替代救济启动：存在上述法定例外情形时，守约方有权主张替代性救济（主要是损害赔偿）。

损害赔偿规则：功能定位，作为实际履行受阻时的核心替代救济，旨在填补损失。赔偿范围，包括履行利益和信赖利益损失。关键限制：赔偿额受"可预见性规则"限制（《民法典》第584条），不得超过违约方订立合同时可预见的损失范围。

（2）金钱救济方式的复合适用。补偿性赔偿计算模型如下：

损失总额 = 实际支出（直接损失）+ 可得利益损失（间接损失）× 可预见系数

（3）违约金调整规则。司法酌减标准：违约金不超过损失30%（《民法典》第585条第2款）。酌增规则：约定低于实际损失时可主张补充。

9.2.4.4 制度价值实现路径

该救济体系通过三重维度保障交易安全：
（1）行为引导。设置明确违约成本。
（2）风险分配。建立合理免责机制。
（3）损失填补。构建多层级救济网络。

在尊重契约自由与维护实质公平的平衡中，形成促进市场诚信的有效制度约束。

9.3 工程合同的变更机制与索赔管理

9.3.1 索赔管理概述

索赔指的是在合同履行过程中，一方因对方应承担风险或责任而遭受损失，进而要求补偿的行为。在建筑工程领域中较为常见，尤其是施工阶段，通常指承包人向发包人提出索赔，但实际上双方均可提出索赔。其基本特征如下：

（1）依据性。索赔必须依托法律法规、合同文件和工程惯例，并需要提供合法、合理的证据。

（2）双向性。合同双方都有权互相索赔，尽管在实践中发包人向承包人索赔可能更为便捷，但承包人索赔同样具备合法性。

（3）损失必要性。索赔方必须实际遭受经济损失或权利损害，否则索赔将无法成立。

（4）无过错性。索赔方在事件中应无过错，相关风险或责任应由对方承担。

（5）单方行为性。索赔是单方面的行为，不需要对方确认，索赔方可在符合条件时随时提出。

索赔范围广泛，包括因非承包人责任引起的工期延长或成本增加。无论是发包人违反合同，还是工程变更、恶劣气候、法律法规修改等非违约风险，均可能导致承包人索赔。索赔不仅是维护合法权益、争取合理补偿的正当行为，也是合同履行中保障公平利益的重要手段。

9.3.2 索赔值计算与反索赔

9.3.2.1 计算理论分析

（1）索赔事件。索赔事件，又称干扰事件，指那些使实际情况偏离合同约定，导致工期和费用变化的情况，也是索赔机会产生的根源。在工程建设合同执行中，常见的索赔事件包括：发包人未按照合同约定及时提供设计图纸、资料、合格施工现场、行驶道路以及水电接通等，致使工程延误及费用上升；工程实际地质条件与前期勘察不符；发包人或工程师变更原定施工顺序，扰乱施工计划；设计变更、设计错误或发包人、工程师错误指令及错误数据，导致工程修改、返工、停工或窝工；工程数量变化，使实际工程量与原定不一致；发包人指示提高设计、施工及材料质量标准；发包人或工程师指令增加额外工程；发包人要求加速施工；不可抗力因素；发包人未按时支付工程款。

（2）索赔事件的影响分析。索赔事件的影响涉及责任与风险的分担，分为发包人承担、承包人承担以及双方共同承担风险。分析方法采用三种状态：

①合同状态。不计索赔事件影响，仅基于合同签订时的条件、环境和方案确定工期与价格；

②可能状态。考虑发包人或工程师应承担风险的索赔事件后重新计算的工期和价格；

③实际状态。包含所有索赔事件影响后的最终工期和价格。

（3）索赔值的计算。主要通过比较可能状态与合同状态之间工期和价格的差异。工期索赔值的计算涉及以下几点：

①按延期原因分类

a. 由发包人及工程师引起，如延迟提供现场、图纸、工程款等。

b. 由承包人引起，如施工组织不当、资源不足等。

c. 由不可控因素引起，如自然灾害、战争等。

②按延误可能结果分类

a. 可索赔延误。主要因发包人、工程师及不可抗力因素引起。

b. 不可索赔延误。由承包人风险事件引起。

③按延误事件的时间关联性分类

a. 单一延误（在一个延误周期内未同时出现其他延误事件）。

b. 共同延误（两个或多个延误事件同时发生，补偿计算较复杂）。

c. 通过对合同状态、可能状态和实际状态的分析，可以确定延长的工期和增加的成本，从而明确承包人有权索赔的部分。最终，索赔值的计算有助于确定承包人因非自身责任事件所应获得的补偿。

9.3.2.2 工期索赔值的计算

（1）工程延期分类及处理。

①按延期原因分类。

由发包人及工程师原因引起的延期：主要包括发包人延迟交付现场、交付图纸、支付工程款、未及时组织验收影响下道工序，提供错误现场资料或不准确的地勘报告，以及工程变更和工程师错误指令等。这类情况发生后，应顺延工期。

由承包人原因引起的延期：主要包括施工组织不当（窝工、停工待料、质量不合格返工）、资源配置不足、技术或管理不足、资金短缺导致延误，以及因雇佣分包人或供应商引起的延误。这类延误不应顺延工期。

不可控因素导致的延期：如地震、山洪、泥石流、暴雨、战争、骚乱、革命或核污染等风险事件导致的延误，应予以顺延。

②按工程延误的可能结果分类。

可索赔延误：通常由发包人、工程师原因或不可抗力因素引起，应顺延工期。

不可索赔延误：由承包人自身风险事件引起，即便工期受影响，也不予顺延。

③按延误事件时间关联性分类。

单一延误：在某一延误事件周期内没有其他事件干扰，根据责任判断是否顺延工期。

共同延误：两个或以上延误事件在同一时间段内发生，补偿分析较复杂。

（2）工期索赔值计算方法。首先应确定工期延误的原因，若是承包人自身原因，则不予索赔；只有发包人应承担风险的索赔事件，方可索赔。

①网络计算法。确定合同状态下的工期（T）；确定可能状态下的工期（T_k），即考虑发包人风险事件后的工期；确定实际状态下的工期（t），即包括所有索赔事件的工期。

分析判断：

a. 可索赔工期值

$$\Delta T = T_k - T_c$$

其中，ΔT 为可索赔工期值，T_c 为合同状态下工期，T_k 为可能状态下工期。

b. 工期延误判断

$$\Delta t = t - T$$

当 $\Delta t < 0$ 时，表示提前竣工；当 $\Delta t = 0$ 时，表示按时完工；当 $\Delta t > 0$ 时，表示为延误。

②比例类推法。当索赔事件仅影响部分工程或分项工程工期时，可采用比例类推法。

按工程量比例类推：根据已知工程量与工期关系，计算增加工程量所需延长的工期。

按造价比例类推：依据合同造价与工期关系，计算增加工程款对应的工期延长。

此方法计算简单，但在某些情况下可能不够科学，如变更施工次序或要求加速施工时不适用；对非关键工作的工程量或造价变化不一定影响整体工期，故理论上应用较少。

9.3.2.3 费用索赔值的计算原则与方法

（1）计算原则。费用索赔作为索赔处理的重点，计算时必须遵循公认的方法和原则，否则可能无法获批。主要原则包括：

①遵守合同、交易习惯和法规。明确双方责任，采用合同、习惯和法规规定的计算方法，对于承包人自身责任导致的费用增加应予扣除。

②实事求是。索赔一方必须证明损失真实且由对方风险事件引起，费用索赔应以实际成本和费用增加为依据，不能虚报损失。

③有理有节。选择合理的计算方法使工程师及发包人易于接受，有时可适当预留协商空间，以期达成双方认可的结果。

（2）计算方法。人工费的计算公式为：

$$L=L_1+L_2+L_3+L_4$$

其中，L——可索赔的人工费；

L_1——人工单价上涨费；

L_2——人工工时增加费；

L_3——人工窝工费；

L_4——生产效率降低造成的损失费。

当发生以下情况时，承包人可提出人工费索赔：

①发包人增加额外工程，或发包人、工程师原因导致工期延误，进而引起人工单价上涨和工时延长。

②工程所在地法律、法规或政策变化导致承包人工资、福利或保险费用增加。

③发包人或工程师原因导致施工计划被打乱，使劳动生产率下降，增加工时损失。

④发包人原因造成窝工。

⑤发包人要求加速施工，不合理使用人工导致效率降低。

9.3.2.4 反索赔

（1）反索赔的意义。

①减少损失。有效的反索赔可以降低因满足对方索赔要求而产生的经济损失。

②提升管理。成功的反索赔能增强管理信心，提升工程管理水平，掌握合同管理主动权；

③维护利益。反索赔不仅能驳回对方不合理要求，还能争取自身合理权益。

（2）索赔与反索赔的关系。索赔与反索赔是合同管理中相辅相成的两面，前者为主动争取利益，后者为防止损失和抵消对方索赔。双方均可能提出索赔与反索赔。

（3）反索赔的内容。反索赔主要包括预防对方提出索赔及对已提出索赔的反驳。

①预防对方索赔。认真履行合同，避免违约；在自身应承担风险时，主动协商补偿；在双方均有责任的情况下，采取先发制人策略，收集证据并先行提出索赔。

②反驳对方索赔。利用己方索赔对抗对方要求，把握对方失误；指出对方

索赔报告中与事实或合同规定不符的部分；以事实和法律为依据，实事求是地处理索赔。

在实际工程中，当面对对方索赔时，应依据具体情况作出合理反应：若对方索赔依据充分，则应予以认可并赔偿；若不合理，则需以事实和法律进行反驳。反索赔不是简单地拒绝，而是有理有据地维护自身合法权益。成功的反索赔需要合同分析、事件调查、责任认定及对对方索赔报告的审查，从而减少不利影响，并为己方争取更大利益。在合同执行过程中，双方都应避免给对方留下索赔机会，并在对方提出索赔时，通过有效反驳降低或否定索赔要求。

9.3.3 工程变更中的权利、义务与价款确定

9.3.3.1 合同主体各方在工程变更活动中的权利与义务

（1）监理人在工程变更活动中的权利与义务。在专用合同条款规定的权限和时限内，对承包人提交的工程变更建议进行审批；若属于设计变更，则须先报设计单位确认后再执行。对于超出合同授权范围的变更，监理人应在规定期限内向发包人提出审核意见。

监理人应独立向发包人提出工程变更建议。监理人有权就其提出的工程变更而为发包人带来的收益进行分成，具体分成方式及比例由双方在专用合同中约定。

（2）发包人在工程变更活动中的权利与义务。在专用合同条款约定的范围和期限内，对承包人或监理人提出的工程变更建议进行审批；若为设计变更，则须报设计单位确认后实施。

对于设计单位直接下达的工程设计变更文件，发包人应进行技术经济评估，并在规定时限内将评估结果反馈给设计单位，经其确认或调整后，再组织承包人执行。

（3）承包人在工程变更活动中的权利与义务。承包人应主动、独立向监理人或发包人提出工程变更建议。承包人有权就其提出的工程变更而为发包人带来的收益进行分成，分成方式及比例按专用合同约定执行。

9.3.3.2 工程变更价款的确定

工程变更是指在施工合同履行过程中，根据合同约定对工作内容、质量标准、特性、位置、尺寸、时间安排或实施顺序进行的调整，可能包括增加或减少工作量、取消工作、改变工程特性或细节，以及调整工程进度。

(1) 变更权。发包人和监理人均有权提出变更，但变更指示须经发包人同意后由监理人下达。承包人只有在收到正式变更指示后，方可实施工程变更；未经许可不得自行变更。设计变更须由设计人提供变更图纸和说明，若变更超出原设计标准或规模，发包人应办理相关审批手续。

(2) 变更程序。发包人提出变更时，通过监理人向承包人下达变更指示，并明确变更范围及内容。

监理人可书面向发包人提出变更建议，说明变更范围、具体内容、理由及对合同价格和工期的影响，经发包人同意后，再由监理人向承包人下达正式变更指示。

(3) 变更执行。承包人在收到变更指示后，若认为无法执行，应及时说明原因；若能执行，则应以书面形式说明变更对合同价格和工期的影响，并按照约定确定变更估价。

(4) 变更估价。变更估价是调整合同价款的重要依据。承包人应在规定时间内提交变更价款报告，经监理人审核后，由发包人批准后调整合同价款。

①估价原则。若存在相同项目，则按相同项目单价确定；若无相同项目但有类似项目，则参照类似项目单价；若变更导致工程量变化超过15%或无可参照单价时，由合同双方依据成本和利润原则确定单价。

②估价程序。承包人应在收到变更指示后14天内提交变更估价申请；监理人须在7天内完成审核并报送发包人，若有异议，则通知承包人修改；发包人应在14天内审批，逾期未审批或未提出异议的，视为认可。

变更引起的价格调整将计入进度款支付。确定工程变更价格的方法包括采用工程量清单中的综合单价或费率、依据工程造价管理机构颁布的定额、结合现场施工记录和实际消耗量综合确定，或采用计日工方式。

(5) 计日工方式。适用于规模较小、工作不连续、存在特殊工艺措施或无法规范计量的工程变更项目。若合同中未列明计日工项目，则不宜采用此方式。采用计日工计价时，承包人应在施工过程中每日提交包括工作名称、内容、数量、人员信息、材料种类和数量、施工设备型号、台数及耗用台时等报表和凭证，供监理人审核。

9.4 工程合同风险识别

9.4.1 工程合同风险管理基础

9.4.1.1 风险管理概述

风险管理是识别、评估、预防和控制潜在意外损失的过程,目标是以最小成本将风险降至最低。建筑工程因具有单件性、固定性、投资大、周期长和施工复杂等特点,其风险管理尤为关键。虽然项目立项及可行性研究基于预见的技术、管理及环境条件,但在实施过程中,这些条件可能发生变化,增加不确定性,进而导致工期延误、成本上升甚至项目失败。不过,高风险项目也可能带来高收益。风险管理有助于提升项目经济效益、管理水平和竞争力,项目管理者面临的挑战是将损失不确定性控制在可接受范围内,并将剩余风险合理分配给最适合承担的一方。

9.4.1.2 风险管理任务

（1）识别与评估风险。主动掌控项目目标,建立风险管理程序和应对机制,降低风险发生的可能性。

（2）制定风险处置对策和预算。在风险发生时,最大限度减小对项目的影响。

（3）落实风险管理措施。具体执行风险管理计划,确保项目按照预定目标运行。

（4）风险损失后的处理与索赔管理。在风险造成损失后,采取有效措施和索赔手段,减少项目损失。

9.4.1.3 工程合同风险因素分析

风险分析运用多种技术,通过定性和定量的分析方法探讨风险产生的原因和条件,以深入理解风险。风险因素是影响项目发展的各项因素,风险分析关注其发生可能性、预期结果、时间及频率,管理者需要结合分析结果作出判断,而方法仅为辅助工具。

（1）风险因素分析方法。风险因素分析既可采用定性方法,也可结合定量手段。

常用的定性方法包括以下几种：

①头脑风暴法：借助专家会议激发创造性思维，收集未来可能发生的信息；

②德尔菲法：通过匿名多轮反馈征求专家意见，使意见逐步趋同；

③因果分析法：以图形展示风险因素和事件间的关系，探究风险的原因和结果；

④情景分析法：设计多种未来情景，描述系统发展趋势；

定量方法则包括敏感性分析、概率分析、决策树分析等，选择合适方法需结合具体环境和问题。

（2）风险分类。风险分类帮助管理者更全面了解风险，从而提高管理效果并为评估做准备，常见分类方式包括以下几种：

①按风险原因分类。如政治、法律、经济、自然和社会风险。

②按风险阶段分类。涵盖项目决策、融资、建设期及生产经营期风险。

③按风险后果分类。涉及工期、费用、质量、生产和市场风险。

（3）承包人承包工程的主要风险。承包人在工程中面临的主要风险包括以下几种：

①技术、经济、法律风险。涉及工程规模、技术要求、现场条件、施工难度、技术力量、资金供应及国际工程中的法律问题。

②发包人资信风险。包括发包人的经济状况、信誉、支付能力和合作态度；

③外界环境风险。涉及政治环境变化、经济波动、法律调整以及自然环境的不确定性。

④合同风险。包括合同条款中的风险内容、不全面或不明确的规定以及苛刻要求。

（4）建立风险清单。在确认风险后，应建立风险清单，确保风险管理工作科学、客观、全面，不遗漏主要风险。风险清单是风险管理的重要步骤，有助于管理者更好地识别、评估和应对风险，从而提高项目成功率。

9.4.2　工程合同风险保障措施

9.4.2.1　工程担保

工程担保是一种信用工具，即保证人应债务人要求，向债权人出具书面承诺，确保债务人履行合同义务或及时支付款项。国际上担保制度由来已久，我国的担保制度则始于1995年起施行的《中华人民共和国担保法》（以下简称《担保法》）；2021年起《民法典》施行，《担保法》同时废止。担保基于信用，主要有受信人财产担保和第三方担保两种形式,其中工程担保普遍采用第三方担保。

工程担保是合同当事人为确保工程合同履行,由第三方保证人进行监管并承担责任的一种风险管理机制。在发达国家,工程担保制度已成为国际惯例,有助于规范建筑市场、防范风险、降低社会成本并确保工程顺利进行。

(1)工程投标担保。投标担保是指投标人对其投标书中所承担的责任不可撤回或反悔的保证,确保中标后签约承包工程。担保方式包括现金、支票、银行汇票、银行保函以及保险公司或担保公司出具的保证书。投标担保额度一般不超过投标项目估算价的2%,其有效期与投标有效期一致,并应在合同签订后5日内退还。若投标人在开标后撤回投标文件或中标后拒绝签订合同,由担保银行或公司承担赔偿责任。

(2)承包人履约担保。承包人履约担保是为了确保承包人履行合同义务而提供的担保,是工程担保中最重要、金额最大的部分。担保方式包括银行保函、担保公司担保书、履约保证金以及同业担保,担保额度一般为合同价的5%~15%。该担保的有效期截至工程竣工验收合格,且发包人应在担保期满后退还承包人提交的履约担保实物载体或资金(银行保函原件、保证金本息、担保解除文件等),退还节点为工程竣工验收合格且担保有效期届满后,避免因长期持有担保文件导致承包人权益受损。履约担保的索取和递补事宜需在合同中予以明确。

(3)预付款担保。预付款担保是为了保证承包人正确、合理使用发包人支付的预付款,主要采用银行保函方式,其担保金额与预付款等值,并会随着预付款的逐月扣除而减少。该担保的主要作用在于确保承包人按合同施工并偿还预付款,其有效期直至预付款全部扣回。

(4)发包人支付担保。发包人支付担保是发包人应承包人要求提交的,目的是保证履行合同中约定的工程款支付责任。其担保方式和额度通常与承包人履约担保相当,有效期至发包人完成所有工程结算款项支付之日。若承包人要求索赔全部担保金额,发包人则应及时重新提交同等额度的支付担保。

通过上述担保方式,工程担保制度为建筑市场提供了信用保障,降低交易风险、提高市场效率,并确保工程的顺利进行。

9.4.2.2 工程保险

工程保险是一种为工程建设过程中涉及的财产、人身及权利义务关系提供经济保障的保险形式,其目的是将风险转移给保险公司,以便在事故发生时获得相应赔偿,从而避免或减轻损失。

(1)工程保险的保障范围。工程保险主要覆盖由自然灾害、意外事故以及人为疏忽引起的物质财产损失及列明费用,同时涵盖工地施工期间对第三者造成的财产损失或人身伤害的法律责任。保险金额通常依据工程合同价或概算拟定,并在工程竣工后根据决算进行调整。

(2)工程保险的分类

①按保险标的分类:包括建筑工程一切险、安装工程一切险、机器损失保险和船舶建造险。

②按工程建设涉及的险种分类:涵盖建筑工程一切险、安装工程一切险、第三方责任险、雇主责任险及承包人设备险。

③按主动性与被动性分类:包括强制性保险与自愿保险。

④按投保方式分类:包括单项保险和一揽子保险(CIP)。

(3)国际上工程保险的特点。国际工程保险具有保险经纪人扮演关键角色、法律体系健全、投保人与保险商合作控制意外损失,以及保险公司赔付率高、利润率低的特点。

(4)工程保险条款的主要内容

①自然灾害与意外事故的定义。涵盖地震、海啸、雷电、飓风等自然现象以及不可预见的突发事件。

②物质损失的定义及赔偿限额。在工地由自然灾害或意外事故造成的物质损失,其赔偿上限通常不超过保险单中列明的相应分项金额。

③第三方责任的定义及赔偿限额。针对由事故引起工地内及周边区域的第三者人身伤害或财产损失,赔偿限额以法院或政府裁定为准。

④除外责任。通常包括战争、政府行为、故意行为、核风险、环境污染等。

⑤保险金额。应不低于被保险工程安装完成时的总价值。

⑥保险期限。涵盖建筑或安装期间物质损失及第三者责任的保险期,以及保证期内的物质损失保险期。

⑦赔偿处理。保险人可选择直接支付赔款或对受损项目进行修复、重置。

⑧被保险人的义务。包括如实告知、按时缴纳保险费、采取防范措施与及时通知保险人。

⑨总则。规定保单效力、无效、终止、权益丧失及合理查验等条款。

(5)工程保险投保。

①投保程序。选择保险顾问或经纪人,确定投保及承保方式,准备承保资料,提出保险需求,选定保险人,填写投保申请并签署保险单。

②选择保险人时应考虑的因素。包括保险人的资信、实力、风险管理水平、管理经验、服务质量、技术能力、费率及再保险条件。

③保险合同的构成。主要由投保申请书或投保单、保险单以及保险条款构成。

④保险合同内容。涵盖投保人和被保险人信息、保险标的、保险责任及免责条款、保险期间、保险价值和金额、保险费支付方式、赔偿方式、违约责任及争议解决机制。

通过这些详细条款与程序，工程保险为项目提供了全方位的保护，确保在面对各种风险时，各方均能获得适当的赔偿和保障。

9.5 工程合同争议的解决机制

9.5.1 争议解决机制概述

9.5.1.1 建筑工程施工合同争议的主要内容

在我国建设市场中，合同争议主要围绕承包人与发包人的经济利益展开，主要包括以下内容：

（1）索赔争议。承包人提出索赔要求，但发包人不承认或支付金额远低于承包人要求，双方因证据不足、计算方法不合理、承包人自身责任或发包人援引免责条款而难以达成一致。

（2）工期索赔争议。承包人认为工期延误系由发包人未及时提供施工场地、设计图纸、审批材料样品、现场工序检验以及工程款支付所致；而发包人则将工期延误归咎于承包人延期开工、劳力不足或材料短缺等因素。

（3）违约罚款争议。发包人要求对承包人进行违约罚款，扣除由延误工期造成的罚金并赔偿损失，而承包人则提出反索赔，双方在此问题上存在较大分歧。

（4）施工缺陷或设备不合格争议。因承包人施工缺陷或设备性能不达标，发包人要求赔偿、降价或更换；承包人则认为缺陷已修复或不属于其责任，甚至认为试验方法存在问题，导致双方难以达成一致。

（5）终止合同争议。尽管终止合同可能给双方带来严重后果，但为避免更大损失，双方有时会选择这一补救措施，因此应在合同中事先明确终止时各方的权利和义务。

（6）承包人与分包人争议。此类争议内容与发包人与承包人的争议类似，主要涉及经济利益、工期及工程质量等问题。

（7）承包人与材料设备供应商争议。主要集中在货品质量、数量、交货期限和付款等方面。为减少争议，双方应在签约时审慎考虑并在履行过程中及时沟通，解决争议的途径包括以下几种：

①协商和解。双方在自愿和友好的基础上，通过协商达成一致，自行解决争议。此方式简单、便捷，有助于加强合作和合同履行，但其效力依赖双方的诚信。

②调解。借助第三方调解机构或调解员，协助双方解决争议，达成的调解协议具有一定法律效力。

③仲裁。依据仲裁协议，由仲裁机构对争议作出裁决，仲裁裁决具有法律约束力。

④诉讼。若无仲裁协议或仲裁协议无效，双方可向人民法院起诉，法院判决具备强制执行力。

⑤争议评审。《建设工程施工合同（示范文本）》（2013年版）规定，双方还可通过专业评审人员对争议进行评审，提供解决方案。

当争议发生时，合同双方应根据对方态度、合作关系和各自资源，选择最有利的解决途径，以合法、公正、及时的方式维护自身权益，促进合同领域法治建设。

9.5.1.2　合同争议的和解

（1）和解的特征。和解是双方在争议发生后，通过自愿协商达成协议，自行解决问题的方式。其主要特征是无须第三方介入、程序灵活，并有助于维持双方的合作关系。

（2）和解的优点。和解方式简单，双方可自行确定协商时间和地点，有利于增强互信和协作，从而推动合同顺利履行；但由于和解协议缺乏法律强制性，依赖于双方诚信，若一方反悔或争议金额较大，达成和解则较为困难。

9.5.1.3　合同争议的调解

调解是争议发生后，在第三方主持下，双方在查明事实、分清责任基础上，通过互让互谅自愿达成协议的一种方式。

（1）调解的特点。

①方式灵活，程序简单。调解没有固定程序，双方可灵活协商，节省时间

和费用,且不伤害双方感情,有助于迅速解决争议。

②有第三方介入。第三方的存在有助于客观分析问题,缓解双方对立情绪,并推动事实查明。

③自愿性。调解基于双方自愿,调解机构不得强迫接受或施加意见。

(2)建筑工程施工合同争议的调解方式。

①行政调解。由行政机关(如工商管理部门)主持,调解协议缺乏法律效力,当事人可后续提请仲裁或诉讼。

②社会(民间)调解。依托行业协会,通过制定管理办法和建立调解组织,由具备专业知识的人员调解,但调解书无法律约束力。

③仲裁机构调解。在仲裁机构主持下进行,调解协议经过批准后具有法律效力,可强制执行。

④人民法院调解。依自愿原则进行,法院可提供建议但不得强迫,达成的调解书具有法律效力。

⑤联合调解。针对涉外合同争议,双方可向各自国家的仲裁机构申请,组成联合调解委员会共同处理争议。

9.5.1.4 合同争议评审

(1)合同争议评审的概念。合同争议评审是一种介于调解与仲裁之间的解决机制,由双方协商选择独立第三人组成评审小组,对争议作出决定,并承诺接受该决定的约束。为增强其效力,双方可约定在后续仲裁或诉讼中不再对评审结果提出质疑。

(2)合同争议评审的产生与发展。合同争议评审起源于国际工程承包实践,如1995年世界银行提出的争议评审委员会(DRB)及国际咨询工程师联合会(FIDIC)推出的争端裁决委员会(DAB)。国内自2007年将《标准施工招标文件》引入争议评审制度以来,在水利水电等项目中逐步应用。《建设工程施工合同(示范文本)》(2013年版)也首次提出采用争议评审方式。

(3)合同争议评审的基本程序。

①评审小组的确定。双方可共同选择1至3名评审员,通常在合同签订后28天内或争议发生后14天内选定。若选定三名评审员,则各自选一名,第三名由双方共同确定或按合同约定指定。评审员的报酬一般由双方平摊。

②评审小组的决定。争议可随时提交评审小组,评审员应在收到申请报告后14天内作出书面决定,并说明理由。

③决定的效力。评审书经双方签字确认后具有约束力,如不履行,双方可

另行采取调解、仲裁或诉讼等方式。

（4）合同争议评审的优点。

①决定更符合实际。评审员通常具备丰富的技术和管理经验，能更好解决复杂问题。

②节约时间。现场考察和快速决策有助于及时解决争议，避免工期延误。

③成本较低。费用由双方分担，相对于仲裁或诉讼更为经济。

④不影响后续救济。若一方不满意评审结果，仍可诉诸仲裁或诉讼，保障最终救济。

9.5.2 争议解决的法律途径

9.5.2.1 合同争议的仲裁

（1）仲裁的概念及特征。

①仲裁的概念。

合同争议仲裁是指合同双方依据书面仲裁协议，向有资质的仲裁机构申请，由其依法对争议进行裁决，以解决合同纠纷。仲裁适用于平等主体间的合同及财产权益纠纷，其选择完全依赖于当事人的自愿，同意提交仲裁后，仲裁协议成为法律依据。

②仲裁的特征。

a. 专业仲裁机构：仲裁者必须是依法成立且具有资质的仲裁机构，与普通第三方调解人不同。

b. 法定程序与规则：仲裁严格依照法律规定的程序进行。

c. 仲裁协议约束：双方均受仲裁协议约束，即使一方反悔，另一方仍可启动仲裁程序。

d. 裁决强制执行：仲裁裁决具有法律效力，不履行时可申请法院强制执行。

e. 仲裁员的裁决权：仲裁员在调解无效时依法作出裁决，而调解人仅起劝解作用。

（2）合同争议仲裁的基本原则。

①事实与法律并重。仲裁机构应全面调查，查明事实、分清责任，依法作出裁决。

②先调解后裁决。受理后应先进行调解，调解不成时及时裁决。

③当事人平等。确保双方在陈述、举证和辩论中平等行使权利。

④自治原则。当事人自愿决定是否提交仲裁以及选择仲裁机构。

⑤一裁终审。仲裁裁决一经作出即具有终局性，不得再仲裁或诉讼。

⑥独立仲裁。仲裁机构依法独立行使权力，不受外界干涉，但法院可监督。

（3）仲裁的程序。

①仲裁的申请。仲裁协议须以书面形式签订，作为双方共同意愿的表达，不受合同变更或解除影响。

②仲裁的受理。仲裁机构在接到申请后，5日内审查立案；不符条件时书面通知申请人，并说明理由。受理后，将仲裁规则及名册送达双方，要求被申请人在规定期限内提交答辩书。

③开庭和裁决。当事人可协议不开庭，仲裁庭可依申请书、答辩书等材料作出裁决。调解在仲裁人员主持下进行，调解成功则出具调解书，反之则及时开庭仲裁。裁决自出具之日起生效，当事人可申请撤销或执行。

④执行。调解书和裁决书具有法律效力，双方应自觉履行；如不履行，可向法院申请执行，被申请人可提供证据请求拒绝执行。

9.5.2.2 合同争议的司法诉讼

（1）合同诉讼的概念和基本原则。

①合同诉讼的概念。合同诉讼是指人民法院根据当事人的请求，审理并解决合同纠纷及由此产生的一系列法律关系。

②合同诉讼的基本原则。

a. 立审判：法院依法独立审理合同纠纷，不受外界干涉。

b. 以事实和法律为依据：在查明事实、分清责任的基础上，依法正确适用法律。

c. 当事人诉讼平等：双方在诉讼中享有平等权利，包括举证、辩论、调解、上诉等。

d. 自愿调解：在事实明确、责任清楚的前提下，自愿调解。

e. 合议、公开及两审终审：合议庭组成、公开审理及终审原则。

f. 审判监督：对生效判决、裁定如发现错误，可依法再审。

g. 使用本民族语言进行诉讼及实行辩论制度。

（2）合同诉讼的参与人。

①诉讼当事人。因合同争议提出诉讼并受裁判约束的人，须具备诉讼权利能力。

②诉讼中的第三人。与案件有利害关系者可申请参加诉讼。

③诉讼代理人。依据法律或授权委托，以当事人名义代理诉讼的人员，须

提供授权委托书。

（3）审判程序。

①第一审普通程序。包括起诉与受理、审理前准备（如起诉状副本送达、答辩书提交、组成合议庭）、开庭审理。

②第二审程序。上诉请求自判决书送达之日起 15 日内提起（裁定则 10 日内），由上级法院组成合议庭重新审理，根据情况作出驳回、维持、改判、撤销或发回重审等处理。

③简易程序。适用于事实清楚、争议简单的案件，由基层法院单独审理，案件应在立案后 3 个月内结案。

④审判监督程序。针对生效法律文书中发现的明显错误，由有权机关提起再审，裁定中止原判决、裁定或调解书执行。

⑤执行程序。依照法律规定，人民法院采取强制措施督促履行生效判决、裁定或调解书，申请执行的期限为 2 年，自规定履行期的最后一天起计算。法院可采取查封、冻结、划拨、拍卖等措施。

9.5.3 争议解决途径的选择

在处理合同争议时，并非所有争议都需经过所有解决途径。通常，当事人倾向于选择一种或两种经济高效的方式。大部分争议可通过友好协商解决；若协商不成，则可寻求调解或争议评审机制；最终诉诸仲裁或诉讼的情况相对较少。表 9.1 对比了争议解决不同途径的特点、优势与不足，帮助人们更好地选择适用方式。

表 9.1 争议解决途径的选择表

序号	解决途径	争议形成	解决速度	所需费用	保密程度	对双方协作关系的影响
1	和解	在合同实施过程中随时发生	发生时双方立即协商，达成一致	无须费用	纯属合同双方讨论，完全保密	据理协商，达成和解后不影响协作关系
2	调解	邀请调解者，需 15 天	调解者分头探讨，一般需 1 个月	费用较少	可以做到完全保密	对协作关系影响不大，达成协议后可以恢复协作关系

表 9.1（续）

序号	解决途径	争议形成	解决速度	所需费用	保密程度	对双方协作关系的影响
3	仲裁	申请仲裁，组成仲裁庭，需 1~2 个月	仲裁庭审，一般需 4~6 个月	聘请仲裁员，费用较高	仲裁庭审，可以保密	对立情绪较大，影响协作关系
4	诉讼	向法院申请立案，一般需数年，甚至更久	法院庭审，需时甚久	聘请律师等，费用很高	一般属于公开审判，难以保密	敌对关系，协作关系破裂
5	争议评审	双方聘请评审员，组成争议评审小组	争议评审小组给出评审决定，需半个月左右	聘请评审员，费用甚高	内部评审，可以保密	有对立情绪，影响协作关系

第 10 章 建筑工程项目造价管理

10.1 建筑工程造价管理的基础理论与概述

10.1.1 工程造价的概念

工程造价既有广义概念又有狭义的解释。

广义上,工程造价指建设项目在预期或实际实施过程中所有固定资产投资的总费用,包括建筑安装费、设备、工器具费用及其他相关建设费用。从投资者或业主的角度看,它涵盖从项目可行性研究、勘察设计、招标、施工到竣工验收等全过程所支付的全部费用,构成固定资产和无形资产的总和。

狭义上,工程造价即工程价格,指在施工合同中由发包人与承包人约定的工程费用。此定义基于市场经济环境,将工程视为一种特殊商品,是在土地、设备、技术劳务等市场中,通过招标或其他交易方式形成的价格。通常,工程承发包价格被认为是工程造价,但这只代表其市场表现的一部分。

10.1.2 工程造价的特点

工程造价具有以下主要特性:

(1)大额性。工程造价数额通常巨大,可能达到数百万、数千万甚至上百亿人民币,这关系到各方重大经济利益,并对宏观经济产生深远影响。

(2)个别性与差异性。由于每个工程在用途、规模、地理位置等方面均有不同,其造价也各具特色,不能简单套用同类数据。

(3)动态性。工程建设周期较长,期间会受到工程变更、材料价格、工资、费率及汇率等多种动态因素的影响,直至竣工决算前,其造价始终存在不确定性。

(4)层次性。一个建设项目通常由多个单项工程、单位工程乃至更细分的工程组成，对应着总造价、单项造价及单位造价等多个层次。

（5）兼容性。工程造价既包括作为投资项目的整体费用，也表现为建筑产品在市场上的价格，涉及成本、土地、设计、政府政策及资金成本等多个复杂因素，管理上因此更具挑战性。

10.1.3 工程造价的作用

工程造价在国民经济中扮演着重要角色，主要体现在以下方面：

（1）为项目决策提供依据。工程造价决定了项目的一次性投资额，是投资者评估自身财务能力和项目可行性的重要参考。

（2）制订投资计划与控制投资。通过多次预估与竣工决算，工程造价帮助制订合理的投资计划和控制方案，确保资金高效利用。

（3）筹集建设资金。造价数据是确定建设资金需求的依据，金融机构也依此评估项目偿债能力及贷款额度。

（4）评价投资效果。通过构建多层次的造价指标体系，可以全面衡量项目投资效益，为类似项目提供价格参考。

（5）促进利益分配与产业结构调整。工程造价直接影响各经济主体的利益分配，通过市场供求和政府调控，起到调节建设规模和产业结构的作用。

10.1.4 工程造价的计价特征

工程造价的计算具有以下特点：

（1）单件性。每个工程因用途、功能、规模及地区差异均需独立计算，数据具有唯一性。

（2）多次性。由于建设周期长且造价高，通常需要在不同阶段（如投资估算、概算、预算、合同价、结算价、竣工决算）逐步细化和调整，以贴近实际。

（3）组合性。整个工程造价是由多个分部、分项工程造价汇总而成，反映了建设项目的整体组合结构。

（4）方法多样性。计价方法因阶段及精度要求不同而多种多样（如单价法、实物法、设备系数法等），各有优缺点，需根据实际情况选择。

（5）依据复杂性。造价计算依赖多种依据（包括图纸、定额、市场价格、合同文件、政府税费及各类指数等），这要求计价人员熟悉并正确运用各类依据，确保结果准确合理。

10.1.5 工程造价管理的概念和内容

10.1.5.1 工程造价管理的概念

工程造价管理包括两方面：

（1）建筑工程投资费用管理。这一管理属于投资管理范畴，侧重于预测、计算、确定和监控项目全周期的投资费用，确保资金合理运用以达到预期效益。

（2）工程价格管理。属于价格管理范畴，既涉及国家层面的宏观调控，也涵盖业主对项目成本的微观管理，从预控、预测、调整到实际造价管理，以及承发包双方对工程价款的支付、结算、变更和索赔管理。

10.1.5.2 工程造价管理的内容

（1）目标与任务。目标在于合理确定并有效控制造价，提高投资与经营效益；任务则包括全过程动态管理、强化约束机制、规范市场行为以及实现微观与宏观效益的平衡。

（2）基本内容。涵盖从项目建议书、可行性研究、设计、招投标、合同执行到竣工验收等全阶段，通过科学方法确定投资估算、概算、预算、合同价、结算价和决算价，并采取措施将造价控制在合理范围内。

（3）工作要素。涉及可行性研究、招标、设计、采购、施工图设计、协调管理、资金与合同管理、项目法人责任、咨询服务及人员培训等各环节，确保整个造价管理体系的有效运行。

10.1.6 工程造价管理的组织

工程造价管理的组织框架。为实现造价管理目标，管理组织在国家、地方、部门和企业之间进行职责划分，主要构成三个系统：政府行政管理系统、企事业机构管理系统和行业协会管理系统，具体如下：

（1）政府行政管理系统。政府既负责宏观调控，也承担部分政府投资项目的微观管理，国家建设主管部门通过制定法规、统一定额、监督执行以及资质管理等措施，实现全国范围的造价管理。

（2）企事业机构管理系统。包括设计院、造价咨询机构及承包企业，在项目的各个阶段从可行性研究、规划设计到施工及结算，通过限额设计、标底编制、动态造价控制等手段确保项目造价符合预期。

（3）行业协会管理系统。各省、市及部分大中城市设有工程造价管理协会，如中国建筑工程造价管理协会,其职责包括研究体制改革、制定行业标准、开展职业培训、组织国际交流和维护会员权益,从而促进行业健康发展。

10.2 工程造价构成要素及计算依据

10.2.1 建筑项目总投资

世界银行与国际咨询工程师联合会自 1978 年起,对项目总建设成本(我国所称的"工程造价")作了统一界定,主要涵盖以下部分:

(1)项目直接建设成本。直接建设成本指项目建设过程中直接发生的各项费用,具体包括以下费用:

①土地征购费:购买或征用项目所需土地的费用。

②场外设施费用:如道路、码头、桥梁、机场、输电线路等基础设施的建设费用。

③场地费用:用于场地准备、厂区内道路、铁路、围栏及场内设施等建设的费用。

④工艺设备费:包括主要及辅助设备、零部件的购置费用。

⑤设备安装费:涵盖设备供应商监理费、本地劳务及工资、辅助材料、施工机械费用以及安装承包商的管理费与利润。

⑥管道系统费用:涉及管道材料及劳务的全部费用。

⑦电气设备费及安装费:包括电气设备的购置及安装过程中的各项费用,如监理、劳务、辅助材料及工具费用,以及相关管理费和利润。

⑧仪器仪表费:涉及自动仪表、控制板、配线及辅助材料费用,同时包括监理、劳务、管理费和利润。

⑨机械绝缘与油漆费:机械和管道绝缘、油漆相关费用。

⑩工艺建筑费及服务性建筑费用:涉及基础、结构、屋顶、内外装修和公共设施等费用。

⑪工厂普通公共设施费:与供水、燃料、通风、蒸汽供应、排污等公共设施有关的材料及劳务费用。

⑫车辆费:包括工程必需的机动设备及相关运输包装费用,但不含税费。

⑬其他当地费用:如临时设备、场地维持费、营地设施管理费、建筑保险和杂项开支等。

(2)项目间接建设成本。间接建设成本虽不直接投入工程建设,但与项目密切相关，包括以下费用：

①项目管理费。总部与现场管理人员的薪金、福利及杂项费用。

②开工试车费。工厂试车所需的劳务和材料费用。

③业主行政费用。业主项目管理人员的各项支出。

④生产前准备费。

⑤运费与保险费。

⑥地方税费。

（3）应急费。为应对初期未明确的子项目或建设过程中可能发生的不可预见事件，预留的费用包括以下两部分。

①未明确项目的准备金。用于那些估算阶段难以明确但必定发生的项目。

②不可预见准备金。由于物质、社会或经济变化而可能增加的费用，作为风险储备。

（4）建设成本上升费用。用于补偿项目实际建设期间因工资、材料、设备等价格上涨而增加的费用。

10.2.2 工程建设费

工程建设费指设备及工器具购置费、建筑安装工程费和其他建设费用的总和。

10.2.2.1 设备及工器具购置费

设备购置费是为项目购置或自制符合固定资产标准的各类设备、工器具，其计算公式为：

设备购置费 = 设备原价 + 设备运杂费

其中，设备原价指设备的购买价格，而设备运杂费涵盖采购、运输、包装和仓储等费用。

10.2.2.2 建筑安装工程费

建筑安装工程费主要由直接费、间接费、利润和税金构成：

（1）直接费。

①直接工程费。包括施工中的人工费、材料费及施工机械使用费。

②措施费。为确保施工安全与技术要求而采取措施的费用。

（2）间接费。

①企业管理费。施工企业组织生产经营活动所发生的管理费用。

②规费。依据政府规定必须缴纳的费用。

③利润。（直接工程费+措施费+间接费）×利润率。

（3）税金。营业税、城乡维护建设税、教育费附加等，根据税前造价与利润按相应税率计算。

10.2.2.3 工程建设其他费

工程建设其他费包括从项目筹建到竣工验收期间，除建筑安装工程费及设备购置费之外的各项费用，通常分为三类：

（1）土地使用费，如土地征用费、土地使用权出让金等。

（2）其他与工程建设有关的费用，如管理费、勘察设计费、临时设施费等。

（3）与未来生产经营相关的费用，如联合试运转费、生产准备费及办公、生活设施购置费等。

10.2.3 工程建设相关费

（1）基本预备费：基本预备费指初步设计及概算阶段难以预料的费用，包括以下费用：

①设计变更、局部地基处理等增加的费用。

②一般自然灾害造成的损失及预防措施费用（实行工程保险的项目可适当降低）。

③竣工验收时为鉴定工程质量而进行的挖掘和修复费用。计算公式为：

基本预备费=工程建设费×基本预备费（率基本预备费率按国家及部门规定取值）

（2）涨价预备费：指因建设期间内人工、设备、材料等价格变动而预留的费用。

10.2.4 工程造价计算依据概述

工程造价计算依据是计算造价所需的各种基础资料的总称，其依据需结合工程用途、类别、规模、结构特征、建设标准、地区市场信息及政府政策。主要依据可分为六大类：

（1）计算设备数量和工程量的依据：包括可行性研究资料、初步设计及施工图纸、工程量计算规则等。

（2）计算各分部分项工程人工、材料、机械消耗量及费用的依据：如预算定额、概算定额及单价数据。

（3）计算建筑安装工程费用的依据。涉及措施费、间接费、利润率、税率及价格指数。

（4）计算设备费用的依据。设备价格及相关运杂费率。

（5）计算工程建设其他费用的依据。包括用地指标和各项其他费用定额。

（6）法规和政策依据。涉及工程造价内税费、产业及能源政策、环境和土地利用政策、利率、汇率等。

10.2.5 施工定额

（1）施工定额的构成。施工定额是企业内部管理的标准，包括劳动消耗定额、材料消耗定额及机械消耗定额三个部分。

（2）施工定额的作用。施工定额用于计划管理、施工组织、劳动报酬计算、推广先进技术及成本管理，同时作为编制施工预算、概算及定额体系的基础。

（3）施工定额人工消耗量的确定。人工消耗量涵盖基本工作时间、辅助工作时间、准备与结束时间、不可避免中断时间及休息时间，合计形成时间定额，再通过倒数关系确定产量定额。

（4）施工定额材料消耗量的确定。材料消耗定额是在合理、节约条件下生产合格产品所需原材料、半成品及相关能源消耗的标准，可采用技术测定、试验、统计或理论计算方法确定。

（5）施工定额机械台班消耗量的确定。包括净工作时间（机械有效运转时间及循环中的不可避免无负荷运转和中断时间）和其他工作时间（如机械准备、结束及休息时间），并通过机械时间利用系数确定。

10.2.6 预算定额

（1）预算定额的构成：预算定额指完成一定计量单位工程所需人工、材料及机械台班的数量标准，是编制施工图预算及计算工程造价的重要依据。它通常由施工定额数据经过合理计算并结合其他因素编制而成。

（2）预算定额的用途。

①编制施工图预算和确定建筑安装工程造价。

②进行施工组织设计和确定资源用量。

③建设单位拨付工程款及竣工结算依据。

④施工单位经济活动分析、编制概算及招标报价的依据。

⑤对设计与施工方案进行经济评价的依据。

（3）预算定额的编制原则。

①为保证质量和实用性，预算定额编制应遵循社会平均水平原则。

②简明适用原则。

③统一性与差别性相结合原则。

10.3 决策和设计阶段的工程造价管理

10.3.1 决策阶段影响工程造价的因素

在决策阶段，工程造价受以下四大因素影响：

（1）项目建设规模。项目建设规模指拟建项目要达到的生产或使用能力，如水泥厂的年产量、宾馆的客房数或居民小区的户数。

①投资总量。规模越大，总投资通常越高。例如，年产200万吨的水泥厂投资明显高于年产100万吨的。

②单位投资额。大规模建设能分摊基础设施投入，使单位投资成本降低，这体现了规模效益递增。

③合理性考量。确定规模时必须考虑市场需求，防止规模过大导致产能过剩、产品滞销或降价销售，同时确保各内部因素协调匹配，从而有效控制造价。

（2）项目建设标准。建设标准涉及项目所达到的规格和质量要求，如建筑材料选择和结构设计标准。

①对造价的影响。不同标准会带来显著差异，如宾馆外墙使用瓷砖、大理石或玻璃幕墙，成本差距明显。

②合理性考量。应根据当前经济水平及地区特点，分层次制定标准，大部分工业交通项目可采用中等标准，而特殊或引进国外技术的项目可适当提高标准。在建筑设计上，坚持经济、适用与安全原则，并尽可能明确指标要求。

（3）项目建设地点。项目建设地点决定了诸如土地费用、拆迁补偿、土石方工程费等投资成本的差异。

①建设期投资。市中心因地价高等因素，投资成本通常高于郊区。

②使用期费用。建设地点还会影响后续运营成本。例如，工业项目若远离原材料供应地和市场，则运输费用会显著增加。

③合理性考量。选择地点时需综合考虑投资和后期使用成本，权衡利弊，确保整体造价控制在合理水平。

（4）工程技术方案。技术方案主要包括生产工艺和主要设备的选择，特别在工业项目中尤为关键。

①对造价的影响。先进的生产工艺虽可提高产品质量和降低单位成本，但往往伴随较高的前期投资；设备投资在总投资中占比重大。

②设备选择。需妥善解决国产与进口设备、设备与厂房及原材料等的配套问题。

③合理性考量。在确定技术方案时，要综合考量工艺的先进性与经济性，以及设备的适用性、配套性和维护成本，力求实现成本控制与经济效益最大化。

综上，科学确定建设规模、标准、地点和技术方案是控制造价和提高项目效益的关键，决策阶段应全面分析各方面因素，确保项目投资合理并具备可持续发展性。

10.3.2 项目可行性研究简述

可行性研究是在投资决策前，对项目涉及的社会、经济、技术等方面进行全面调查、分析和比较论证，预测项目建成后的经济效益，并形成结论性意见，为投资决策提供依据。一份好的可行性研究报告应使投资者明确项目的盈利能力与风险，帮助主管部门、银行及其他资金供应者评估项目的偿债能力。

10.3.2.1 可行性研究的阶段

项目建设全过程通常分为投资前、投资和生产三个时期，而可行性研究集中在投资前阶段，它主要分为以下几个阶段：

（1）机会研究阶段：在确定的区域和行业内，根据自然资源、市场需求及政策形势进行初步调查，寻找投资机会，投资估算误差大约±30%，持续1~3个月，费用占投资总额0.2%~1%。

（2）初步可行性研究阶段：作为进入详细研究前的预备阶段，若初步研究显示项目可行，则进入下一阶段；该阶段估算误差约为±20%，用时4~6个月，费用占投资总额0.2%~1.25%。

（3）详细可行性研究阶段：又称技术经济可行性研究，是项目决策的核心，估算误差控制在±10%左右，大型项目需8~12个月，中小型项目为4~6个月，费用比例有所不同。

（4）评价与决策阶段：由决策部门组织专家对研究报告进行审核和再评价，最终确定项目是否投资及最佳方案。

10.3.2.2 可行性研究报告的内容

报告内容通常涵盖：项目总论，产品市场需求及建设规模，资源、原材料及公用设施状况，建厂条件及厂址选择，设计方案，环境保护与安全，企业组织和人力安排，施工计划与进度，投资估算及资金筹措，经济评价，综合评价、结论和建议。

归纳来看，报告可分为三大部分：市场研究（证明项目必要性）、技术研究（确保技术可行性）和效益研究（验证经济合理性）。

10.3.3 投资估算的阶段划分与内容

10.3.3.1 投资估算的阶段划分

我国投资估算主要包括四个阶段：

（1）项目规划阶段投资估算：根据国民经济、地区和行业规划，粗略估算项目投资，允许误差约 ±30%。

（2）项目建议书阶段投资估算：依据项目建议书中的规模和初步选址进行估算，误差仍约为 ±30%。

（3）初步可行性研究阶段投资估算：利用更详尽资料进行估算，误差控制在 ±20%以内。

（4）详细可行性研究阶段投资估算：经审查批准后，确定工程设计任务书中的投资限额，并列入年度建设计划。

10.3.3.2 投资估算的内容

投资估算分为固定资产投资与流动资金。固定资产投资包括建筑安装工程费、设备及工器具购置费、其他建设费、预备费、建设期贷款利息及调节税，其中部分费用计入固定资产，其他则可能构成无形资产或其他资产；流动资金用于项目建成投产后的日常经营。

10.3.4 设计阶段及程序

10.3.4.1 工程设计的含义

工程设计是在施工前，设计者依据批准的任务书，编制出满足技术和经济要求的规划、图纸和数据文件。设计文件是施工的依据，决定了工程进度、质量和投资控制,对项目经济效益具有决定性作用,要求确保整体性。

10.3.4.2 设计阶段

一般工业与民用项目采用"两阶段设计"(初步设计与施工图设计);技术复杂项目则采用"三阶段设计"(初步设计、技术设计、施工图设计);小型项目可在初步设计后直接进入施工图设计。在各阶段,均需编制相应的造价控制文件(如设计概算、修正概算、施工图预算),并经过分段审批和层层控制。

10.3.4.3 设计程序

(1)设计前准备。收集外部条件(地形、气候、地质、城市规划、交通、水、电、气、通信等)、业主要求以及材料、资金和施工设备供应情况,明确工程主要内容及其与环境的关系。

(2)初步设计。形成基本设计构思,明确项目在指定地点内的技术可行性和经济合理性,并编制设计总概算。

(3)技术设计。对初步设计方案进行具体化和细化,解决重大技术问题,并对更改部分编制修正概算;简单项目可直接进入施工图设计。

(4)施工图设计。通过详细图纸表达设计意图,作为施工依据,包含详图、构件明细及验收标准等。

(5)设计交底与配合施工。施工图发出后,设计单位须到现场进行会审和技术交底,解决设计文件中存在的问题,并参与试运转与竣工验收,确保设计意图得到贯彻实施。

10.3.5 价值工程优化设计方案

10.3.5.1 价值工程的概念

价值工程是一种技术经济分析方法,旨在用最少成本实现必要功能,从而提升产品整体价值。其提升价值的途径包括以下几种:

(1)在提高功能的同时降低成本。
(2)在功能不变的情况下降低成本。
(3)保持成本不变而提升功能。
(4)稍增成本而大幅提高功能。
(5)功能略降但大幅降低成本。

关键在于平衡功能与成本,寻找最佳配置方案。

10.3.5.2 价值工程工作程序

价值工程可分为准备、分析、创新和实施四个阶段，具体步骤包括对象选择、资料收集、功能分析、功能评价、提出改进方案、方案评价与选择、试验验证以及决定实施。

10.3.5.3 在设计阶段实施价值工程的意义

（1）合理功能设计。通过功能分析使设计更贴合用户需求和各方建议，从而实现合理配置。

（2）控制工程造价。系统分析功能与成本关系，帮助设计人员提出多种方案，选择既能满足功能又能控制造价的最佳方案。

（3）节约社会资源。关注项目的寿命周期成本（包括造价及后期使用成本），实现最低生命周期成本与功能的合理匹配。

10.3.6 设计概算的概念与作用

10.3.6.1 设计概算的概念

设计概算是设计文件的重要部分，由设计单位依据初步设计图、概算定额或指标、各项费用标准及当地技术经济条件等资料，编制出项目从筹建到竣工交付所需全部费用的估算文件。采用两阶段设计的项目在初步设计阶段须编制设计概算；三阶段设计则在技术设计阶段编制修正概算。其内容包括编制期价格、费率、利率、汇率等静态投资和自编制期至竣工前工程变化的动态投资。

10.3.6.2 设计概算的作用

（1）作为制订投资计划和控制投资总额的依据，工程概算经批准后即为项目投资的最高限额。

（2）控制施工图设计和预算，确保设计文件不超出批准的总概算。

（3）为比较不同设计方案的经济合理性提供参考。

（4）作为工程造价管理、招标标底和投标报价的基础。

（5）通过与竣工决算对比评估投资效果，并验证概算准确性。

10.3.7 设计概算的审查

10.3.7.1 审查设计概算的意义

(1)有助于合理分配投资资金和加强投资计划管理,确保造价控制。
(2)促使编制单位严格遵守国家规定,提高概算质量。
(3)推动设计的技术先进性和经济合理性。
(4)有利于核定准确、完整的项目投资规模,防止投资缺口和不当压低概算。
(5)经审查的概算为项目投资落实提供可靠依据。

10.3.7.2 设计概算的审查内容

(1)审查编制依据。确保所用依据合法、时效性强且适用范围正确。
(2)审查编制深度。核查编制说明及"三级概算"(总概算、单项工程概算、单位工程概算)是否齐全、详细。
(3)审查工程概算内容。检查是否符合政策要求、设计文件、定额规定,工程量、材料用量及价格、设备规格和各项费用是否准确,同时注意"三废"(废水、废气、固体废物)治理安排和技术经济指标的合理性。
(4)审查投资经济效果。分析概算与实际决算的差异,考核投资效益。

10.3.7.3 审查设计概算的方法

(1)对比分析法。通过对比项目规模、标准、设计图与定额、各项费用取费标准、市场价格及技术经济指标,找出偏差与问题。
(2)查询核实法。对关键设备、重要装置及大额投资项目多方核对,确保数据准确。
(3)联合会审法。由设计单位、主管部门、建设单位、承包方及专家共同会审,讨论并逐项调整概算,确保投资数据真实可靠。

10.3.8 施工图预算的概念与作用

10.3.8.1 施工图预算的概念

施工图预算(或称设计预算)由设计单位在施工图完成后,依据图纸、现行预算定额、费用定额及当地材料、人工、机械台班预算价格编制而成,确定建筑安装工程的造价。

10.3.8.2 施工图预算的作用

（1）控制设计阶段造价，防止施工图设计突破概算。
（2）为固定资产投资计划的编制或调整提供依据。
（3）作为施工招标中标底编制及承包商报价的基础。
（4）为合同价款的确定或审查施工企业预算提供参考依据。

10.3.8.3 施工图预算的内容

施工图预算包括单位工程预算、单项工程预算及整个建设项目的总预算。单位工程预算可细分为建筑工程预算和设备安装工程预算，按工程性质分为土建、卫生、电气、弱电、特殊构筑物及工业管道等不同类别。

10.3.9 施工图预算的编制

10.3.9.1 编制依据

（1）经审定的施工图纸、说明书和标准图集。
（2）现行预算定额、单位估价表及工程量计算规则。
（3）施工组织设计或施工方案，包括土质、施工方法及机械使用情况。
（4）当地材料、人工、机械台班的预算价格及调价规定。
（5）建筑安装工程费用定额及计算程序。
（6）预算员工作手册及相关工具书，这些为确保预算数据与工程实际相符提供依据。

10.3.9.2 编制方法

（1）单价法。

定义：利用事先编制好的单位估价表，按工程量乘以相应单价，汇总计算出直接费，再加上措施费、间接费、利润和税金，得出施工图预算造价。

步骤：收集资料、熟悉图纸和定额、精确计算工程量、套用单价、编制工料分析表、计算其他费用、复核、编写说明和封面。

优缺点：单价法计算简单、速度快，便于集中管理，但价格数据仅反映定额编制当年的水平，市场波动时需复杂调价。

（2）实物法。

定义：首先按图纸计算各分项工程量，再按预算定额确定人工、材料和机械台班的消耗量，最后乘以当地实际单价，分别求得各项费用并汇总得出直接工程费，进而计算总预算造价。

步骤：计算工程量、套用定额用量、汇总消耗数量、乘以当时单价并汇总费用。

优点：实物法能更好地反映市场价格水平，提高预算准确性，虽计算较烦琐，但可借助计算机快速处理。

10.4 招标投标阶段的工程造价管理

10.4.1 概述

10.4.1.1 工程招投标概述

（1）工程招标。指发包人在启动建设项目之前，通过公开或邀请方式，发布招标公告，要求有资质的投标人根据其要求提交报价，并在开标现场择优选定中标人的活动。

（2）工程投标。指具备合法资格和能力的投标人，根据招标文件要求，经过初步研究和估算，在规定时间内编制标书并提交报价，并等待开标结果的经济活动。

（3）工程招投标的作用。招投标作为市场经济下的交易方式，有助于建立竞争机制，促使各方在公平条件下形成合理价格，并最终推动工程造价降低、质量提升和工期缩短。

10.4.1.2 建筑工程招投标的范围与方式

（1）招投标范围。根据《中华人民共和国招标投标法》（以下简称《招标投标法》），在我国境内凡涉及工程勘察、设计、施工、监理及相关设备材料采购的工程建设项目均须进行招标，尤其是那些涉及公共利益、国有资金或外资贷款的项目。

（2）招投标方式。

公开招标：通过各类媒体发布招标信息，所有符合条件的承包商均可参与资格审查、购买招标文件和投标。优点在于竞争充分、选择面广；缺点是组织复杂、所需时间较长。此方式多用于政府投资项目或大型、技术复杂的工程。

邀请招标：招标人直接向三家及以上具有施工能力的单位发出邀请，不公开发布广告。此方式组织相对简单，但竞争较为有限，可能影响承包商选择的广度。

10.4.2 施工招标

10.4.2.1 施工招标单位应具备的条件

施工招标单位必须符合以下条件：
（1）为法人或依法设立的其他组织。
（2）拥有与工程相匹配的经济实力及技术管理团队。
（3）具备编制招标文件的能力。
（4）能够审查投标人资质。
（5）有组织开标、评标和定标的能力。

不符合上述条件的建设单位应委托具有相应资质的中介机构代为招标，并办理备案手续。

10.4.2.2 施工招标文件

招标文件须根据项目特点编制，内容包括技术要求、投标人资质审查标准、报价要求、评标标准以及拟签合同的主要条款。若国家有相关技术标准规定，必须在文件中明确体现。

10.4.2.3 施工招标程序

施工招标程序主要流程包括建设项目报建、资质审查、招标申请、资格预审与文件编制、公告发放、现场勘察、预备会召开、标底编制、投标文件接收、开标、评标、定标及合同签订等环节。

10.4.3 施工投标

10.4.3.1 投标单位应具备的基本条件

投标人须具备以下条件：
（1）与投标项目相匹配的技术、设备、人员和资金实力。
（2）法人资格及满足招标条件的资质等级。

（3）相关类似工程的履约经验和良好业绩。
（4）良好的财务状况，无重大违法记录。
（5）近期内无重大安全质量事故记录。

10.4.3.2　施工投标的基本要求与程序

投标人须具备以下条件：

（1）按招标文件要求编制并提交投标文件，确保对所有要求作出实质性响应。

（2）在截止时间前送达投标文件，并可在截止前补充、修改或撤回（需书面通知招标人）。

（3）如计划在中标后将部分非主体工作转包，须在投标文件中明确说明。

（4）联合体投标时，各方均应具备相应能力，并签订共同投标协议，按资质等级中最低者确定。

（5）严禁串通报价、虚假投标及低于合理成本的报价。

10.4.3.3　施工投标报价

投标报价应基于招标文件及相关计价依据计算，并结合投标策略制定具竞争力的报价，以影响工程实施后的盈利状况。

10.4.4　设备与材料采购

10.4.4.1　设备与材料采购的意义

在工程施工中，设备和材料的质量与价格对项目投资效益有着直接影响。根据《招标投标法》，涉及工程建设的重要设备和材料采购必须进行招标。

10.4.4.2　采购方式

（1）公开招标。通过媒体发布招标广告，吸引尽可能多的供应商参与竞争，有助于在公平条件下获得合理价格和优质产品，但组织程序烦琐、时间较长。

（2）邀请招标。直接向已知的三家及以上供应商发出邀请，适用于供应商较少、信息明确或工程周期较短的情况。

（3）其他方式。针对紧急或小额采购，可采用其他灵活方式。

10.4.5 工程量清单

10.4.5.1 工程量清单的概念

工程量清单是反映拟建工程各分项工程及措施项目名称和数量的明细表，由招标人或其委托机构编制，并作为招标文件的组成部分。一经中标，清单成为合同的重要组成内容。

10.4.5.2 工程量清单的内容

工程量清单主要包括工程量清单说明和清单表。清单说明解释编制依据、用途和注意事项，提醒投标人预算时应以此为基础，并在结算时以实际验收量为准。

10.5 施工与竣工阶段的工程造价管理

10.5.1 工程变更

10.5.1.1 工程变更产生的原因及变更内容

（1）变更原因：由于建设周期长、经济和法律关系复杂，加之自然条件和客观因素的影响，项目实际情况往往与招投标时有所不同，如发包人提出新的要求、设计错误、更改施工条件或政府新政策等。

（2）变更内容：变更内容通常包括设计变更、进度计划变更、施工条件调整以及原工程量清单未包括的新增工程。其中设计变更多涉及标高、尺寸、工程量增减、施工顺序调整等，应在变更前对工程量和造价进行分析，防止扩大建设规模。

10.5.1.2 变更处理程序

（1）设计变更程序。发包人需提前14天书面通知承包人进行设计变更；承包人不得擅自更改设计，违规者应承担费用及发包人损失。

承包人可提出合理化建议，经工程师同意后实施，费用和收益由双方协商分担；未经同意擅自更改的，所有费用及损失由承包人承担。

（2）其他变更程序。其他变更应由双方协商一致后签订补充协议后实施。

10.5.1.3 变更后合同价款的确定

（1）确定程序。承包人应在变更后14天内提交工程变更价款报告，经工程师确认后调整合同价款；若工程师在规定时间内无异议，视为确认；不同意时可协商或由造价管理部门调解。

（2）确定方法。若合同中已有相关价格，则按合同价格调整；否则，承包人提出变更价格，经工程师确认后执行；因承包人自身原因的变更无权要求追加价款。

10.5.2 工程索赔

10.5.2.1 索赔的概念

在工程合同履行中，若一方因对方未按合同履行或因对方应承担风险（如发包人违约、不可抗力等）而遭受损失，该方可提出赔偿要求。通常，索赔多指承包人因非自身原因导致的损失要求发包人补偿，反索赔则是发包人对承包人的类似要求。索赔本质上是一种经济补偿，而非处罚行为，成立需满足以下条件：

（1）事件并非由承包人原因引起。
（2）该事件确实导致了承包人损失。
（3）承包人按规定时间内提交了索赔意向书和详细报告。

10.5.2.2 索赔处理原则

（1）以合同为依据。处理索赔时必须依据合同文件（包括图纸、变更记录、洽商文件等）。
（2）及时合理处理。索赔应尽快提出和解决，否则可能影响资金周转和施工进度。
（3）主动控制。施工过程中应预见并采取措施避免索赔发生。

10.5.2.3 《建设工程施工合同（示范文本）》中索赔规定及程序

（1）承包人须在索赔事件发生后28天内以正式函件通知工程师。
（2）28天内提交详细索赔报告，包括损失计算和工期延长天数。
（3）工程师在28天内审核并作出答复，否则视为认可。

（4）如索赔事件持续，承包人应分阶段提交报告。

（5）双方无法达成一致时，工程师可确定合理价格并报送业主，若协商不成，则按合同纠纷程序处理。

（6）承包人不得就自身原因导致的变更进行索赔。

10.5.2.4　FIDIC 合同条件下的索赔程序

（1）承包商在 28 天内发出索赔通知。

（2）在 42 天内提交详细报告，并在连续影响时每月递交中间报告，最终报告在事件结束后 28 天内提交。

（3）工程师在 42 天内答复。

10.5.2.5　索赔依据与文件

（1）索赔依据。包括招标文件、合同、图纸、会议纪要、施工记录、验收报告及国家有关文件和指数。

（2）索赔文件。主要有索赔通知信、详细索赔报告和附件（证明文件及计算书）。

10.5.3　工程价款结算

根据不同情况，工程价款结算方式多样。

（1）按月结算。通常在旬末或月中预支，月中结算，竣工后进行清算。

（2）竣工后一次结算。适用于建设期在 12 个月以内或合同价较低的项目，工程完工后统一结算。

（3）分段结算。对于当年开工但当年未竣工的工程，按工程进度划分阶段结算。

（4）目标结算方式。将工程划分为若干验收单元，完成并验收合格后按合同支付相应款项。

其他方式也可根据合同约定执行。

10.5.4　投资控制

10.5.4.1　投资使用计划

（1）资金使用计划的作用：施工阶段资金投入直接影响工程造价，通过制订资金计划可以明确目标投资额，并作为资金筹集和协调的基础。

（2）目标与监控：明确目标后，便可比较实际支出与目标差异，及时分析原因并采取措施纠正，防止资金浪费和工程造价上升。

10.5.4.2 投资偏差分析与纠正

投资偏差 = 已完工程实际投资 − 已完工程计划投资

进度偏差 = 已完工程实际时间 − 已完工程计划时间

进度偏差也可用"拟完工程计划投资 − 已完工程计划投资"表示，反映"计划进度下的投资"与"实际进度下的投资"的差异。

10.5.5 竣工验收

建设项目竣工验收是指在工程建成并试生产合格后，由建设单位、施工单位和验收委员会依据设计任务书、施工规范及质量标准进行的检验、认证和综合评价。

竣工验收检查设计和施工质量、投资使用情况，是项目转入生产使用的重要环节。

验收可分为单项、单位和整体验收，通常以"动用验收"为最终目标，由主管部门组织多部门联合验收，并办理固定资产移交手续。

10.5.6 竣工结算与竣工决算

10.5.6.1 竣工结算

竣工结算是指施工单位在工程全部完成且验收合格后，根据合同价格及实际费用变化编制的最终工程款结算文件。

竣工结算内容通常包括直接工程费、间接费、计划利润和税金，重点体现工程量和单价的差异。

竣工结算编制原则要求实事求是、严格遵循国家规定、履行合同条款、依据充分以及手续完备。

10.5.6.2 竣工决算

竣工决算是建设单位在项目竣工验收阶段，根据国家规定编制的全面总结项目从筹建到投产使用的全部费用报告，其内容包括：

竣工结算报告说明：对项目概况、编制依据、投资完成、资金运用、建设成果等进行分析说明。

大中型建设项目：①竣工工程概括表（见表 10.1）：反映项目主要设计概算指标与实际完成指标对比、建设时间、完成主要工程量、主要技术经济指标；②竣工财务决算表（见表 10.2）：反映大中型项目最终的资金来源（基建拨款或投资借款等）与占用（交付使用资产、在建工程、结余资金等）情况的核心表格。

小型建设项目：①小型建设项目竣工财务决算表（见表 10.3）：针对小型项目特点，将竣工工程概况与财务决算内容合并和简化呈现的一张综合性报表。

竣工图：反映项目竣工时实际完成情况、各项工程最终结果的图纸（经施工单位和监理单位确认）。

工程造价比较分析：对项目的概（预）算执行情况、各阶段造价变化及原因、投资节约或超支情况进行详细对比分析。

表 10.1 大中型建设项目竣工工程概况表

建设项目工程名称			建设地址				基建支出	项目	结算	实际	主要指标
主要设计单位			主要施工企业					建筑安装工程			
占地面积	计划	实际	总投资/万元	计划		实际		设备、工具、器具			
				固定资产	流动资产	固定资产	流动资产	基建支出	待摊投资。其中：建设单位管理费		

表 10.1（续）

新增生产能力	能力（效益）名称	设计	实际		基建支出	其他投资			
						待核销建支出			
建设起止时间	设计	从　年　月开工至　年　月竣工				非经营项目转出投资			
	实际	从　年　月开工至　年　月竣工				合计			
设计概算批准文号	钢材				主要材料消耗	名称	单位	概算	实际
						木材			
完成主要工程量	建筑面积/m²		设备/台、套			水泥			
	设计	实际	设计	实际					
收尾工程	工程内容	投资额	完成时间		主要经济指标				

表 10.2　大中型建设项目竣工财务决算表

资金来源	金额	资金占用	金额	补充资料
一、基建拨款		一、基本建设支出		1. 基建投资借款期末余额
1. 预算拨款		1. 交付使用资产		
2. 基建基金拨款		2. 在建工程		2. 应收生产单位投资借款期末余额
3. 进口设备转账拨款		3. 待核销基建支出		
4. 器材转账拨款		4. 非经营项目转出投资		3. 基建结余资金

249

表 10.2（续）

资金来源	金额	资金占用	金额	补充资料
5.煤代油专用基金拨款		二、应收生产单位投资借款		
6.自筹资金拨款		三、拨款所属投资借款		
7.其他拨款		四、器材		
二、项目资本金		其中：待处理器材损失		
1.国家资本		五、货币资金		
2.法人资本		六、预付及应收款		
3.个人资本		七、有价证券		
三、项目资本公积金		八、固定资产		
四、基建借款		固定资产原值		
五、上级拨入投资借款		减：累计折旧		
六、企业债券资金		固定资产净值		
七、待冲基建支出		固定资产清理		
八、应付款		待处理固定资产损失		
九、未交款				
1.未缴税金				
2.未交基建收入				
3.未交基建包干节余				
4.其他未交款				
十、上级拨入资金				
十一、留成收入				
合计				

表 10.3 小型建设项目竣工财务决算表

建设项目名称				建设地址			资金来源		资金运用	
初步设计概算审批文件号							项目	金额/元	项目	金额/元
占地面积	计划	实际	总投资/万元	计划		实际	一、基建拨款。其中：预算拨款		支付使用资产	
									待核销基建支出	
				固定资产	流动资产	固定资产	流动资产	二、项目资本		非经营项目转出投资	
								三、项目资本公积金			
新增生产能力	能力（效益名称）		设计	实际			四、基建借款		应收生产单位投资借款	
							五、上级拨入借款		拨付所属投资借款	

表 10.3（续）

建设项目名称		建设地址		资金来源		资金运用	
建设起止时间	计划	从年月开工至年月竣工		六、企业债券资金		器材	
	实际	从年月开工至年月竣工		七、待冲基建支出		货币资金	
	项目	概算/元	实际/元	八、应付款		预付及应收款	
	建筑安装工程			九、未付款其中：未交基建收入未交包干收		有价证券	
	设备、工具、器具					原有固定资产	
	待摊投资其中：建设单位管理费			十、上级拨入资金			
	其他投资			十一、留成收入			
	待摊销基建支出						
	非经营项目转出投资						
	合计			合计		计	

10.5.6.3 工程造价比较分析

经批准的概算和预算构成了对比实际建筑工程造价的重要依据。在进行造价比较分析时，首先要对项目总概算进行全面核查，然后分别将建筑安装工程费、设备购置费及其他工程费用与竣工决算中所反映的实际数据、批准的指标及最终造价进行详细比对。此分析旨在判断项目造价是否实现了节约，或是否存在超支情况，同时找出原因并提出改进措施。具体分析应重点关注以下几个方面。

（1）主要实物工程量。对照概算数据，仔细核查各主要工程项目（如主体结构、屋面系统、地下工程等）的实物工程量。

如果发现实际工程量与概算存在显著偏差，应深入调查是否存在施工误差、重复计算或漏算现象。

同时需分析设计变更、现场施工条件变化或工序调整等因素对工程量偏差的影响，并记录相关数据以便日后改进工程管理和计价方法。

（2）主要材料消耗量。检查竣工决算中各类主要材料（如钢材、混凝土、水泥、砖等）的实际消耗量，重点核查是否存在超出概算的情况。

分析材料消耗数据时，应对比不同施工环节的耗料情况，找出耗料偏多的关键节点，并探讨是否因施工方法、材料浪费或现场管理不到位导致。

根据超支情况，提出改进建议（如优化施工方案、加强材料管理、调整采购方式或修订相关消耗定额），以确保材料使用更加合理、高效。

（3）管理费、措施费和间接费。对比竣工决算与概预算中管理费、措施费和间接费的取费标准，检查是否存在由估算依据不准确或费用标准应用不当而导致的多列或漏列问题。

在分析这些费用部分时，要注意对比各项费用在不同阶段的变化情况，明确哪些环节出现了成本偏高或偏低的情况。

进一步探讨是否由于现场管理不善、行政手续烦琐、技术措施不足或其他外部因素引起费用调整，确保费用部分的节约或超支数额有据可查，并提出改进措施，如完善管理制度、优化施工组织和强化现场监督等。

参考文献

[1] 倪国栋. 建筑施工 [M]. 北京：机械工业出版社，2023.

[2] 徐勇戈. 建筑施工组织与管理 [M]. 西安：西安交通大学出版社，2015.

[3] 檀建成，刘东娜，杨平. 建筑工程施工与组织管理 [M]. 北京：清华大学出版社，2022.

[4] 赵志刚. 项目经理实战技能一本通 [M]. 北京：中国建筑工业出版社，2016.

[5] 中国建筑业协会筑龙网. 施工组织设计范例50篇 [M].2版. 北京：中国建筑工业出版社，2008.

[6] 中华人民共和国住房和城乡建设部. 建筑施工组织设计规范:GB/T 50502—2009[S]. 北京：中国建筑工业出版社，2009.

[7] 余群舟，宋协清. 建筑工程施工组织与管理 [M]. 北京：北京大学出版社，2020.

[8] 郭正兴. 土木工程施工 [M]. 南京：东南大学出版社，2012.

[9] 毛鹤琴. 土木工程施工 [M]. 武汉：武汉理工大学出版社，2018.

[10] 曹吉鸣. 工程施工组织与管理 [M]. 上海：同济大学出版社，2016.

[11] 李继业，黄延麟. 脚手架基础知识与施工技术 [M]. 北京：中国建材工业出版社，2012.

[12] 于飞，闫伟，亓领超. 建筑工程施工管理与技术 [M]. 长春：吉林科学技术出版社，2022.

[13] 施骞，胡文发. 工程质量管理教程 [M]. 上海：同济大学出版社，2016.

[14] 王利文. 土木工程施工技术 [M]. 北京：中国建筑工业出版社，2018.

[15] 全国注册咨询工程师(投资)资格考试参考教材编写委员会. 项目决策分析与评价 [M]. 北京：中国计划出版社，2022.

[16] 王丽群，朱锋. 建筑工程资料管理实训 [M]. 北京：北京理工大学出版社，2019.

[17] 刘国彬，王卫东. 基坑工程手册 [M]. 北京：中国建筑工业出版社，2009.

[18] 佴磊，徐燕，代树林．边坡工程 [M]．北京：科学出版社，2010．

[19] 翟越，叶建农．建筑安全技术与管理 [M]．北京：中国矿业大学出版社，2015．

[20] 中华人民共和国住房和城乡建设部．工现场临时用电安全技术规范：JGJ 46—2012[S]．北京：中国建筑工业出版社，2013．

[21] 中华人民共和国住房和城乡建设部．建筑施工高处作业安全技术规范：JGJ 80—2016[S]．北京：中国建筑工业出版社，2016．

[22] 中华人民共和国住房和城乡建设部．建筑边坡工程技术规范：GB 50330—2013[S]．北京：中国建筑工业出版社，2013．

[23] 中国建设股份有限公司．施工现场危险源辨识与风险评价实施指南[M]．北京：中国建筑工业出版社，2008．

[24] 马向东．安全员工作实务手册 [M]．长沙：湖南大学出版社，2008．

[25] 张迪，吴瑞卿．建筑施工安全 [M]．北京：中国电力出版社，2011．

[26] 罗云，姜华．建筑工程应急预案编制与范例 [M]．北京：中国建筑工业出版社，2006．

[27] 刘冰．绿色建筑理念下建筑工程管理研究 [M]．成都：电子科技大学出版社，2017．

[28] 王广斌，张洋，杨学英．工程项目建设信息化发展方向－虚拟设计与施工 [J]．武汉大学学报（工学版），2008，41(2):90–93．

[29] 胡瑛，盛黎．BIM 施工组织与管理 [M]．北京：清华大学出版社，2022．

[30] 尹素花．建筑工程项目管理 [M]．北京：北京理工大学出版社，2017．

[31] 姜曦，王君峰．BIM 导论 [M]．北京：清华大学出版社，2017．

[32] 魏蓉，王争．建筑工程合同管理 [M]．北京：清华大学出版社，2023．

[33] 张跃，刘伟．建设工程施工合同（示范文本）条款释义与范例填写 [M]．北京：中国电力出版社，2016．

[34] 李素蕾，何佰洲，孔钧．建设工程施工合同法律风险分析及防范 [M]．北京：中国建筑工业出版社，2020．

[35] 张争强，肖红飞，田云丽．建筑工程安全管理 [M]．天津：天津科学技术出版社，2018．

[36] 卢驰，白群星，罗昌杰，等．建筑工程招标与合同管理 [M]．北京：中国建材工业出版社，2019．

[37] 王永利，陈立春．建筑工程成本管理 [M]．北京：北京理工大学出版社，2018．